自治区副主席坚参现场指导工作

自治区人大副主任、集团公司法人代表纪国刚现场指导工作

那曲地区行署专员敖刘全现场指导工作

自治区环保厅副厅长张天华现场指导工作

集团公司总裁谭继文
参加首台机组发电仪式

集团公司总裁谭继文在首台
机组发电仪式上发言

集团公司总裁谭继文
现场指导工作

集团公司副总工程师、金桥公司总经理冯继军介绍机组运行情况

集团公司副总工程师、金桥公司总经理冯继军现场工作

截流前工作验收

大坝截流阶段质量监督检查组现场检查工作

二期截流成功

首部枢纽全景

坝顶

坝后形象

库区

首台机验收会

首台机组启动发电启动仪式

首台机组投产发电

主厂房

二期截流党员突击队

第一次现场会议

抗洪抢险现场

总经理办公会

支部书记冯继军带领党员学习党章

金桥团队

助力尼屋乡脱贫活动

赠送旌旗

2019 年参加尼屋乡桃花节活动

增殖放流活动

2018 年篮球比赛

演讲比赛

①

②

③

①②③集体劳动

金桥水电站工程建设管理

主　编　冯继军
副主编　李　辉　盛登强　甄　燕　王海云

中国水利水电出版社
www.waterpub.com.cn
·北京·

内 容 提 要

金桥水电站是国家无电地区电力建设“十二五”规划的重点项目，也是西藏自治区惠及民生的重点工程。该电站于2019年建成投产，电站的投产发电结束了当地长期缺电、无电的历史。本书主要内容分三个部分，即建设管理、勘察设计科研和施工管理，系统总结了金桥水电站建设中的关键技术、管理创新以及施工难点等相关建设成果，为在西藏地区正在建设或即将建设的水电工程的设计、施工及建设管理方面提供了宝贵经验。

本书适合水电工程设计、监理、施工、管理等单位的工作者阅读和参考。

图书在版编目（CIP）数据

金桥水电站工程建设管理 / 冯继军主编. -- 北京 : 中国水利水电出版社, 2020.12
ISBN 978-7-5170-9312-1

Ⅰ. ①金… Ⅱ. ①冯… Ⅲ. ①水力发电站－施工管理－西藏 Ⅳ. ①TV74

中国版本图书馆CIP数据核字(2020)第269200号

书　　名	**金桥水电站工程建设管理** JINQIAO SHUIDIANZHAN GONGCHENG JIANSHE GUANLI
作　　者	主　编　冯继军 副主编　李　辉　盛登强　甄　燕　王海云
出版发行	中国水利水电出版社 （北京市海淀区玉渊潭南路1号D座　100038） 网址：www.waterpub.com.cn E-mail：sales@waterpub.com.cn 电话：(010) 68367658（营销中心）
经　　售	北京科水图书销售中心（零售） 电话：(010) 88383994、63202643、68545874 全国各地新华书店和相关出版物销售网点
排　　版	中国水利水电出版社微机排版中心
印　　刷	清淞永业（天津）印刷有限公司
规　　格	184mm×260mm　16开本　15.75印张　392千字　6插页
版　　次	2020年12月第1版　2020年12月第1次印刷
定　　价	**108.00**元

《金桥水电站工程建设管理》
编 委 会

前言
PREFACE

金桥水电站是被列为国家无电地区电力建设“十二五”规划的重点项目，也是西藏自治区惠及民生的重点工程。电站于2019年建成投产，电站的投产发电彻底结束了当地长期缺电、无电的历史；实现当地农牧民从薪柴作为生活、取暖燃料向“以电代薪”的生产生活方式转变；电站的投产对促进地方经济社会发展、提高电网安全稳定性、解决无电地区电力供应、推动西藏丰富水电资源开发发挥了重要意义。

金桥水电站是易贡藏布干流上规划的第5个梯级电站，位于西藏自治区嘉黎县境内，上距嘉黎县城100km。金桥水电站是西藏第一个采用地下厂房的水电站，西藏第一个采用高差超过160m的调压井，也是西藏第一个堆石混凝土重力坝；电站总装机容量66MW，多年年平均发电量为3.57亿kW·h；电站属Ⅲ等中型工程，主要建筑物为3级，次要建筑物为4级，临时建筑物为5级；电站枢纽主要建筑物由左岸堆石混凝土坝，泄洪冲沙闸、排漂闸，右岸岸边式电站进水口，引水发电隧洞、调压井、压力管道、地下发电厂房及开关站等建筑物组成。

金桥水电站自2016年开工建设以来，全体建设者筚路蓝缕、栉风沐雨，克服自然环境恶劣、交通运输条件极差等实际困难，利用三年多的时间，较可研工期提前半年成功实现了首批机组“一月双投”发电目标，为西藏开投集团清洁能源开发增添了浓墨重彩的一笔，为地方经济社会发展做出了突出贡献。

电站参建各方不忘初心、牢记使命，大力弘扬“老西藏精神”“两路精神”，刻苦钻研、勇于担当、敢于负责、大胆创新，在已经选定的枢纽布置格局的情况下，克服施工现场条件复杂、工期紧、任务重、施工难度大、自然环境恶劣、交通运输条件差等诸多困难，对首部枢纽导流方案、左岸坝型、装机容量、调压井型式、厂房布置型式，从工程投资、施工、工期、运行及工程安全性等方面重新进行综合比较论证，进一步优化完善设计方案，开展了科学合理的施工组织。

本书全面系统总结和提炼了金桥水电站建设过程中的宝贵经验，凝聚了电站建设者的智慧和汗水，丰富和发展了在西藏地区建设水电工程的设计、施工及建设管理经验。

西藏开投金桥水电公司董事长、总经理：

2020年8月

目录 CONTENTS

第三篇　施　工　管　理

第一篇　建 设 管 理

金桥水电站建设管理综述

冯继军　盛登强

（西藏开投金桥水电开发有限公司，西藏那曲　852400）

摘　要： 随着西藏经济的不断发展，水电站开发项目也将随之增多，本文结合金桥水电站的建设管理特点，从技术进度管理、成本控制管理、质量管理、安全管理等方面总结了金桥水电项目建设管理，对西藏地区同类型项目的建设管理有重要参考意义。

关键词： 金桥水电站；建设；管理

1　工程概况

金桥水电站是易贡藏布干流上规划的第5个梯级电站，位于西藏自治区嘉黎县境内，上距嘉黎县100km，下距忠玉乡10km，嘉（黎）—忠（玉）公路从首部枢纽及厂区通过。根据西藏无电地区电力建设规划实施方案，那曲市嘉黎县“十二五”期间将纳入主电网供电区，偏远地区仍采用小水电供电并需要支撑电源。金桥水电站2012年6月列入自治区无电地区电力建设规划。金桥、忠玉电站分别为易贡藏布干流规划的第5座、第6座梯级，两梯级相距约25km。忠玉电站装机800MW，为年调节水库，已经列入国家能源发展“十二五”规划，考虑到嘉黎县供电难以满足忠玉电站施工期间的用电要求，需要尽快建设配套的施工电源。金桥水电站的开发任务为在满足生态保护要求的前提下发电，并促进地方经济社会发展。

2　组织机构

为满足金桥水电站建设管理，西藏开发投资集团有限公司成立了西藏开投金桥水电开发有限公司。金桥公司管理分为监管层、决策层、管理层三个层次。监管层由集团领导及相关职能部门担任，负责对金桥水电站工程建设过程全程监督；决策层由金桥公司总经理、副总经理及总工程师组成，决策层成员具有长期从事水电站建设管理和施工管理的丰富经验，同时配备必要的党务领导为项目的正常运转保驾护航；管理层由各职能部门组成，有综合办公室、工程技术部、计划合同部、安全环保监察部、机电物资部以及财务部。

3　建设管理

3.1　技术、进度管理

科学严谨的技术管理工作是保证工程建设顺利实施的关键因素，技术管理工作贯穿于

第一作者简介： 冯继军（1974—　），男，高级工程师，主要从事水利水电工程建设管理工作。Email：117365929@qq.com

注：该文章发表于《水力发电》2018年第44卷第8期。

施工生产的各个环节，业主、设计、监理及承包商等有关的参建各方建立密切的联系，协调和解决施工中的技术问题。在总工程师领导下，对技术管理体系和技术管理措施做出详细的规划，以保证工程顺利施工，确保总工期目标。

设计图纸、技术方案和措施是施工技术管理工作的基础，直接影响到工程施工质量、安全、进度和成本，认真阅图了解设计意图和合理规划施工是施工技术管理的关键，必须在施工中自始至终认真执行。

(1) 合理规划施工导流，均衡施工强度。金桥水电站首部枢纽分两期施工，一期工程施工工期为2016年9月至2018年10月，施工工期非常宽松；二期工程施工工期为2018年11月至2019年4月，施工工期非常紧，且均为低温季节施工，施工难度大。

为均衡一期、二期施工强度，开工之初，对首部枢纽施工导流进行合理规划，将二期工程截流提前至2017年12月底，不但降低了二期施工强度，提前工期，还节省了投资。

(2) 尾水箱涵灌注桩修改为振冲碎石桩。地下厂房机窝开挖出渣通道为尾水管、尾水渠，而尾水渠混凝土施工是2018年重点度汛项目。由于振冲碎石桩施工工艺简单，施工工期短，将尾水箱涵灌注桩修改为振冲碎石桩，既保证了厂房开挖交通要求，也保证了度汛项目施工工期。

(3) 地下厂房立体开挖。地下厂房顶拱开挖完成后，发现顶拱存在断层，为满足厂房围岩稳定，增加了预应力锚索，并将普通砂浆锚杆修改为预应力锚杆，严重影响厂房施工进度。为保证地下厂房施工工期，地下厂房开挖采取了“立体多层，平面多工序”的施工措施，厂房第Ⅱ层、第Ⅳ层、第Ⅵ层同时开挖，保证了地下厂房施工总工期。

3.2 成本控制管理

随着市场经济的发展，建设单位要想在激烈的市场竞争中生存或谋发展，除了拥有雄厚的资本，还要高度重视对工程项目成本的控制。只有在项目建设的各个阶段采取行之有效的、结合实际的措施，挖掘潜力，降低成本，才能取得最佳的投资效益和社会效益。

3.2.1 初设阶段

初设阶段工程设计人员往往偏重于设计功能，总体布置不尽合理，不注重设计对工程造价的影响。因此，在初设阶段把好成本控制是非常重要的。

(1) 优化中控室布置。金桥水电站初设阶段中控室为地面建筑物，为减少投资，将中控室与副厂房结合布置，均为地下建筑物。

(2) 调压井形式优化。初设阶段调压井为气垫式调压井，就金桥水电站地下厂房部位地形而言，气垫式调压室方案的优点是施工通道较为便利，但是后期运行及检修等工作烦琐，设备费用及运行管理维护成本高。

为节省投资、便于后期运行维护，将气垫式调压井修改为阻抗式调压井，节省投资约3900万元，且后期运行管理简单、费用低，缺点是上调压井道路难度较大。从施工、投资、运行等多方面综合考虑，最终确定采用阻抗式调压井方案。

(3) 装机容量增加。《关于西藏易贡藏布金桥水电站工程可行性研究报告的批复》金桥水电站装机容量为48MW（3×16MW），金桥水电站建成后，在首先满足当地电力发展需求的基础上，供电西藏中部电网。从嘉黎县、那曲市实现全面建设小康社会目标、藏中电网建设进展情况、河段水利资源储量及合理利用水能资源、电站经济指标等方面综合考虑，金桥水电站装机容量增加至66MW（3×22MW）。虽然建设期成本增加，但后期运行效益优于前者。

3.2.2 工程变更补偿

由于水电工程建设的复杂性，变更补偿成为一种客观存在，对承包商而言，在正确履行合同基础上发生的变更补偿是一种正当的权利和要求，业主、监理一起对合同实施进行有力的控制，尽量减少变更补偿事件，当变更补偿事件不可避免时，讲求合理补偿，使变更补偿能得到快速合理解决，保证工程建设正常开展。

3.2.3 建设期间设计优化

实施阶段设计优化也是成本控制的重要环节之一，随着工程建设的不断推进，施工环境、设计边界条件均在不断地发生变化，甚至有些不确定的条件也明朗起来（如地质条件），为实施阶段设计优化创造了条件。

金桥水电站建设初期就将设计优化作为成本控制的重要手段，根据现场实际情况，优化一期、二期工程施工导流，利用永久建筑物挡水，节省投资约1400万元；根据地质条件，优化振冲碎石桩桩长，节省投资约700万元；根据引水隧洞围岩情况，优化混凝土衬砌，节省投资约680万元。金桥水电站建设期间共进行设计优化十余项，节省投资约3370万元。

3.3 质量管理

质量是工程的生命，科学和先进的质量管理是产品质量的保证，是工程成功的保证。金桥公司把质量管理放在各项管理工作的首位，致力于质量体系的有效运行，特别注重对质量体系运行过程中和产品质量形成过程中产生的不合格的控制。开展全面质量管理的“三全一多样”，即全员的质量管理、全过程质量管理、全公司质量管理、多方法的质量管理，从而确保了金桥水电站的工程质量。

质量管理工作认真做到五落实，即组织落实、制度落实、责任落实、措施手段落实、质量管理经费落实，并从构成或影响质量的人员、工程材料及工程设备、检测仪器、工程设计、施工方案、施工环境等因素进行全面的质量管理。

通过有效的质量管理，金桥水电站土建工程单元优良率达88.7%以上，金属结构及设备安装单元优良率达96.7%以上。

3.4 安全文明施工管理

建设单位除了追求高质量、工期短、低造价的目标外，更应该重视项目建设安全的重要性。

（1）安全管理工作要从源头抓起，在工程招投标期间制定一定的硬性要求，除安全管理组织机构、安全管理人员的持证情况、安全管理人员配置以及安全业绩外，应增加安全措施和文明施工规划在评标中所占分值。承包人在投标阶段，对于安全措施不具体、文明施工规划不具体，只是泛泛而谈，不便于在建设期间检查落实。

（2）签订安全协议。签订安全协议是建设单位对发包工程进行安全管理和经济制约的重要手段。当投标单位中标后，建设单位应与承包方签订安全协议，明确双方的安全责任和义务；明确发生事故后各自应承担的经济责任；明确安全奖罚规定和安全施工保证金的提取。当发生人身伤亡或存在安全隐患而引起的罚款均将在保证金中扣除。

(3) 安全培训。由于现场作业人员文化素质参差不齐，安全和自我保护意识差，因此，除承包方加强自身的安全教育外，建设单位要根据工程施工的要求和工程的具体特点组织承包方人员进行针对性的安全培训。

(4) 严把开工关。建设单位要严格审查承包方的开工条件：审查承包方的工程负责人、安全负责人、技术负责人及现场专职安全人员的落实情况；审查特殊工种作业人员的身份证及“上岗证”；审查是否具有并已批准的施工组织设计、安全管理制度、安全技术措施以及施工总平面布置图；审查施工人员是否经过三级安全教育以及必要的安全培训和安全交底；审查现场安全工器具、防护设施、施工机械的配备情况及施工人员的劳动保护和作业环境等情况。

(5) 加强施工现场监督力度。建设单位要对承包方的安全管理进行全过程的检查、督促、指导和服务，并加强安全考核。对违章作业、野蛮施工、管理混乱的承包方进行处罚并提出限期整改，对整改不力的承包方予以警告、停工整顿，因此而造成的一切损失均由承包方承担。

4 结语

水电站建设管理是一个复杂的管理过程，有着严格的安全、质量、进度、成本等方面的要求，在工程建设过程中，建设方为了减少成本，加快进度，确保安全、质量目标，引入科学的管理方法，采取多样的管理措施是我们所着力的方向，通过各种管理手段的运用，必将最终实现项目的成功建设，保证建设方和其他各方效益的最大化。

金桥水电站项目建设工程质量管控

郭建军　贺元鑫

（西藏开投金桥水电开发有限公司，西藏那曲　852400）

摘　要：对水电建设项目的质量管理是整个工程管理过程重要环节，也是工程建设成功的关键。工程质量在工程建设中的问题较为突出，针对金桥水电站工程项目所具有的地域、复杂、独特等特点，采取相应的管理措施以保证工程达到预期的质量目标。

关键词：质量管控；建设管理；金桥水电站

工程质量是决定工程建设成败的关键，质量的优劣对工程建成的使用有直接影响。以金桥水电站首部枢纽自密实混凝土坝和地下厂房均为西藏地区首例，金桥水电站的建设既吸收了我国其他水电工程建设的经验，也结合了当地的特殊情况，科学、合理地进行工程质量管理控制，以保证工程达到预期的质量目标。

1　工程简介

金桥水电站是易贡藏布干流上规划的第 5 个梯级电站，位于西藏自治区那曲市嘉黎县境内。工程的主要任务是在满足生态保护要求的前提下发电，为引水式电站，并促进地方经济社会发展。电站属Ⅲ等中型工程，主要建筑物为 3 级，次要建筑物为 4 级，临时建筑物为 5 级。工程枢纽主要建筑物由左岸堆石混凝土坝、泄洪冲沙闸、排漂闸、右岸岸边式电站进水口，引水发电隧洞、调压井、压力管道、地下发电厂房及开关站等建筑物组成。首部枢纽建筑物坝顶高程为 3427.7m，正常水位高程为 3425.0m，最大坝高为 27.5m，电站总装机容量为 66MW（3×22MW），年发电量为 3.57 亿 kW·h，保证出力为 6MW，年利用小时数为 5407h。

2　质量控制的内容

工程质量是工程项目投资效益得以实现的根本保证。质量控制是确保工程质量的最有效方法，贯穿于整个工程建设。采取事前、事中、事后的控制，保证工程质量满足标准要求，达到的质量控制目标。建设管理的质量控制主要内容如下：

（1）建设期和运行期对工程质量有影响的因素，应在工程项目规划阶段做好决策，项目建设更加合理。

自从国电集团接手金桥水电站的开发建设后，到 2016 年 5 月期间，随着工程前期工作

第一作者简介：郭建军（1970—　），男，河南商丘人，高级工程师，主要从事水利水电工程建设管理工作。Email：guojj@xzkt.net

的逐步展开，其间与设计单位共同充分研讨，对工程条件认识的进一步深入，外部建设条件与可研阶段设计时的情况有所变化，通过对工程的经济性和安全性方面的综合考量，先后对装机容量、左岸挡水坝坝型、调压室型式、厂房型式等分别进行了专题研究论证工作。

在这里对装机容量不作过多的论述，以上论证对可行性研究报告中选定的正常蓄水位、枢纽工程总体布置格局、引水线路等均未变化。

1）左岸挡水坝坝型。原设计方案：首部枢纽主要建筑物自左向右包括左岸土工膜防渗堆石坝、泄洪冲沙闸、排漂闸、电站进水口等。可研阶段设计时，工程的施工用电全部采用柴油机发电供电，经技术经济综合比选，左岸挡水坝段采用是土工膜防渗堆石坝，最大坝高 26m，坝轴线方向长为 121m，坝体填筑总量为 24.42 万 m^3。

由于嘉黎—金桥 110kV 输电线路工程提前建设并在实施中，于 2017 年 10 月正式投入使用。施工用电由当地电网供电替代原柴油机发电，使施工用电费用有较大幅度的降低；对外交通道路拓宽加固完成后，水泥运输价格也有所降低。加之上游库尾附近右岸有一冲沟冬季时雪崩冰雪碎石滑入河道，可能形成小型堰塞湖，对大坝安全带来不利影响，因此，从工程运行的安全角度考虑，混凝土重力坝较为有利。

2）调压室型式。可研阶段设计主要考虑是山高坡陡，阻抗式调压室方案的上部施工交通难度大，气垫式调压室对地形条件的适应性更好，压力管道及施工支洞布置也相对灵活，故选择气垫式调压室方案。

为简化电站运行期的维护工作，经过对现场地形条件（附近有一冲沟可以利用）的进一步踏勘，以及对反井钻机设备的调研，阻抗式调压室方案的上部施工交通运输问题尽管有难度，但通过技术手段和工程措施是可以解决的。

最终进行优化设计选择阻抗式调压室方案。

3）厂房型式。可研阶段，为岸边地面厂房型式。根据公司要求，请设计单位重新组织专家组进行现场踏勘，对地面厂房工程投资方面、工程运行安全做了进一步的深入研究。根据当地交通部门规划，边坝县至墨竹工卡规划的 G349 国道即将开工建设，国道线路也将是从狭窄的厂区通过的，届时车流量将增大。若采用地面厂房方案，施工期保通及运行期干扰、安全等问题将非常突出；另外，针对厂区深山峡谷、高陡边坡的特点，地下厂房方案的运行安全更有保障。故最终选择地下厂房方案。

这些方案确定并在工程项目规划阶段及时进行修正，并作出决策，事实证明金桥水电站项目在实施建设过程中得到验证。

（2）选择有资质等级、经验丰富、信誉合格的设计、监理及施工单位，在合同中对涉及质量条款的应明确质量相关责任。

设计、监理和施工单位都是通过招投标选定，评标过程对投标单位的资质等级、项目业绩、相应的保障等资格要求进行审查，签订合同对工程质量验收标准、质量检查机构、质量检查制度、质量检查程序和实施细则都明确规定，并对质量违约责任、质量保修期也有相关责任的约定。

（3）对重大技术方案、设计文件、施工组织设计进行必要的审定。金桥水电站的优化设计方案，不仅在设计单位自身内部审查论证，而且还请成都勘测设计院为第三方的咨询审查，对专家所提意见再经过修改，报请西藏自治区发改委能源局审批，从宏观上把握方向。

对重大的施工组织设计和安全风险高的施工项目，施工单位项目部编制的施工方案，首先要经施工单位本部审核，由本部总工程师签字；然后上报监理单位，监理单位组织召开方案审查会，进行审查批复实施。

方案审查对规范项目施工程序和质量、安全重点控制的重要一环，指导施工单位技术人员、质检人员现场质量控制的重点和要点。

（4）在组织实施阶段的质量控制，对影响质量的人、材、机、法、环因素入手，在过程中进行预防控制管理。

在项目实施过程中，施工单位配备专职质量检查人员，完善的质量检查制度，按照质量检查程序和实施细则履行岗位职责；对于从事电气、起重、建筑登高架设作业、锅炉、压力容器、焊接、爆破等特殊工种人员，必须经过专业培训，持证上岗。施工单位将质检人员、特种（特殊）工种上报监理单位审核，是否满足人员要求进行管理。

用于工程的材料和设备，施工单位必须将各项材料和工程设备的供货人及品种、规格、数量和供货时间等报送监理单位审批；还应向提交其负责提供的材料和工程设备的质量证明文件、质量检查和试验资料，并满足合同约定的质量标准。

施工单位应配置匹配的施工设备（机械），机械设备的投入应满足施工需要，对进入施工场地的施工单位设备须经监理单位核查后才能投入使用。施工单位对施工设备注意维护保养，确保工程施工的有序实施。

施工单位应按合同约定的工作内容和施工进度要求，编制施工组织设计和施工措施计划，要具有完备性和安全可靠性的施工作业和施工方法。根据合同工程结构设计和技术要求，满足工程质量和进度控制与安全要求，在合同实施过程中调整或改变原施工组织设计、施工方法、施工顺序、工艺流程、施工参数等都应及时上报监理单位进行审批，更好地控制过程和预防质量问题。

施工环境因素对工程质量影响巨大，施工单位应当充分考虑各种环境的因素，如冬季施工的保温措施、雨季施工的防雨措施、地下水的引排措施、水下混凝土施工措施以及地下洞室通风排烟等制定专项措施，加强施工过程的监管，以确保工程施工质量。

质量控制有很多重要环节，对影响质量的人、材、机、法、环因素过程进行主动控制管理，工程质量控制流程明确后，进一步完善质量监督组织，规范施工单位的施工行为，必须遵守国家和行业标准中相关规定，对质量管理起到事倍功半的效果。

（5）做好质量信息反馈，通过组织与协调手段，进行全面质量管理。施工单位是控制施工质量的主体，全方面进行质量控制，对出现质量控制有偏差时，要及时反馈信息，总结经验制定纠偏对策。监理单位对重点部位、关键部位的全过程旁站监督，发现质量违规行为及时制止，对质量问题下达质量整改通知单，直至工程质量合格。监理工作月报主要反映内容有对工程建设质量的控制情况，包括：单元工程验收情况，本期单元工程一次验收合格率统计，单元工程优良率控制图，分部工程验收情况，施工试验情况，质量事故，暂停施工指令，本期工程质量分析（包括产生工程质量问题的原因和质量对策一览表）。现场监理月报反映的质量情况，可以督促监理单位和施工单位对有关质量问题采取相应措施，共同搞好质量控制，达到质量控制的预期目标。

最后就是工程质量监督，监督与工程建设的所有参建单位，需要很好地处理与有关各方面的关系，做到既要坚持原则又要相互协调，促进工程质量的提高，充分发挥各自的优势，形成一个工程质量优先的共识。

3 各阶段的质量管控

为保证质量管理全过程受控，自始至终把工程质量控制作为重点来抓，针对不同阶段进行质量控制。

3.1 设计阶段

设计工作是工程建设的基础，及时准确地提供设计图纸、处理工程重大技术问题，对保证工程质量具有重要意义。

（1）金桥水电站是国电集团公司协议转让西藏开投进行开发建设项目，设计单位未进行设计竞争和招标工作，按照与国电集团公司已签订的相关协议保留了原设计单位，设计单位根据项目建设要求有关批文、资料和公司意见去完善、修改了原部分设计方案，使金桥水电站的设计工作更适应、更合理。

（2）加强与勘察、设计、科研单位的紧密沟通，并加强对合同实施过程的质量控制。

（3）设计先后对装机容量、左岸挡水坝坝型、调压室型式、厂房型式等进行方案研究论证，与之前发生了很大的变化，组织咨询专家进行设计专项方案审查。审查设计方案，对控制设计质量，以保证项目设计符合设计大纲要求，符合国家有关工程建设的方针政策，符合现行设计规范、标准，符合区域特点，工艺合理，技术先进，能充分发挥金桥水电站工程项目的社会效益、经济效益和环境效益。

（4）设计图纸的审核。设计图纸是设计工作的成果，又是施工的直接依据。所以，设计阶段质量控制最终要体现在设计图纸的审查上。施工设计图是对设备、设施、建筑物、管线等工程对象的尺寸、布置、选材、构造、相互关系、施工及安装质量要求的详细图纸和说明，是指导施工的直接依据，从而也是设计阶段质量控制的一个重点。

3.2 参建单位优选

工程质量问题是参与工程建设各方面共同利益之所在，搞好工程质量控制，是有关各方共同的义不容辞的责任。加强对参建各方的质量控制，保证工程达到预期的质量目标。建设过程中的质量管理控制重心落在了参建单位上，选择技术能力强、质量意识严的监理和施工单位，从源头上就决定了过程建设质量管理控制的最终成果。经过招投标程序，金桥水电站监理单位选择的是浙江华东工程咨询有限公司，施工单位选择的是中国电建集团中国水利水电第一工程局有限公司、中国水利水电第四工程局有限公司、中国水利水电第六工程局有限公司中国水电基础局有限公司。监理单位和施工单位从实力上来说，都是国内乃至世界的水电行业佼佼者；从其进驻现场的管理人员来看，也都是有着丰富管理经验和质量控制意识的管理者。这在工程建设过程中也得到充分的证明。优选的监理和施工单位，为金桥站工程建设质量管理控制提供了切实的保障。

3.3 施工阶段

3.3.1 技术手段

金桥水电站首部枢纽右岸一期导流方案，在设计阶段，是采用常规的高喷防渗墙＋混凝土防渗墙+围堰组合而成，施工成本大，基础砂砾石层厚度大，大孤石、漂石多，高喷防渗墙成墙效果不理想，混凝土防渗墙塌孔频繁，附近没有围堰心墙防渗黏土，一期防渗体系质量难以保证；为此，在施工期根据流量计算，采取右岸一期导流方案调整为：右岸主要采用高喷防渗墙，对左岸河床进行疏浚形成顺畅的导流明渠，降低渠底高程保证汛期过水面低于右岸一期施工主要作业面高程，以减少渗水压力，将左岸河床疏浚砂砾料作为围堰填筑料。方案调整后，有效减小了右岸施工的渗水量，加快了施工进度，也节省了投资。

水电站工程建设常规施工技术发展到目前，已经十分成熟。针对不同的施工条件，采取成熟的、合理的施工工艺和程序，能有效促进质量管理控制；同时，每个水电站都有自己独有的特点，针对其特点，灵活制定独有的施工程序和工艺，能更好地为质量管理控制创造便利条件。

3.3.2 全员教育

施工的管理者和执行者，是质量管控的核心。人员的质量管控意识提升起来，才有可能施工出高质量的工程。金桥水电站自工程开工以来，对每个进场的参建者都进行了系统的、严格的质量教育，提升其质量意识和思想认识，丰富其质量管控手段，让其领会每个工序的质量控制重点、要点、关键之处，保证每道工序的管理者和执行者都能掌握自己应该重点控制哪些方面的质量、如何进行过程质量管控。在建设过程中，采取形象具体且针对性强的标语、图画等加强宣传教育，定期、不定期集中进行再学习。通过以上手段，成功地把质量意识深入到每一个参建者的心中，在金桥水电站工程建设过程中，无论是管理人员还是一线工人，对施工质量都是自觉做好控制，形成良好的惯性，保证了电站建设质量水平。

3.3.3 合适的施工机械和设备

我国的水电站施工发展到目前，各种施工设备相对较为成熟。根据施工项目的规模、特点等情况，有不同的施工设备，采用合理的施工设备，不仅直接决定施工成本、进度，而且对施工质量也有很大影响。在金桥电站各单元工程开工前，针对该单元工程的特点，单独进行设备配置，采取更合理、更先进的设备进行施工，有效地促进了现场施工质量。

3.3.4 丰富的管理手段和措施

质量管理手段和措施，是工程建设管理水平的具体体现。金桥电站在建设过程中，时刻保持"管理提升"的信念。在吸收我国其他水电站建设成熟质量管理经验的同时，根据藏区特殊情况，有针对性地结合相关经验，做到质量管理手段和措施与藏区特色、电站建设现场实际情况吻合。同时，根据我国的电站建设工人特点，对每个进场的工人进行管理培训：一方面让工人了解各项质量管理办法和制度；另一方面让工人理解各项质量管理手段和措施的出发点和重要性，从思想上让工人对管理有"先入为主"的认知。对管理者进行定期质量管理知识培训，从理论上提高质量管理的能力，从具体的质量管理过程中对手段和措施进行丰富、交流。从而，金桥水电站的质量管理者的能力提升明显，质量管理手段和措施丰富，电站整体质量管理成果显著。

3.4 竣工阶段

竣工验收是工程施工过程的最后一道程序，也是工程项目质量控制的后期工作，是工程质量保障的最后一道屏障，是全面考核施工质量的重要环节。竣工验收前，及时委托具有相应检测资质的检测单位对工程建设质量进行全面检测，为工程顺利通过验收奠定基础；及时组织由参建各方参加的单位工程验收，对工程质量有疑虑的地方，进行现场查验，发现问题，尽早处理，消除质量缺陷；客观、公正地评定工程质量等级，使工程质量等级评定能够准确反映工程建设的内在质量；严格按照验收规程进行工程验收，发现质量问题，责令有关单位限期处理。

4 结语

西藏地处高原，海拔高、气温低，有独特的地方特色，目前我国水电的主战场即位于此。在西藏进行水电站工程建设，相较于内地，有其特殊性。作为水电建设者，必须以内地多年总结的成熟经验为基础，结合地方特色，采取合理的方案、有效的手段进行质量管控；针对当地特殊的地理环境和人文环境，融会贯通地对质量管理进行改进，才能达到质量管理控制的预期目标。

参考文献

[1] 郭建军. 金桥水电站项目建设工程质量管控 [J]. 水力发电，2018，44 (8)：47-49.

电力工程项目建设单位生产安全责任剖析和探讨

蒋　华　唐亮平　赵　宇

（西藏开发投资集团有限公司，拉萨　850000）

摘　要： 在电力项目建设过程中，建设单位是项目建设的投资主体和管理主体，是项目建设总协调人和总负责人，本文结合作者自身工作实践，系统阐述了建设单位生产安全的法定责任、监督责任、管理责任，并通过典型案例进行剖析和探讨，对进一步增强和规范电力建设项目建设单位的生产安全职责有所裨益。

关键词： 电力工程；建设单位；安全责任；剖析和探讨

随着国民经济不断向前发展和国家有关安全生产方面的法律法规日臻完善，以及电力建设行业企业全面管理水平的提升，生产安全真真切切摆在了建设管理的首要位置，安全责任制建设得到全面加强和夯实，全国重特大电力安全事故得到了有效的遏制。但在日常的建设安全管理活动中，作为项目总协调方、总负责方的建设单位，仍然存在自身安全责任不清、事故责任推诿、安全管理认识不到位的现象。下面就建设单位所承担的安全责任从法规、监督、日常管理等层面进行剖析和探讨，进一步促进建设单位在项目建设安全管理上履职尽责。

1　电力建设单位安全生产的法定责任

根据国务院《建设工程安全生产管理条例》和国家发改委《电力建设工程施工安全监督管理办法》等法规要求，电力建设单位应承担如下的安全生产法定责任。

（1）严把招标关，负有引进有相应安全资质、业绩要求的承包商，有关证照齐全有效，建设单位不得不经招标程序直接发包给承包商。

（2）项目开工前必须向承包商管理人员进行安全技术交底、安全管理目标交底、项目建设安全环境和条件交底、安全管理要求、有关安全预告知内容等。

（3）向施工承包商提供施工现场及毗邻区域内供水、排水、供电、供气、供热、通信、广播电视等地下管线资料，气象和水文观测资料，相邻建筑物和构筑物、地下工程的有关资料，并保证资料的真实、准确、完整。

（4）建设单位不得对勘察、设计、施工、工程监理等单位提出不符合建设工程安全生产法律、法规和强制性标准规定的要求，不得随意压缩合同约定的工期，现场应科学合理指挥，不强令不安全的作业。

第一作者简介： 蒋华（1966—　），男，四川蓬溪人，高级工程师，从事水利水电清洁能源等基建安全管理和生产运行安全管理、环水保管理工作。

（5）建设单位在编制工程概算时，应当确定建设工程安全作业环境及安全施工措施所需费用。

（6）建设单位不得明示或者暗示承包商购买、租赁、使用不符合安全施工要求的安全防护用具、机械设备、施工机具及配件、消防设施和器材。

（7）建设单位在申请领取施工许可证时，应当提供建设工程有关安全施工措施的资料。

（8）依法批准开工报告的建设工程，建设单位应当自开工报告批准之日起15日内，将保证安全施工的措施报送建设工程所在地的县级以上地方人民政府建设行政主管部门或者其他有关部门备案。

（9）建设单位应当在拆除工程施工15日前，将下列资料报送建设工程所在地的县级以上地方人民政府建设行政主管部门或者其他有关部门备案：①承包商资质等级证明；②拟拆除建筑物、构筑物及可能危及毗邻建筑的说明；③拆除施工组织方案；④堆放、清除废弃物的措施。

2 电力建设单位安全生产的监督责任

电力建设单位为整个项目的安全责任方，对电力建设工程施工安全负全面管理责任，为项目安全总协调人，对参建各方负有安全监督的责任，主要监督职责如下：

（1）监督承包商规范工序分包、专业分包、劳务分包等合规的分包管理，同样需要引进有相应安全资质和业绩的分包商。

（2）督促承包商加强安全风险管控、危险源管控、危化品管理及现场隐患整改落实。

（3）督促承包商开展好三级安全管理和教育培训、特殊作业持证上岗、班前班后会议、作业安全技术交底、专项安全活动开展、上级安全文件精神贯彻落实、施工安全措施落实等安全工作。

（4）督促监理单位按照“四控两管一协调”的要求强化现场安全管理和旁站监督指导，督促设计单位在“四新”运用、重难点环节给出设计方的安全技术措施和论证。

（5）督促建设各方完善安全有关管理制度并监督实施。

（6）牵头组织对施工现场的例行大检查、专项检查，扎实开展隐患排查和治理。

3 电力建设单位安全管理责任

建设单位除法定安全责任和监督责任外，还应肩负以下项目日常安全管理责任。

（1）建立健全项目安全保证体系、监督体系和责任体系，完善己方的安全管理制度。包括涵盖参建各方成员的项目安委会、质委会、各类领导小组等机构。

（2）单独与承包商签订安全协议书、与各责任主体逐年签订安全环水保责任书，落实企业安全生产主体责任和全员安全责任。

（3）建立周月检查、周月例会等例行安全工作机制，开展好例行安全工作。

（4）审查施工组织设计同时，审查安全技术措施；对重点部位和重难点作业，应组织专家审查好承包商上报的重大专项安全技术措施，确保安全措施先行。

（5）确保安全设施“三同时”和安全工作“五同时”顺利得以真正落实。

(6) 完善项目综合应急预案、专项预案、专项处置方案等应急救援体系，组织好有关演练。

(7) 协调设计单位做好营地等部位的地质灾害评估和有关监测等工作。

(8) 组织开展好“安全月”、安全标准化建设、职业健康危害、教育培训、危化品整治、危险源管控等有关专题安全活动。

(9) 按照政府有关部门对项目前期环评、水保等报告的审查及其批复意见要求，监督落实好项目环境保护、水土保持项目及其监理、监测等工作内容。

(10) 确保安措费资金落实和结算保证。

(11) 做好各合同标段间的安全协调，使相互影响的重大安全问题得到及时有效解决。

(12) 事故、事件的及时报告责任，以及按照“四不放过”原则对事故进行的调查和处理。

(13) 管理到位，不存在管理上缺失、缺陷和失察等不到位的管理责任。

(14) 有关安全文件的上报和备案。

4 建设单位在承包商生产安全事故中的责任

根据国家安全生产监督管理总局《生产安全事故罚款处罚规定（试行）》（总局令第77号，自2015年5月1日起施行）的最新规定，事故发生单位是指对事故发生负有责任的生产经营单位。

如建设单位对承包商生产安全事故的发生构成了直接的因果关系，则建设单位同样是事故发生单位，建设单位应为承包商的生产安全事故承担主要责任，该类责任主要为前述第1条中界定的建设单位的法定责任。

如建设单位对承包商生产安全事故的发生构成了间接的因果关系，按照上述最新解释，则建设单位也应是事故发生单位，建设单位为承包商的生产安全事故承担次要责任，该类责任主要为前述第2条及第3条中界定的建设单位的监管责任。

如建设单位对承包商生产安全事故的发生无直接的和间接的因果关系，虽然尽到了法定责任和日常监管责任，但在触碰人身伤亡红线或重特大生产安全事故情形下，从国内发生的电力典型案例的调查处理情况来看，建设单位依然负有安全失察的责任，属于监督检查不到位的情形。

5 典型事故案例中建设单位的安全责任

2016年11月24日7时40分左右，江西丰城发电厂三期扩建工程项目7号冷却塔筒壁混凝土和模架体系倾塌坠落，造成73人死亡、2人受伤、直接经济损失10197.2万元的特大生产安全事故。经国务院事故调查组调查，针对建设单位的主要安全责任结论为：①未经论证压缩冷却塔工期；②项目安全质量监督管理工作不力；③项目建设组织管理混乱；④建设单位的上级管理单位负有职能部门监督检查不到位、领导对现场问题失察、人员职责不清和制度不健全等责任。

由于建设单位对承包商的生产安全事故存在因果关系，因而建设单位也是事故发生单位，业主三级管理单位共刑事追责7人、行政处分10人，上至集团公司党委书记、总经理，下至项目建设单位有关中层，处罚力度之大前所未有。

本典型案例反映出在触碰电力人身伤亡或重特大事故上，业主建设单位负有不可推卸的一系列安全责任。

6 结语

通过对国家安全生产法规有关建设单位安全责任的归纳和安全实践中管理经验的总结，对电力项目建设单位的法定安全责任、监督责任和管理责任进行了全面的分析和探讨，通过对典型事故案例的剖析，更加明晰了建设单位沉甸甸的安全责任，相信这对电力项目建设单位如何全面、系统地开展好安全生产工作，切实肩负起自身的安全职责，防止人身伤亡和重特大事故发生，为新时代国家电力建设构建安全屏障和生态屏障，大有裨益。

安全文化是企业永恒的主题

陈　宽

（西藏开投金桥水电开发有限公司，西藏嘉黎　852400）

摘　要： 安全文化可提升企业员工的思想和规范员工的行为，安全文化建设对企业的安全生产具有重要作用。通过安全文化建设，能够促使员工认同企业精神，自觉地按企业制度要求规范自己的行为，从而推进企业安全发展。金桥公司通过推进安全文化建设，弘扬安全文化，有效开展了金桥水电项目安全管理。

关键词： 安全文化；安全生产；作用；发展

安全是伴随着人类的生活及生产活动而产生的。随着工业社会的发展，单纯依靠行政方法进行安全管理不再适应工业社会市场经济发展的需要，推进发展适于本企业的安全文化是企业建设现代安全管理机制的基础。安全文化是企业的安全意识、安全目标、安全责任、安全素养、安全习惯、安全科技、安全设施、安全监管和各种安全规章制度的总和，是企业员工内在思想与外在行动的统一，是员工安全素质和良好习惯的体现。安全文化在企业安全管理中发挥着重要的导向、激励、凝聚和规范作用，因此，建设具有自己特色的安全文化，弘扬安全文化，是推进企业安全发展的永恒主题。

1　安全文化的作用

（1）安全文化具有树立正确安全生产观的作用。通过企业安全文化建设，把安全就是效益和安全生产人人有责的理念贯穿于企业经营活动之中，使安全生产管理与安全文化建设有机地结合起来，再将安全第一、预防为主、综合治理的方针渗透到企业经营理念中，才能树立正确的安全生产观，也是抓好安全生产管理的基石。

（2）安全文化具有对安全生产的导向作用。企业决策者是在一定的观念指导和文化气氛下进行安全生产决策的，它不仅取决于企业领导的观念和作风，而且还取决于整个企业的精神面貌和文化气氛。积极向上的企业安全文化可为企业安全生产决策提供正确的指导思想和健康的精神氛围。

（3）安全文化具有健全安全生产组织管理的作用。安全文化对安全生产管理有着十分重要的影响。健全组织机构，强化组织管理，树立以人为本的管理理念，依靠人、尊重人，充分发挥员工的聪明才智，调动员工的积极性、主动性和创造性，使员工投身于企业安全生产活动之中，是安全文化建设的精髓所在。通过加强安全文化建设，健全安全生产

作者简介： 陈宽（1975—　），男，吉林德惠人，工程师，主要从事水电站安全管理工作。Email：ckxbd2009@sina.com

组织管理，完善安全生产体系建设，明确和落实安全生产管理职责，可提高安全生产管理的组织效率。

（4）安全文化具有对安全生产的激励作用。积极向上的思想观念和行为准则，可以形成强烈的使命感和持久的驱动力。心理学研究表明，人们越能认识行为的意义，就越能产生行为的推动力。积极向上的安全生产思想观念就是员工自我激励的动力，他们通过自己对照行为准则，找出差距，可以产生改进工作的驱动力，同时企业内共同的价值观、信念、行为准则又是一种强大的精神力量，它能使员工产生认同感、归属感、安全感，起到相互激励的作用。

（5）安全文化具有对安全生产工作起凝聚、协调和控制作用。集体力量的大小取决于组织的凝聚力，取决于组织内部的协调状况及控制能力。组织的凝聚力、协调和控制能力可以通过制度等刚性连接件产生。但制度不可能面面俱到，而且难以适应复杂多变及个人作业的管理要求。而积极向上的共同价值观、信念、行为准则是一种内部黏结剂，是人们意识的一部分，就可以使员工自觉地行动，达到自我控制、自我协调、规范作业。

（6）安全文化具有利于建立安全生产管理长效机制的作用。通过健全完善安全管理制度，可规范安全生产管理，明确与落实安全管理工作职责，实现安全生产制度化与规范化。但是，制度管理的强制性往往使得员工在形式上服从，而不能赢得员工的心，这也是不少安全制度流于形式，难以贯彻落实的主要原因之一。因此，通过安全文化建设，促使员工认同企业使命、企业精神、价值观，从而理解和执行各级管理者的决策和指令，自觉地按企业制度要求来规范自己的行为，从而达到统一思想，统一认识，统一行动，建立安全生产管理长效机制的目的。

2 安全文化建设

金桥水电项目建设期间，正处于“新安法”刚施行不久，广大员工新旧安全生产思想转变，企业安全生产日益受到媒体和广大群众关注，国家对安全生产法制化日趋完善阶段。项目存在多数人员首次在高海拔地区施工，思想在一定程度上对高原缺氧存有恐惧；工区处于高山峡谷间紧邻公路和河道的狭长地段，泥石流和雪崩等自然灾害隐患突出。民族团结，地区稳定，施工安全等是项目管理重点。公司结合项目建设实际情况，主要采取以下方法推进安全文化建设，从而提升公司安全管理水平，促进公司安全发展。

（1）结合实际，明确管控目标。金桥水电项目地处西藏自治区的偏远山区，公司深刻认识西藏地区民族团结、地区稳定对全国大局的重要性。金桥水电项目建设初始，作为国有企业的金桥公司负责人深知肩负的社会责任和项目安全管理工作的严峻性。公司首次总办会就决定将民族团结、地区稳定和施工安全管理作为长期重点工作来抓；决定不遗余力地从精神、制度、物资等层面进行公司安全文化建设；以切合实际的特色安全文化，感化参建者心灵，增强安全认同感，提高安全自觉性，规范参建者行为，加快安全标准化建设；以科学领引，平稳高效，安全发展的理念开展项目建设。

（2）加强领导，提高各级负责人的安全文化素质。蛇无头不行，鸟无翼不飚。公司负责人就是公司安全文化建设方向的风向标、领头人，公司负责人的言行举止直接影响着公司员工的思想动态。要想安全工作抓得好，公司领导必须以身作则带头抓安全。在项目建设过程中，公司负责人坚持定期组织各部门负责人召开总经理办公会，不定期组织内部安全学习培训，对公司近期安全文化建设情况、项目安全管理情况进行总结、分析、部署，把安全价值观言传身教到各部门负责人，不断提高部门负责人安全文化素质，再通过各部门负责人在日常工作中对各员工的指导和影响，将公司安全文化辐射到各个角落，形成安全生产齐抓共管的良好氛围。

（3）团结群众，保稳定。金桥公司作为西藏自治区直属国有企业，深知西藏的发展稳定对全国大局的重要作用，在藏企业必须贯彻落实习近平总书记“治国必治边、治边先稳藏”的指示精神和党的治藏方略，必须做到舆情管理到位，确保维护当地社会稳定，民族团结，坚持以维护社会稳定作为第一要务。在金桥水电项目建设期间，公司与当地政府联合成立维稳工作领导小组，确保维稳工作能够快速反应、即时处理。公司安排综合办公室与乡政府建立了良好的信息沟通渠道，主动了解地方民俗民情，尊重民族生活习惯和信仰；主动援助地方建设，为贫困村民提供公益工作岗位；积极参加地方民俗活动，无偿参与乡政府自然灾害抢险。通过一系列深入民心的活动，公司与当地群众建立了深厚的鱼水情，工程建设得到了当地群众的大力支持，维稳工作顺利开展。

（4）以人为本抓安全。就安全问题来说，一切事故的发生归根结底都是人的问题，是人的思想问题，是人的行为问题，是人的素质问题。要抓好安全管理，各方面的人起着决定性的作用。我们充分认识到，要抓好安全管理工作，必须要先有人，而且是必须要有良好专业素质，有丰富安全管理经验，有足够数量的专业人员；且要让工作量与人的数量对等，要让工作对象与人的素质对等。金桥水电项目安全管理围绕参建单位安全专责人员响应合同到岗情况，安全管理需求和安全专责人员数量对等情况，到岗安全专责人员专业素质适宜情况，各岗位安全责任落实情况等，在公司负责人的带领下，紧紧围绕人开展安全管理。

（5）完善奖惩机制，激发安全管理热忱。行百里者半九十。安全管理决不能三分钟热血，必须持之以恒。要抓好安全管理，必须激发全员积极性和主观能动性。公司施行年初全员层层签订安全目标责任书，每季度进行考评，并将岗位安全责任落实与年终绩效考核、评先选优挂钩，甚至将岗位安全责任落实到位，并在安全管理工作中取得突出成绩，且得到全员推崇的，报集团公司给予奖励，在集团公司范围内进行表彰。即，将安全责任落实与物质奖励和精神奖励挂钩，激发员工主动抓安全的热忱，调动全员的力量管安全。

（6）引入先进经验，实现科技兴安。要想推动安全文化不断进步，提高安全管理水平，就要积极推广好的经验和做法，学习借鉴一切先进的经验和管理机制，“他山之石，可以攻玉”，国内外很多成功经验可以借鉴。金桥水电项目建设过程中，公司发动全员纷纷献计献策，将以往项目建设中取得实效，且适合本项目的先进经验和硬件引进推广。金桥水电站地下厂房和调压井施工管理，就借鉴行业内先进的施工经验，并采取科学的技术论证，进行周密施工技术策划，制定详细施工措施指导现场实施，保证了施工安全。公司引进了门禁系统、水情系统、车辆定位系统和工区监控系统，并购置无人机，各层级管理人员可对施工现场时时掌控，可遥控指挥现场管理人员及时制止“三违”行为；建立了安全工作群、水情信息群，设置信息公示栏，多途径强化安全信息的及时传达和工作交流途径；在各施工洞口设置 LED 显示屏，在办公楼醒目区域设置多媒体视频、进行廊道安全文化建设，利用一切手段和先进设施，加大对安全文化的传播，让安全时时在目；引进了“样板工区”和“安全先进班组”的评选机制，努力营造安全生产“赶、比、超”的良好氛围。公司在项目建设过程中，一方面，注重学习借鉴一切先进的经验和管理机制，使安全第一、预防为主、综合治理的方针真正得到落实；另一方面，注重推广好的经验和做法，不断完善安全生产的自我约束机制和激励机制，强化安全管理。

(7) 全面推行“三全”管理。“三全管理”就是在安全生产管理上实行“全员参与、全过程控制、全方位管理”。也就是由各个不同层级的人员参与，对安全生产的全过程，全方位进行管理。安全生产工作的主体或对象是创造财富的“人”，这个“人”既包括管理者，也包括一线生产员工。任何一个环节、一个工序、一个人的工作质量，都会不同程度地直接或间接地影响安全生产。因此，公司通过制定安全生产责任制，层层签订安全生产目标责任书，形成一级抓一级、一级对一级负责的责任链，发动全员、全部门参加安全管理。对施工危险性较大，年初制定的安全重点管控项目，施行领导巡视，专责旁站制度；对安全生产事前、事中、事后全过程中的每个工序、每个环节、每个阶段的安全管理进行专人管控，使上层领导的安全决策，中层领导的安全管理，基层员工的安全执行得到实现。“三全管理”的有效施行，能使项目建设切实按照安全规程规范和制度进行安全施工，使安全生产的全过程处于受控状态，使安全生产人人有责得到落实，使安全生产氛围得到深入渲染。

(8) 结合工程实际，深挖常规安全管理潜力。公司在引进先进管理方法，不断加大投入，发挥硬件保证作用的同时，深挖常规安全管理潜力，喜新不厌旧。公司在调压井施工和厂房开挖等危险性较大项目施工阶段，事前不但要求监理单位组织参建各方参照国内类似案例对施工方案的可行性进行多次研讨，还请专家组对方案进行审核把关，在确定各安全因素可控的前提下，最终实施了优化方案。在地下工程施工前，公司组织参建单位进行安全隐患辨识，确定安全管理重点项目，议定有针对性的安全措施，并在实际工作中予以全面落实。在作业中扩大了作业票的使用及签认范围，将各层级管理人员安全责任落到字面上，避免“我不知道”的出现，做到追责有据。各工序转序施工前，必须得到施工、技术和安全专责三重签认，促使各部门各岗位安全责任得到落实，规范了施工行为。根据需要安排一线作业人员参加专题会议，各层级人员直面问题和重点，建立沟通捷径。通过深挖常规安全管理潜力，使安全生产全过程控制、全方位管理得到加强。

(9) 多方位安全教育，规范施工。金桥项目建设过程中，将安全培训工作纳入公司安全生产和公司发展的总体布局，统一规划，同步推进，力争以安全培训为起点，提高全体员工整体安全文化素质，增强法制观念；并力求安全培训工作科学化、人性化、多元化，增进安全培训工作的实效性。公司通过聘请专业医疗人员、援藏资深人员、安全教育机构，有针对性地开展医疗保健、职业健康和安全培训，消除员工高原工作心理负担，培养员工良好的安全职业素养，规范员工安全施工行为。在公司办公楼内进行廊道安全文化建设，让安全时时入目，让警钟时时在耳畔敲响。在工程脚手架施工频繁阶段，在工期紧张阶段，公司有针对性、多频次组织参建单位各层级人员学习安徽桐城“3·21”、江西丰城电厂“11·24”等典型事故案例，以事实警醒思想麻痹大意的人员，让其深知法不容情，事故无人情。要正确认识安全、质量、进度的关系，绝不以牺牲安全和质量抢进度，要以质量保安全，以安全促进进度；让安全就是进度的保障，安全就是最大效益的思想深植人心。

3　安全文化建设是企业安全发展的康庄大道

企业是船，安全文化是帆，安全文化能够为企业安全发展提供不竭动力。就安全问题来说，一切事故的发生归根结底都是人的问题。而要解决安全问题的关键就是要抓好企业安全文化建设，因为抓好安全文化建设，员工就不是被动地遵章守纪，而是把安全作为自觉追求，让安全生产内化于心，外化于行，规范作业行为。从这个角度来看，金桥公司以负责人言传身教带头抓安全，以多方位开展安全教育，以引入先进经验实现科技兴安，以全面推行“三全”管理等方法推进安全文化建设，弘扬安全文化，从而提高全员安全生产意识、民族团结意识，维护地区稳定，是抓好金桥水电项目安全生产行之有效的手段。由此可见，安全文化是企业永恒的主题，安全文化建设是企业安全发展的康庄大道。

参考文献

[1]　王磊. 企业安全文化建设与发展 [DB/OL]. 2015-12-26/2019-11-16.

浅谈企业安全文化建设

朱新朋　由广昊

（西藏开发投资集团有限公司，拉萨　850000）

摘　要：安全文化是一种独具特点的文化现象，是企业长期安全工作发展中积累的宝贵精神财富。本文介绍了安全文化的概念、功能、建设意义，探讨了企业安全文化存在的问题、建设思路和建设路径。

关键词：安全文化；安全理念；安全习惯；安全态度；行为习惯

1　安全文化的概念

安全文化的概念首次由 IAEA（International Atomic Energy Agency，国际原子能组织）的国际核安全咨询组（INSAG）于 1986 年在有关苏联切尔诺贝利核电站泄漏的事故报告中提出，该报告认为：安全文化理念的提出可以较好地解释导致该事故灾难产生的组织错误和员工违反操作规程的管理漏洞。1991 年，国际原子能组织在维也纳召开“国际核能安全大会 ——未来的战略”，为了总结和回答讨论中提出的问题，在《关于切尔诺贝利核电厂事故后审评会议的总结报告（第四版）》中明确了安全文化的内涵和定义：核安全文化就是存在于单位和个人中的、关注安全问题优先权的种种特性和态度的总和；该文化强调组织内的双向沟通，即一方面是单位内部的必要体制和各管理部门的逐级责任制，另一方面是各级人员为响应上述体制并从中得益所持的态度[1]。

英国健康安全委员会（HSC）则定义安全文化为：“一个单位的安全文化是个人和集体的价值观、态度、能力和行为方式的综合产物，它决定于健康安全管理上的承诺、工作作风和精通程度。”[2]

我国安全管理研究界认为：安全文化是在人类发展的历程中，在其生产、生活、生存及科学实践的一切领域内，为保障人类身心安全与健康，并使其能安全舒适、高效从事一切活动；为预防、避免、控制和消除意外事故和灾害；为建造安全可靠、和谐无害的环境和匹配运行的安全体系；为使人类康乐、长寿及世界和平而创造的物质财富和精神财富的总和[3-4]。

结合现代企业深入开展安全文化建设活动的实际，以及现代企业所面临的新的发展形势，笔者认为，所谓安全文化，是人们在生产活动中形成的安全习惯和理念，是人们价值观在安全方面的一种反映和体现，是单位和个人所具有的有关安全素质和态度的总和，是

第一作者简介：朱新朋（1981—　），男，陕西武功人，工程师，主要从事安全环保管理工作。Email：zhuxp@xz-kt.net

职工能安全、舒适、高效地从事一切活动，预防、避免、控制和消除意外事故和伤害，以及企业重大经济损失的保障，它以人为本，以文化为载体，通过文化的渗透提高人的安全价值观和规范人的行为。

2 企业安全文化的功能

(1) 教育功能。企业的安全文化是企业根据安全工作的客观实际与自身要求而进行设计的一种文化，它符合企业的思想、文化、经济等基础条件，适合企业的地域、时域的需求；它传递着企业关于安全的目标、方针以及实施计划等信息，宣传了安全管理的成效。其既具有相对的系统性和完整性，又具有教育性，以促进全体成员产生心理的制约力量，自我约束，自我管理，自我提高。

(2) 认识功能。企业的安全文化把社会学、管理学、心理学、行为科学等相结合，使企业生产安全管理的实际转化为另一种表达形式，使之更直观具体、更生动形象，更贴近现实生活与工作，让相对较为抽象的理论更易为企业全体成员所认识、所理解和接受。

(3) 规范功能。企业安全文化为职工所接受，能使人们克服不良的习惯，养成良好的安全习惯。安全规程、安全法令、安全规章制度等，都是一种带有严格规范性的文化，成为人们共同遵守和服从的行为准则，一经颁布，就对任何组织和职工个人都具有同等的规范性和约束力。

(4) 导向功能。企业的安全文化以其内容的针对性、表达方式的渗透性、参与对象的广泛性和作用效果的持久性形成企业的安全文化环境与氛围，使全体成员耳濡目染，起着直接的与潜移默化的导向作用，从而影响每个成员的思想品德、工作观念的正确形成，无形地约束企业全体成员的行为。

(5) 积累功能。企业安全文化的积累功能，不仅是对前人已创造的文化成果的继承，更要注重发展创新，发展离不开积累，又是积累的前提条件。由于所处的时代条件不同，前人创造的文化成果不可能满足今人实践活动的需求，不断地创造新的文化，才能保持文化发展的连续性。

(6) 协调功能。企业安全管理是一个复杂的系统，在人与环境、人与机械、安全工作与其他部门、安全思想建设与安全设施建设、安全管理者与被管理者等所有的人、组织以及各环节、各要素之间充满着矛盾，会出现摩擦和耗损。因此，必须遵循一定的安全文化准则和精神、价值来协调各种关系，解决各类矛盾，使安全管理系统的各方面都能处于有序运行、和谐配合、协调发展的状态，产生整体效应，以实现安全目标。

3 企业安全文化建设的意义

(1) 有利于树立正确的安全生产观。通过加强企业安全文化建设，确立“安全第一、预防为主、综合治理”的指导思想，把“安全就是效益”的经营理念贯穿于整个企业经营活动之中，树立正确的安全生产观，是搞好安全生产管理的前提。正确认识安全文化作为一种新型管理理论的价值与其有利于树立正确的安全生产观的重要作用，使安全生产管理与安全文化建设有机地结合起来，将“安全第一、预防为主”的思想渗透到企业所追求的价值观、经营理念和企业精神等深层内涵中，重视安全培训，加强宣传教育，从而发掘出蕴藏在员工中推动企业安全生产管理的强大力量，促进安全生产管理持续健康地发展。

（2）有利于增强安全防范意识。加强企业安全文化建设，要具有超前的安全风险防范意识，提前做好预防准备并付诸实际行动，防患于未然，将事故消灭在萌芽之中。

（3）有利于健全安全生产组织管理。安全文化实质上是一种经营文化、竞争文化、组织文化。安全文化对安全生产管理有着十分重要的影响，不同的信仰、价值观，会干扰环境和资源对组织的影响作用。通过加强安全文化建设，健全和完善安全生产组织管理，明确与落实安全生产管理职责，提高安全生产管理的组织效率。

（4）有利于建立安全生产管理长效机制。注重和讲求制度"硬管理"和文化"软管理"的有机结合，既是企业文化建设的需要，更是建立长效安全管理机制的需要。管理制度再严密也不可能包罗万象，制度管理的强制性往往使得员工在形式上服从，而不能赢得员工的心，这也是不少安全制度流于形式，难以贯彻落实的主要原因之一。通过文化"软管理"，促使员工认同企业使命、企业精神、价值观，从而理解和执行各级管理者的决策和指令，自觉地按企业的整体战略目标和制度要求来调节和规范自己的行为，从而达到统一思想，统一认识，统一行动，建立安全生产管理长效机制的目的。

（5）有利于实施预防型安全生产管理。加强安全文化建设，可以从战略管理的高度，进行科学的安全管理规划，确立安全目标，制订安全计划，并认真组织实施，同时对安全问题时刻保持高度的责任感和警惕性，提早关注安全风险，采取预先防范的有效措施，对可能发生的危险进行预测和评估，以确定危险的级别，进行风险分级管理，可以及时发现和消除安全隐患，预防和遏制可能发生的安全问题。加强安全文化建设，有利于加强安全生产管理队伍的建设，提高实施预防型安全管理的组织协调与实务操作的能力，并且进行广泛的宣传教育与培训，使员工明确实施预防型安全管理的重要性和必要性，积极投身于预防型安全生产管理活动之中，确保安全管理目标的顺利实现。

（6）有利于企业整体效益的提高。加强企业安全文化建设对企业的整体文化建设是一个有益的补充和推动，利于提高企业整体管理的水平和层次，树立良好的企业形象，提升员工的整体素质，进而有利于企业效益提高。

4 企业安全文化建设存在的问题

（1）存在片面性认识问题。实施安全文化战略首先需要树立一种大安全观，目前个别企业对安全文化的认知存在仅限于"安全无事故""加强安全管理"的片面性。

（2）存在流于形式现象。安全海报、挂图是企业最常用的安全宣教形式，然而千篇一律的安全海报已经不能满足企业职工的需求。根据企业生产特性和安全文化理念而定制个性化的安全海报、挂图，能够收到宣教安全生产知识和传播安全文化理念的双重目的。

（3）企业安全文化理念未能深入人心。实施和推进企业安全文化战略，存在一个比较突出的难点，就是企业安全文化核心理念如何让全体职工认可，如何能让全体员工、协作单位全面参与并主动实践我们企业的安全文化理念，共同推进我们企业的安全文化建设。

（4）企业安全文化基础不牢固。企业安全文化是实现安全管理的灵魂，当前，有的企业存在着这样的怪现象：一方面有严格的安全管理制度，另一方面员工对制度却熟视无睹，违章作业屡见不鲜，究其原因不难得出企业安全文化基础不牢固是产生这样怪现象的关键所在。

5　企业安全文化建设的思路

（1）树立安全理念。安全理念是安全文化建设的重要环节，其内容丰富广泛。安全生产保护的直接对象是人，企业安全生产的基本前提也是人的安全，把追求企业利润的最大化建立在职工安全健康的基础之上，关心爱护每一位职工，牢固树立安全理念。

安全生产重在预防，企业生产经营管理者对涉及安全生产的事项，要优先安排，做到“五落实五到位”，从根本上消除各类安全隐患，真正树立起预防为主的安全理念。再次，安全生产是保护人的生命的事业，我们要具有安全生产无小事的思想，事事人人、人人事事想安全、抓安全、管安全、保安全，真正树立起责任重于泰山的理念。

（2）创造安全环境。安全生产是一个全方位复杂、持续不断的动态过程，涉及生产过程中的物、设备、卫生等各类作业环境，不论哪一方面出现漏洞都会产生事故隐患，甚至酿成生产安全事故。我们要走可持续发展的路子，不断改进工艺条件和作业环境，加强对多变环境中不安全因素的风险识别和预测，提高防范风险、防范事故的能力，消除事故隐患，实现各因素间的最佳匹配，给职工提供一个舒适、安全的作业环境，实现本质安全，促进安全生产。

（3）端正安全态度。态度促进责任，进而规范行为，态度在一定程度上对成败具有决定性作用。我们要以责任重于泰山的态度对待安全生产工作，对职工多进行安全态度教育，引导他们确立端正良好的安全态度，以便自觉地执行安全生产各项规章制度，增强他们的安全意识，使安全态度促进他们的安全责任，规范他们的操作行为。

（4）培养行为习惯。安全事故的发生不是因人的不安全行为引起就是因物的不安全状态引起，人的不安全行为是安全生产最大的隐患之一，所以行为习惯非常重要，纠正各种不安全行为，严格按章操作，遵守制度，在日常工作中不断培养我们安全的、良好的行为习惯，使安全行为习惯成为日常习惯。

6　企业安全文化建设的路径探索

（1）构建安全文化理念体系。安全文化理念是人们关于企业安全以及安全管理的思想、认识、观念、意识，是企业安全文化的核心和灵魂，是建设企业安全文化的基础。企业一是要提炼好企业安全文化理念。要结合行业特点、实际、岗位状况以及本企业的文化传统，提炼出富有特色、内涵深刻、易于记忆、便于理解的，为职工所认同的安全文化理念并形成体系；二是要宣贯好安全文化理念。开展多种形式的安全文化活动，通过企业宣传栏、电视、刊物、网络、微信平台等多种传媒以及举办培训讲座、演讲比赛、知识竞赛等多种方法，将企业安全文化理念根植于全体员工；三是要固化好安全文化理念，要将安全文化理念让职工处处能看见，时时有提醒，外化于行，内化于心，寓于各项工作之中，成为企业职工的自觉行动。

（2）构建安全文化制度体系。安全制度文化是企业安全生产的运作保障机制重要组成部分，是企业安全理念文化的物化体现。建设好安全制度文化，要重点抓好五个方面的工作。一是各企业要按照“党政同责、一岗双责”的要求，制定岗位安全职责，做到全员、全过程、全方位安全责任化，建立和完善横向到边、纵向到底的安全责任体系，各司其职、合力监管的安全监管体系，反应及时、保障有力的安全预防体系，以人为本、保障安全和健康的管理体系；二是抓好国家劳动安全、职业卫生法规的贯彻、执行；三是各企业要根据法律法规的要求，结合企业实际，制定好各类安全制度；四是要抓好安全标准化体系的建设，按照各行业标准化要求，开展标准化达标活动；五是抓好制度的执行，不断强化制度的执行力。

（3）构建安全文化行为体系。安全行为文化指在安全观念文化指导下，人们在生产过程中的安全行为准则、思维方式、行为模式的表现。安全行为体系包括决策层、管理层和执行层的安全行为建设。企业决策层要制定安全行为规范和准则，形成强有力的安全文化的约束机制；管理层要按照决策层制定的安全行为规范和准则，进行管理和监督，形成管理层的安全文化；操作层自觉遵章守纪，自律安全的行为和规范，形成班组员工的安全文化。

企业要从实际出发，从提高教育效果人手，不断探索喜闻乐见的安全教育新模式，使安全教育工作落实到全员。通过决策层和管理层的行为教育，引导全体员工树立“安全生产，人人有责”的思想。不断提高他们在生产过程中的安全文化素质和技术素质，增强对隐患的判断技能和分析能力。

（4）构建安全文化物质体系。企业安全物质文化是指整个生产经营活动中所使用的保护员工身心安全与健康的安全器物和员工在生产过程中的良好环境氛围，是加强安全文化建设的物质基础。企业一方面要加大安全投人，坚持科技兴安，解决安全技术难题，加强现场管理，积极改善工作环境和条件，建立科学的预警和救援体系，努力追求人、机、环境的和谐统一，实现系统无缺陷、管理无漏洞、设备无障碍；另一方面要依托企业文化建设系统，建立安全文化的理念识别系统、视觉识别系统和行为识别系统，营造良好的工作环境和氛围，为安全生产工作提供有力支撑。

参考文献

［1］ 袁旭，曹琦. 安全文化管理模式研究［J］. 西南交通大学学报，2000，35（3）：323-326.

［2］ M D，Cooper PH D. Towards a model of safety culture［J］. Safety Science，2000（36）：111-136.

［3］ 徐德蜀. 科学、文化与安全科学技术学科的拓展［J］. 科学学研究，1998，16（3）：26-34.

［4］ 金磊，徐德蜀. 面向未来中国安全文化建设的再思考［J］. 建筑安全，1999（12）：17-20.

浅谈业主方项目管理在建设工程项目中的地位

杨作成[1]　罗　润[2]

（1. 西藏开投金桥水电开发有限公司，拉萨　852400；
2. 西藏应急救援基地建设指挥部，拉萨　852400）

摘　要： 本文主要介绍了业主方在建设项目管理中的核心地位，并结合金桥水电站项目管理中的实例予以说明。

关键词： 项目管理；建设工程；总集成者；管理阶段

在工程实践中，建设项目管理涉及项目的全寿命周期，自项目开始至项目完成，通过项目策划和项目控制以使项目的安全目标、费用目标、进度目标和质量目标得以实现。建设工程管理是为项目实现增值的服务工作。其核心就是为工程的建设和使用增值。而业主方的管理在建设项目的管理处于核心地位，是贯穿项目管理全过程的。

一个建设工程项目往往由许多参建单位承担不同的建设任务和管理任务，例如：勘察设计，工程施工，设备安装，工程监理，建设物资供应，业主方管理，政府主管部门的管理和监督等，各参建单位的性质、工作任务和利益各不相同，因此也就形成了代表各自利益的项目管理。在工程实践中，业主既是投资方也是实际建设方，有的项目仅为投资方，根据实际情况不尽相同，但是，有一点是相同的，在整个过程中业主方（投资方）是建设项目实施过程中的总集成者，也是建设工程项目的总组织者，因此对于一个建设工程项目所言，业主的管理往往是该项目管理的核心，其管理过程往往是项目管理的全过程。如图1所示，投资方即为业主方。

就业主管理而言，业主方项目管理服务于业主的利益，其项目管理目标包括：安全目标、投资目标、进度目标和质量目标。四者之间既有矛盾的一面，也有统一的一面，它们之间的关系是对立统一的关系，例如：加快进度往往是需要加大投资，过度缩短工期会影响质量目标和安全目标的实现，这表现出来目标之间矛盾的一面，但通过有效的管理，在不增加投资的前提下，也可以缩短工期和提高质量，这反映了目标之间关系统一的一面。在业主管理的目标中安全目标是最重要的任务，因为安全管理关系到人身的健康和安全，而投资控制、进度控制、质量控制等主要涉及物质的利益。

作为建设项目管理的核心，业主方管理在重大问题上的决策尤为重要，项目从无到有，到建设一个怎样的项目等一系列问题，都在业主方的管理范围内。就实践而言，以金桥水电

第一作者简介： 杨作成（1991—　），男，黑龙江依安人，助理工程师，主要从事水利水电工程建设管理工作。Email：602208533@qq.com

站业主方建设管理为例，就业主方管理的实例说明其在建设项目管理中的地位和重要性。

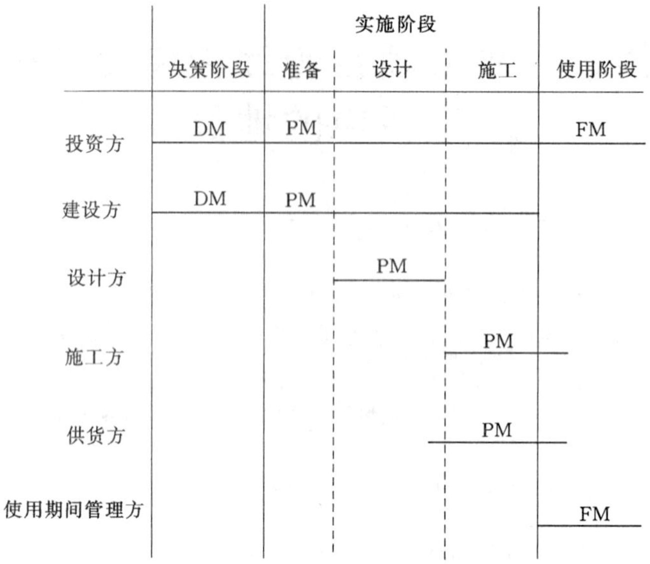

		实施阶段			
	决策阶段	准备	设计	施工	使用阶段
投资方	DM	PM			FM
建设方	DM	PM			
设计方			PM		
施工方				PM	
供货方				PM	
使用期间管理方					FM

图 1　参建各方参与的项目管理时段

（其中，DM 为决策阶段的管理，PM 为项目管理，FM 为设施管理）

1　开发阶段金桥水电重大的变更调整

可研阶段金桥水电站主要作为西藏无电地区供电电源（10MW）及忠玉电站的施工电源（35MW），考虑两方面的装机容量最小为 45MW，为留有余地，金桥水电站最初定位为 48MW。经过业主单位的积极沟通，根据西藏自治区政府全力支持无电地区电力建设项目安排，将金桥水电站列入无电地区电力规划项目。在此大背景下，装机容量由最初的 48MW 变更为 66MW 装机的方案。

开发阶段的重要调整还有左岸挡水坝段坝型的调整由堆石坝改为自密实混凝土坝，调压井形式由气垫形式改为阻抗形式。这些重要的调整变更都是由业主决策或提出，充分说明了业主方管理在整个建设工程中重要性。

2　实施阶段根据情况调整

实施阶段的重要管理是目标控制，在工程实践意义上，如果一个建设项目没有明确的投资目标、没有明确的进度目标和没有明确的质量目标，就没有必要进行管理，也无法进行定量的目标控制。在此背景下，金桥业主方先后组织各方论证实施了一期导流方案调整优化项目，取得了截流的成功，节约工期 11 个月；左岸帷幕灌浆洞取消，改为扇形帷幕灌浆优化项目和引水隧洞增加 4 号施工支洞的项目，这些措施圆满实现了投资目标、质量目标和进度目标之间的平衡，充分达到了预期的目标控制，完成了业主方对项目全方位掌控。

3　运行阶段的效益管理

金桥水电站建成后，由自己的运行维护部门负责运行，在建设期结束各参加单位陆续完成任务后，业主方的项目管理仍在进行，这包括：前期管理成果的检验，售后服务，运行效果的反馈等一系列管理工作。

业主方项目管理其重要程度不言而喻，具有较高专业知识的业主方，在项目的建设过程中其核心地位更加突出。当然，管理模式具有多种，如项目总承包、施工总承包管理模式等，其业主方管理在一定程度也有差异，但业主方管理在项目管理中的核心地位和总组织者是不变的。

基于风险预控的安全生产管理体系建设研究

袁　松　唐亮平

（西藏开发投资集团有限公司，拉萨　850000）

摘　要： 本文重点以风险预控为思路，讲述了企业的安全生产管理体系建设，借鉴了国际通用的“风险辨识、风险评估、风险控制、过程回顾”风险管控基本模式，以“基于风险、系统化、规范化与持续改进”为思想方法，以“PDCA 闭环管理”为原则，系统地探讨了企业安全生产管理思路与管理要求。

关键词： 风险预控；危害辨识；风险数据库；安全生产

安全生产事关国家经济发展、社会稳定、人民群众生命财产安全，是企业赖以生存和发展的重要保障。建立一套完善的，基于风险预控的安全生产管理体系（以下简称“安全生产风险管理体系”），是企业中长期发展战略的重要组成部分，是企业精益化管理和构建本质安全型企业的重要载体，是建立企业良好安全文化和安全生产管理长效机制的有效途径。

1　安全生产风险管理体系设计思路与原则

1.1　设计思路

（1）以人为本的思想。近年来，“以人为本”的概念被人们广泛应用，其核心内容就是尊重人，尊重人的特性和人的本质，把人作为手段与目的的统一。安全生产风险管理体系的建设必须坚持这一核心思想，并以此思想指导整个体系的设计与实施。

（2）基于风险和企业文化。基于风险就是要树立员工的风险意识，提高员工对风险的感知程度，从管理上提高企业对风险的控制程度，有效解决传统依赖性、被动性安全管理缺陷，实现安全生产主动预防，从而为企业安全健康发展服务，为员工身心健康及生命财产服务。

安全生产风险管理体系的建设还必须基于企业文化基础，树立员工与领导共同信守的安全基本准则，确立企业安全生产风险管理体系核心与灵魂，并通过理念、价值观的培育与形成，指明安全管理方向。

（3）体系效果的载体展现。安全生产风险管理体系的建设及其影响的产生，必须通过基础设施与环境、管理机制与系统、人员这三个载体来实现。海因里希事故致因理论告诉我们，88％的事故是由于人员因素造成的，10％是由于设备设施与工作环境造成的，2％

第一作者简介： 袁松（1977—　），男，重庆万州人，高级工程师，主要从事机械机电管理及其安全管理工作。Email：253206918@qq.com

是由于不可抗力原因造成。因此在体系的建设中应重点关注这三载体的本质安全建设，从而实现企业的本质安全。

1.2 遵循原则

（1）系统性原则。安全生产风险管理体系内容设置的充分性与相关性，不仅要有理念引导，而且需要管理机制的配套、物质环境的支持，能力的培育及安全生产信息的传播等系列因素的综合作用，它实质上是戴明原理（PDCA）的具体体现，体系通过闭环管理的有机整合，形成密切配合、互相包容、互相关联的一个有机的管理体系。

（2）先进科学原则。安全生产风险管理体系的先进性既体现在管理模式、管理方法、操作方法的先进性上，又体现在其简洁与实用性上。应充分借鉴国内外安全生产风险管理体系建设的经验，引进先进的管理，真正做到体制、机制、行为规范要求等简单明了、可测量。

（3）全员参与原则。安全生产风险管理体系建设过程中，要充分发挥和尊重企业全体员工的主体地位、个人价值观和心理需求，激励全体员工，特别是基层员工参与到企业的安全管理中，激发员工的内驱力，鼓励员工积极主动查找在作业场所中可能发生的一切危害因素。

（4）持续改进原则。安全生产风险管理体系建设是一个完整的科学体系，需要时间的积累，并进行持续的改进。企业在体系建设与执行的过程中要通过 PDCA 闭环运作，借助测量手段，不断评价安全生产风险管理系统的充分性、适应性和有效性，并通过持续改善，提升体系的执行效率。

2 安全生产风险管理体系建设技术方案

企业安全生产风险管理体系建设过程中要广泛发动，精心组织，有计划、有步骤、有重点地开展工作。针对企业的具体业务与组织机构特点，大致可分为四个阶段来实施。风险管理流程见图 1。

2.1 策划与准备阶段

（1）管理现状调研分析与诊断。现状调研分析与诊断的目的是通过对集团企业及其下属单位开展全面的调研，对其目前运行的安全生产风险管理模式、资源配置及执行情况进行全面的审查及分析，评估企业及下属单位现有安全管理基础、管理现状、管理水平和管理体系的成熟度，全面总结经验，查找不足，为企业安全生产风险管理体系框架的设计提供依据，明确改进方向和体系建设重点内容。

（2）准备过程。准备过程应包括组织机构的建立、人员的配置以及财务的保障。企业在进行体系建设过程中，不仅要优化配置体系运行的机构与人员，还要充分考虑执行体系过程中所需资源，设立体系工作领导小组，并在此基础上，细化具体的工作或配置相应的专业小组（如组织协调组、风险评估组、宣传组、标准编写组、现场环境改造组、应急预案与响应组等），并明确各小组的职责。

（3）组织策划。根据现场调研报告，企业安全生产现状、特点以及企业的发展战略目标，企业应重点从整体思路、主要内容、方式与要求、阶段性计划与时间安排、绩效测量

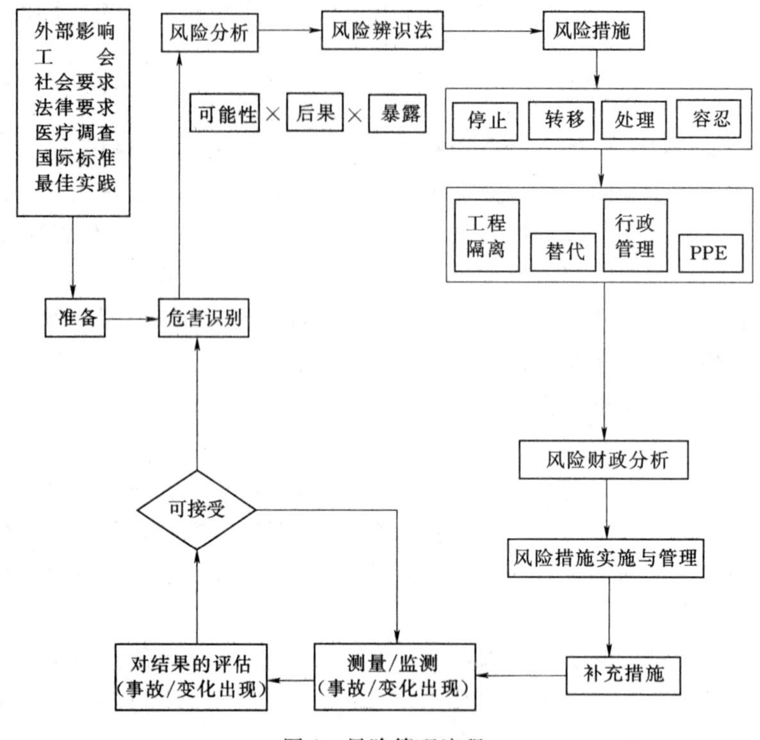

图1　风险管理流程

等方面制定系统的体系建设发展规划，促使企业所有员工了解体系建设的预期效果、实施计划和参与方法，明确企业在安全管理上的方向和思路。

2.2　体系设计阶段

体系设计要基于现场调研与诊断，结合《安全生产法》《企业安全生产标准化基本规范》等相关法律法规、国家标准和企业自身管理要求，借鉴国际先进的安全风险管理体系的设计思想、系统框架、评价模式，全面梳理企业现有安全管理模式，优化管理流程，建立具有本企业特色的，具有与企业相适宜，操作性强的安全、健康、环境一体化管理体系。

2.3　体系知识宣贯阶段

体系知识宣贯的目的是让企业领导及全体员工全面清楚建设安全生产风险管理体系的目的和意义，了解体系知识，理解要素要求，认同体系理念，为实现风险理念转化为员工的安全意识，成为安全行为的导向，实现知行合一提供基础，以确保员工思想统一。

2.4　体系创建与实施阶段

体系的创建是一个系统的过程，为确保体系的成功建设，大致可以分为以下七个步骤来实施：

（1）建立企业安全风险数据库。风险评估是一个评估危害、暴露及相应信息的过程，只有建立在全面、完善的风险评估基础上的管理体系才是健全、有生命力的系统，因此，必须要建立本企业内包括不同行业，不同风险特点的风险数据库。

风险评估（风险值R）应对其后果/严重性（C）、暴露程度（E）、可能性（L）三个要素进行评估量化（表1），即$R=CEL$。并根据风险值R确定其风险等级（表2）。

表1　风险评估三要素

序号	后果/严重性（C）	分值	暴露程度（E）	分值	可能性（L）	分值
1	灾难性	100	持续（或每天许多次）	10	如果危险事件发生的话，它是最可能和预期的结果	10
2	严重	50	经常（大概每天一次）	6	并不是罕见，大约是50/50的机会	6
3	较严重	25	有时（从每周一次到每月一次）	3	可能	3
4	一般的	15	偶尔（从每月一次至每年一次）	2	很少的可能性，曾经发生	1
5	次要	5	很少（据说曾经发生过）	1	相当少但是确有可能，经过多年都没有发生过	0.5
6	轻微	1	特别的少，几乎不可能	0.5	尽管暴露了许多年，从来没有发生过	0.1

表2　风险等级表

序号	风险值	风险等级	备注
1	$R\geqslant400$	非常高的风险	考虑放弃、停止
2	$200\leqslant R<400$	高风险	需要立即纠正
3	$70\leqslant R<200$	中风险	需要纠正
4	$20\leqslant R<70$	可能的风险	需要关注
5	$R<20$	可接受的风险	容忍

1）作业风险评估。作业风险是企业员工面临的主要风险，它涉及所有的作业过程。为确保风险评估过程的充分性，企业应有系统的计划与安排，以班组为单位，按计划、分步骤地进行基准风险评估；为确保风险评估的系统性与准确性，在风险评估准备阶段，各部门应组织所辖班组梳理出自己的工作流程，形成本班的工作任务清单，为作业风险评估工作奠定基础，为今后作业风险控制提供依据。作业风险评估过程应包括以下内容（但不仅限于）：①常规的、非常规的及紧急情况下的活动与条件；②所有接近工作现场的人员（包括承包商、子承包商与访问者）；③工作现场的设施，无论是自己的还是其他组织提供的；④系统、程序、设备及结构的变化与改造（内部与外部）；⑤风险及其影响的评估标准及方法的定义；⑥评估需覆盖企业所有责任和义务的范围。

作业风险评估需要评估人员针对所涉及的所有生产作业任务的每一步骤识别可能的危害因素并量化评估风险大小，然后汇总形成企业所有作业的基准风险信息，即作业风险数据库。对不可接受的风险，制定控制风险的措施。同时，结合日常作业活动，通过作业前的风险分析和作业过程的风险控制活动，检验作业基准风险评估结果的正确性和全面性，并动态修订作业风险数据库，实现作业风险评估结果的持续完善和改进。

2）生产系统风险评估。生产系统设备因素是影响企业安全的重要因素之一，系统设备风险评估应根据企业设备类型、状况，选择合适的方法进行，通过风险评估确定影响生产过程安全的关键设备并进行分级管理，在考虑各种影响因素（如运行环境、安装地点、维护水平等）的情况下，找出设备存在的缺陷和故障模型，针对性制定控制措施，并对危害因素的识别和实施在定期或条件发生变化时进行回顾和更新。

（2）建立体系运行机制。传统安全管理之所以不能有效解决安全生产的问题，其主要问题就是管理不畅、职责不清。因此，要确保体系建设的有序进行，企业需要系统的诊断现有制度、标准，梳理管理流程，打通管理关节，实行流程再造。流程再造过程应考虑下列原则与要求：①基于具体生产流程与业务的逻辑；②基于风险控制的要求；③基于完成业务的质量、时间控制要求；④基于简单、务实有效的要求。

流程再造完成后，企业应有一个基于风险并不断更新的管理标准、文件与程序，确保企业满足法律法规、行业规范、国际标准及惯例要求，并将风险减少到可以接受的水平。在标准的制定过程中，不仅要关注于标准的内容及发布形式，而且还要关注于机制产生的来源、机制形成的方式、机制之间的配套性、承载机制的载体等。体系运行机制的建立包括下列内容：

一是法律法规的识别。企业在标准编写前，应系统、全面辨识企业在生产经营活动中涉及的所有法律法规及行业标准，整理适用的最新版的国家法律法规及行业标准、规定，为安全生产风险管理体系支撑系统的编写提供法律依据。

二是制度的收集与整理。企业应对现有管理模式、制度进行梳理、修订、完善与整合，识别与确立安全生产风险管理体系相对应的制度、文件、规程和其他要求，为管理手册与支撑文件的编写提供依据。

三是管理手册编写。管理手册是企业执行安全生产风险管理体系的管理依据，在编写过程中应充分考虑企业多级管理结构及涉及多个行业的特点，从集团层面制定管理标准，整体提出管理要求，工作流程要求。同时，企业还应充分关注标准覆盖范围的充分性、结构的全面性、法律法规的依从性、与现有制度的兼容性、职责分解的合理性和内容的可操作性。管理手册的内容主要包括体系模式、组织机构、文件体系结构、体系要素及标准、体系实施要求等。

四是技术与方法标准编写。要使管理标准得到有效执行，企业必须依据体系管理手册的要求和作业实际，建立与其对应的技术支撑，为管理标准的实施提供途径。其包括制定具体的支撑技术标准与各类表格的优化与编制，为数据的积累、统计、分析提供载体。

五是作业指导书编写。作业指导书是为员工执行关键任务而编制的控制风险的作业规范，它是对企业前期风险评估结果的应用，是实现风险控制的具体手段。作业指导书是安全生产风险管理体系的重要组成部分，不仅可以实现对员工行为的规范，也是对员工进行风险教育、培训的有效范本。

六是应急体系建立。企业应在现有应急预案的基础上，基于风险评估的结果，识别可能面临的紧急情况，制定相应的应急预案，逐渐形成层次分明、指导性强的预案体系。企业的应急体系应确保应急体系的充分性、应急响应的及时性、应急预案的操作性、应急设备的有效性和应急人员胜任度等功能的实现。

(3) 配置组织架构与专业人员。组织架构与专业人员是企业体系的运动系统，其功能好坏决定了系统运行的效果，企业应确保为体系的建设提供充分的（包括数量和质量）资源与人员，因此，针对所有机构人员、管理人员进行针对性的培训（训练）就显得尤其重要。培训（训练）要有针对性。比如针对决策层，不仅要进行安全理论的培训，还要就如何进行安全承诺及如何体现安全承诺的方法进行培训；针对管理层组织人员，不仅要进行体系建设组织策划的培训，还要就体系要素知识、操作原理、方法进行培训等。

(4) 能力培训与支持系统。员工的能力是企业发展的关键，提升员工的能力不仅是体系建设的需求，更是企业长期发展的需要。体系能力培训与支持就是要在企业建立一个员工岗位能力匹配与胜任力模型，设立一套能力传输的方式方法，通过这种方式的能力传输，彻底解决员工的安全意识与安全能力问题。另外，员工能力的提升，还可以从根源上改善企业安全管理机制的设立，提升企业员工安全意识与能力，使其将安全的责任与义务过渡自身身上，而不再依赖于组织程序与监护，使员工实现安全作业的返璞归真。

(5) 改善物质环境。物质环境的安全是实现本质安全化的基础，其目的是使企业机、物、环系统达到本质安全。物质环境的改善需要依靠先进的工艺技术，使机电设备安全可靠、作业环境舒适、作业工具安全。企业应在考虑资金支持的情况下，充分、系统辨识作业活动中所有涉及的物质因素，运用科学的方法、分析其风险及安全防护装置的可靠性，并制订出具体可行的方法与计划，以实现物态的本质安全。

(6) 建立信息传播系统。无论是安全理论、安全知识或安全标准都不可能凭空在员工脑子生根，除了对员工进行正式的培训，事实上潜移默化的内在影响更起作用。因此，企业应建设一个多维度、多视角的信息传播系统，搭建沟通渠道，优化传播媒介，实现安全生产信息的有效传输，正确引导及影响员工安全意识、安全态度、安全行为。同时，企业还应建立一个与管理体系和评估工具相融合的信息处理平台，来收集、处理和分析数据，并支持不同管理层级的用户对风险管理的数据进行动态监控，实现安全生产风险管理数字化，做到数据来源科学、风险分级管控的可视化管理，为安全生产风险管理目标的分解和绩效考核提供基础数据。

(7) 行为塑造与习惯培育。员工的行为与习惯是在企业安全理念引领和体系运行机制约束下，在生产活动中的安全行为准则、思维方式、行为模式的具体表现。它既是企业安全理念的反映，也是运行机制固化于形的具体体现，它体现了企业管理者及员工在长期的风险管理实践中形成的基本经验，是企业精神和价值观的折射。行为塑造与习惯培育是通过对员工行为动机的研究，自我激励模式的建立，使企业形成一种安全的、可持续性的、有成效性的组织文化。行为干预系统的实施将使组织中所有级别、团队、个人都参与到过程中，并通过对风险感知、态度、价值观的培育，来实现企业安全文化的形成与建立，从而实现企业竞争能力的不断加强。

企业应基于 ABC 行为理论（动机、行为、后果）及企业员工的行为特点分析，通过 ICE－OUT 行为干预方法与技巧的有效实施，实现风险管理以“事”“物”为中心向以人为中心的转变，营造员工行为的“自控”氛围，变强制性的、外力性的安全管理为自我约束性、主观能动性的安全管理模式，把标准、制度、规程要求变为员工的自觉自愿的行为。

3　体系评估工具开发及体系评估

安全生产风险管理体系的建设及其效果（绩效）的形成是需要时间来不断地沉淀与积累。企业需要通过内部与外部评估方式，对体系执行期间的充分性、有效性与适应性进行定期（不定期）的客观评估，并以此作为持续改进与阶段性应用的基准与平台。

企业需要制定安全生产风险管理体系审核与评估工具，并通过自我学习、外部专业培训等多种方式，建立一支专业的、高素质的、完全胜任的内审员队伍，按照定性和定量相结合的原则，利用制定审核测评工具，对企业进行内部审核，找出体系实施过程中的问题与不足，评估体系的适宜性、充分性与有效性。必要时，还应寻求外部专业公司独立组织审核组，完成对企业安全生产风险管理体系实施一年后的外部客观审核，诊断体系建设的强项与弱项，揭示企业安全管理不善的内在原因，指出影响体系发挥效率的原因，为体系的持续改进提供依据。

4　结语

通过安全生产风险管理体系的系统管理，有效把握了企业安全生产管理脉搏，优化了安全管理模式与架构，整合了安全管理资源，从管理上提高企业对安全风险的控制程度，解决传统依赖性、被动性安全管理缺陷，实现安全生产主动预防，为企业安全健康发展和员工身心健康及生命财产安全奠定了基础。当然，安全生产风险管理体系建设与实施是一项涉及面广、要求高、较为复杂的系统性工作，需要企业各级领导及工作人员协调配合和资源支持。同时，企业还需要加大各级领导、员工的安全思想教育，提高员工参与安全生产风险管理体系建设与实施的自觉性和主动性，进而逐步形成具有本企业特色的安全文化，才能整体提高安全生产管理水平。

参考文献

［1］ 吴永林，叶茂林，孙星．风险管理［M］．北京：经济管理出版社，2007.

［2］ 姚建刚，肖辉耀，章建．电力安全评估与管理［M］．北京：中国电力出版社，2009.

［3］ 宋云雾．电力企业安全生产风险管理体系的构建［J］．企业改革与管理，2016（18）：13.

［4］ 喻米弟．小议电力安全生产管理的具体对策与建议［J］．质量探索，2016，13（6）：114.

［5］ 唐群．供电企业安全生产风险管理的研究［D］．河北保定：华北电力大学，2012.

［6］ 郭刚，李富强．电力检修现场作业风险分析与控制［J］．电力安全技术，2011，13（4）：7－9.

［7］ 国家电网公司．供电企业安全风险评估规范［M］．北京：中国电力出版社，2008.

［8］ 国家电网公司．供电企业作业危险辨识预控手册［M］．北京：中国电力出版社，2008.

金桥水电站项目建设促进地方经济发展

杨作成　夏泽勇

（西藏开投金桥水电开发有限公司，拉萨　852400）

摘　要： 本文通过工程建设带动地方相关产业发展的具体实例，阐明了金桥水电站建设过程和结束后对当地的经济发展的促进影响。

关键词： 金桥水电站；建设；促进；经济；发展

金桥水电站作为“十二五”项目，旨在保证生态环境的前提下，早日建成发电，项目投资14亿元，其中中央专项资金约1.8亿元。金桥水电站装机66MW，多年平均发电量35700万kW·h，建成后可解决当地居民用电问题，并在建设过程中有利地带动相关产业的发展，增加地方财政收入，提高人民生活水平，促进地方经济社会发展。

在党中央和西藏自治区政府的坚强领导下，这四年时间里我们砥砺前行，同岁月共同成长，终于结下累累硕果。金桥水电站建设从临建道路开始至三台机组建成投产发电（图1），当地群众见证了金桥水电站拔地而起，也见证金桥建设者克服种种困难顽强拼搏的艰辛过程；我们见证了当地群众生活水平的提高，也见证了民族间日益深厚的兄弟情谊。

图1　首部枢纽大坝原貌和建成后对比图

金桥水电站建设过程中充分考虑到当地经济发展，支持并鼓励当地群众接触工程，了解工程建设，从而参与其中，并提高生活收益。由当地群众组织的车辆运输队，在当地政府与业主的协调下，积极参与金桥水电站的运输工作，并取得了良好效果。运输车队均为

第一作者简介： 杨作成（1991—　），男，黑龙江依安人，助理工程师，主要从事水利水电工程建设管理工作。Email：602208533@qq.com

当地现有车辆和人员，熟悉当地的路况，技术娴熟。由当地乡政府和派出所负责车队管理工作，负责金桥水电站的基坑开挖土石方运输，引水隧洞石方开挖运输，地下厂房石方开挖运输等工作，并且圆满完成了运输工作。截至工程完工累计车队运输结算金额约 1000 万元，直接带动当地运输业的发展。

每年的尼屋乡桃花节，是当地旅游的一张著名名片，金桥水电站建设积极融入当地特色节日发展，参与场地设计、场景布置、节目彩排等庆祝活动，将桃花节活动推向新的高度。

发挥自治区国有企业社会责任，展现国有企业社会担当。将项目发展和地方建设有效地结合，形成目标化和常态化，参与一系列项目：尼屋乡小学建设，尼屋乡卫生院改建（图 2）等项目，为当地发展贡献力量。

图 2　尼屋乡卫生院挂牌

项目从开始到结束，都定期采购当地特色农牧产品，与村民达成长期合作，当地的自产苹果、藏香猪、大棚蔬菜、松茸、虫草等深受金桥水电站参建人员欢迎，直接带动当地特色农业的发展，据不完全统计几乎每位金桥水电站参见人员都参与采购过当地农产品，为此在政府的引导下，2017 年成立了松茸加工合作社，将当地特色农产品加工迈向产业化和规模化，继续提高了绿色农产品的知名度和影响力。

当地特色藏餐农家乐也得到了迅速发展，2015 年刚开始，仅有几家餐馆，到目前的大大小小十几家，超市增加到 5 家，汽修店铺 2 家，宾馆 2 家，项目的建设直接带动相关产业的发展。当地蔬菜配送、食品加工、农家乐等的发展为后续当地打造的旅游产业奠定了良好的基础。

建设单位注册在当地，整个建设期项目是当地千万级的纳税大户。人员工资和后续的发电效益都在当地，直接助力经济发展。同时金桥水电站业主营地工作人员均采用当地社会招聘，为当地提供就业岗位，建设期更是累计提供岗位上千人次，为当地群众生活质量的提高提供了就业岗位。

2015 年 11 月我来到金桥水电站建设现场，那时候是充满了对这片土地的陌生感，通过一个项目，使我对这里充满了感情。当地村民的真挚、朴实的情感，政府人员细致、真诚的服务，都让我铭记于心。现今，我们都成了很好的朋友，我们时常聊起，很欣慰地看到我们一同努力四年的结果，就如同看到苹果园秋季硕果累累的苹果，一片丰收的景象，真是情不自禁地喜悦。当地的农产品和金桥水电站一同成了当地的名片，随着国道G349项目的顺利建设，完善的交通网络，尼屋乡的发展肯定会越来越好。

来的时候我们许下了带来光明的美好愿望，如今，我们通过四年的不懈努力实现了承诺，四年的时光是多么的充实美好，我们和乡亲们共同见证了日新月异的发展，金桥水电站的建设离不开当地政府和乡亲们的帮助，今后，也将继续为当地经济发展提供源源不断的能源保障，那曲尼屋的明天一定更加美好！

浅谈投资管理系统在投资管理中的应用

杨作成　夏泽勇

（西藏开投金桥水电开发有限公司，拉萨　852400）

摘　要：本文主要介绍了金桥水电站投资管理系统的功能、特点和运行经验总结。

关键词：投资；管理系统；集成化；应用；经验总结

1　系统简介

西藏开投投资管理信息系统（ZDIMIS），是西藏开发投资集团有限公司根据自身项目特点和当前国内外较为先进的管理理念，并结合工程建设实情，而研发的一套应用于工程项目投资管理的信息系统，是一套既融合先进管理理念，又符合中国特色的工程投资管理信息系统。

投资系统于2017年开始在西藏金河瓦托水电站、西藏易贡藏布金桥水电站、西藏海通水泥厂推广运行。经过培训和项目的实际操作经验，各项目管理人员很快能熟练地运用系统工作。ZDIMIS促进了公司投资管理理念的改变，搭建了参建各方协同办公平台，提高了工程项目投资管理效率，丰富了工程项目建设管理的实践。

2　系统运行框架

西藏开发投资集团有限公司基于投资管理目标，通过创新管理理念，制定各项规章制度，规范各项管理业务，把投资管理目标落实在具体业务中，根据业务要求确定信息化平台建设的具体需求和建设方向，各项制度是信息化平台建设的基础和保障，信息化平台是各项制度的具体落实和实施的载体，通过信息化平台整合业务，将各项业务制度化、规范化，促进管理水平的提高。系统建立了工程管理模型、软件功能模块和数据体系三位一体的集成化综合管控系统。本系统的研发采用B/S（服务器/浏览器）模式，无须用户单独安装客户端，所有交互请求以及计算均由用户在浏览器上发起，再由位于机房中心的服务器处理计算后把结果发送给用户。B/S模式对于用户使用终端要求较低，具有易于推广部署、维护方便等特点。系统支持建设单位多层级管理模式；支持参建各方（建设单位、设计单位、监理单位、施工单位）协同办公。本系统包括概算管理、投资计划、招标管理、合同管理、合同价款调整、物资管理、结算管理和统计分析八大功能模块，覆盖了工程项目建设阶段全过程投资管理，构建了工程投资管理的信息沟通平台，为业主、设计、监

第一作者简介：杨作成（1991—　），男，黑龙江省依安人，初级工程师，主要从事水利水电工程建设管理工作。Email：602208533@qq.com

理、施工、供应商等工程参建各方提供了协同工作平台，实现了跨组织、跨地域，以数据为中心、面向业务主题、面向流程处理、对工程建设投资全过程、全方位的控制与管理，成为西藏开发投资集团有限公司各级单位、部门及工程参建各方进行工程投资管理不可或缺的工具。

3 投资系统运行内容

3.1 系统以合同管理为主线

系统功能涵盖了概算管理、投资计划、招标管理、合同管理、合同价款调整、结算管理、物资管理、投资分析等功能。系统合同管理业务之间设置了严谨的逻辑制约关系，例如未立项的项目不允许招标；未登记的合同无法办理结算等，具有严密的合同管理体系。同时针对特殊情况，系统设有数据补录接口，既保证了紧急业务办理，又兼顾了系统本身的完整和系统性。

3.2 实现统供物资精细化管理

金桥水电站工程建设项目中统供物资的管理是投资控制重要环节之一，本系统物资管理功能覆盖了大部分物资管理业务，实现了物资采购计划、采购入库、申请领用、物资出库、物资退库、库存盘点等基本业务的流程化管理。根据相关数据可实时计算分析剩余库存、统材价差、耗量统计以及材料核销。在实现统供物资精细化管理的同时，为工程投资统计创造良好基础。

3.3 实现工程建设项目偏差分析

本系统投资分析功能以“挣值分析”原理为基础，融入“执行概算”管理思想，使挣值管理理论在大型工程建设投资管理实践中得到有效应用。系统通过数据编码和数据挖掘实时计算项目“已完成工作实际费用”“已完成工作预算费用”“计划工作预算费用”，进而以时间为横轴绘制出挣值分析曲线，通过曲线分析，得出工程项目的费用偏差和进度偏差初步结论。投资分析功能为项目管理者提供了实时的投资状态分析结论，便于决策者及时作出有效的管理对策。

3.4 解决了偏远地区工程建设投资管控难题

针对地域条件特殊，交通条件困难下，大宗文件资料传递不便的现状，系统较好地解决了数据交互问题，采用互联网访问机制，将偏远地区项目的工程投资状态通过系统实时、形象地展现在各级管理单位面前，为公司造价管理业务人员及决策者远程管理提供强有力的工程造价数据支撑和决策依据。

4 改进和提升的建议

系统一定程度上实现多项目集中管理。通过数据权限配置可以实现项目分配，但是也存在一些集成化不足的问题，综合大型项目实践经验和先进管理软件应用成果来看，发展的趋势是更强的信息处理能力和高度的集成化。不只涉及项目建设期，而是项目的全过程，即全寿命周期的集成化管理系统。方便业主和项目各方在互联网平台上进行工程管理（图 1）。

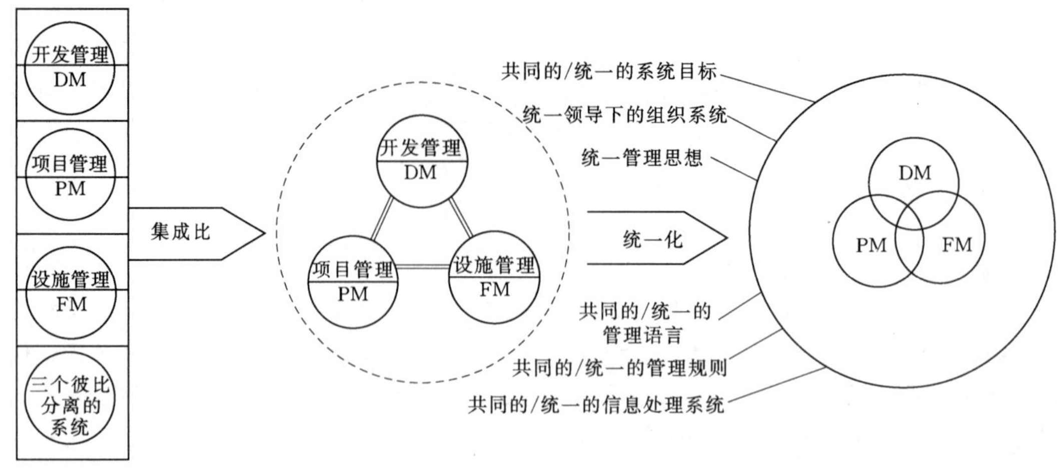

图 1　系统流程简序

5　总结

通过对投资数据的科学编码实现了工程投资管理的规范化、标准化及精细化，工程建设项目日常投资管理工作效率得到明显提升。合同立项、招投标、合同签订、合同变更、物资管理、合同结算等投资管理环节也更严谨规范。通过系统的应用和推广，建立规范、标准、精细的管理体制，为公司本身和公司员工提供了良好的体制引导，间接推动了公司管理模式的创新，为未来更加深入的科技化管理模式奠定了良好经验基础。

综述西藏水电建设投资管理的特点

王德勇

（西藏开投金桥水电开发有限公司，西藏那曲　852400）

摘　要： 本文对西藏金桥水电站工程建设过程进行了简要介绍，并着重对金桥水电站投资管理的难点和特点以及相应控制措施进行了介绍；结合西藏具有丰富的水电资源、特殊地理气候条件等特点，从水电实际建设过程的角度反映了西藏地区水电开发的建设特点；论述了西藏水电建设及投资管理特点与相应控制措施方法，并提出相关需注重问题与解决意见。

关键词： 水电建设；投资管理；特点

1　水电建设特点和西藏水电开发前景

1.1　水电工程建设的特点

习近平总书记指出："绿水青山就是金山银山。"这是我国推进现代化建设的重大原则和重要发展理念。为实现经济社会可持续绿色发展，水能资源作为清洁能源的主要组成部分，水电开发建设更加显现出新时代发展的重要意义。水电工程建设项目的主要特点是建设工期长、投资规模大、建设条件艰苦、建设管理及协调范围广、技术涉及面广、施工内容多等实际特点，同时易受自然条件、外部条件等较多不可预见客观因素的影响，因此当代水电建设者必须充分重视建设策划与管理；水电建设过程中实施可行有效的管理方法，对节约建设投资、提高投资效益、形成规范高效的管理水平、促进工程建设效力有着非常重要的作用。

1.2　西藏水电开发前景

西藏的社会经济的发展与稳定，历来受到党和国家的高度重视，党的十八大以来，西藏经济社会发展取得很好的瞩目成就，经济增速多年保持10%以上，展现出美好的发展前景。据相关统计表明西藏经济增长对电力需求水平高于全国平均水平，且西藏人均发电装机容量、人均用电量分别低于全国人均水平，随着西藏经济的快速持续发展和由于西藏地区生态环境的脆弱性，对清洁电力的需求日益突出，西藏具有的丰富水电资源以及保护生态环境的特点，决定了西藏未来的电力建设以水电为主。

水电运用江河水体蕴藏的天然动势能发电，水能在转换为电能的过程中不发生化学变化，不排出有害物质，对空气和水体本身不产生污染，是一种取之不尽、用之不竭的天然

作者简介： 王德勇（1975—），男，河北省人，高级工程师，从事水电开发投资建设管理工作。Email：630561250@qq.com

循环清洁能源。水电具有发电成本低、高效灵活的优点，同时还可以与防洪、旅游、灌溉、环保等多方面组成水资源综合利用体系，可实现生态效益、经济效益和社会效益的统筹兼顾。西藏拥有丰富的水电资源，据统计水能资源理论蕴藏量为2.1亿kW，约占全国的29%，技术可开发量在1.4亿kW，约占全国的24.5%，均居全国首位。是全国乃至全世界少有的水电资源集中地区，目前西藏水电开发量仅为其技术可开发量的1.3%左右，开发潜力巨大。发展西藏水电资源，不仅解决了地区经济发展的电力能源问题，同时也能很好地带动地区经济，还可能作为我国“西电东送”接续基地和清洁能源基地。西藏毗邻“一带一路”倡议带，具有独特的国际地缘优势，随着国家发展战略的逐步实施，除满足区内电力供应外，更将实现电力能源国外输送；因此西藏地区生态环保的水电开发已成趋势。

2 金桥水电站工程概述

金桥水电站是西藏自治区“十二五”能源发展规划重点项目。工程建成将彻底解决当地无电地区的用电问题，能够提供持续稳定、延续不断的清洁电力能源，给当地社会经济发展注入新增动力，具有良好的经济效益、社会效益。金桥水电站工程位于那曲地区嘉黎县忠玉乡境内，易贡藏布干流。为引水式电站，主要由首部枢纽、发电引水系统和地下电站厂房三部分组成。主要建筑物包括左岸挡水坝段、泄洪冲沙闸、排漂闸、右岸挡水坝段、右岸电站进水口、引水发电隧洞、调压井、压力管道、地下发电厂房及开关站等建筑物组成。工程主要任务是发电兼顾生态放水，水库总库容为38.17万m^3，调节库容为11.83万m^3。电站总装机容量为66MW(3×22MW)，年发电量为3.57亿kW·h，保证出力为6.0MW，年利用小时为5407h。

金桥水电站设计概算总投资为14.05亿元、执行概算总投资为13.25亿元，金桥水电站预计动态总投资为13.40亿元，由于110kV输电线路属水电站工程概算外项目，除去输电线路投资金桥水电站预计动态总投资约为11.74亿元，占执行概算总投资的88.4%（预计节约投资1.50亿元左右）、占设计概算总投资的83.3%（预计节约投资2.30亿元左右）。

3 水电建设投资管理

作为建设单位在水电建设过程中始终都是最重要的管理者，必须以全过程的角度对待整个建设过程，必须充分发挥建设单位的主观能动性，通过策划管理好建设过程的每一个阶段，而每一个阶段又是紧密联系和影响的，首先从投资控制的主要影响因素和重要环节入手，做好始终贯穿于建设过程的水电建设每一个阶段投资管理和控制的具体环节，才能得到理想的投资效果。建设过程管理水平的高低，也将不同程度影响建设进度、投资成本等指标，甚至直接影响能否按期投产、投资成本是否超支等重要目标的实现。水电投资管理是水电开发建设中重要的关键环节，水电投资管理是较为复杂的系统工程，始终贯穿于前期规划阶段、投资决策阶段、设计阶段、招投标阶段、施工阶段、竣工阶段以及各阶段的各个环节中。

因此金桥水电站重视招投标、合同签订、施工优化、计量计价结算、变更索赔、甲供材料及采购等建设过程具体环节，以及重视建设过程中遇到的各类困难的及时解决，实现了投资的有效控制和得到了理想投资成果。

4　水电工程设计和建设实施

水电工程设计是控制投资的重要环节，也是处理经济与技术关系的关键性环节；根据相关数据表明设计成果对水电建设投资影响程度占80%左右；因此必须把握好设计工作中技术先进性与经济合理性之间的关系。建设实施与建设设计都需要结合建设项目实际特点，且两者之间存在密切的联系和影响，建设实施需以水电工程设计为前提和基础，形成合理的符合客观具体的建设施工实施原则。

4.1　水电工程设计

强化设计龙头作用，形成控制投资的超前作用，提高设计深度和精度，提倡优化设计和限额设计，是保证建设项目技术经济指标的基础，是节约建设投资的重要手段。水电建设工程与其他行业的建设工程相比，水电建设工程具有可研阶段设计通常达不到施工图阶段设计深度的行业特点，如随着工程的实施地质条件的揭露变化等使设计方案可能发生变化与调整、在可研阶段施工辅助工程对应的概算投资则是按指标估列等因素，与建设实施实际情况之间的差异容易对建设工期及投资产生影响。通过对设计方案比较、经济合理性分析、效益评价等多方面论证，在满足同等的工程安全寿命、工程功能使用的前提下，合理减少工程量和加快建设进度、降低施工难度以及建设管理难度，寻求建设成本及运维成本最低、技术经济最优的设计方案。

金桥水电站根据施工总进度目标相应制定阶段性设计任务，通过签订工程设计图供图协议，制订详细供应计划，明确规定设计工作具体的进度时间和任务内容；以节约投资保障建设进度作为基本设计理念，提高设计工作质量以专业细致设计过程避免出现的设计矛盾、设计遗漏；以施工设计图纸及时供应和良好的设计质量确保施工进度不受影响。

4.2　西藏水电工程设计和建设实施的特点

西藏位于有“世界屋脊”之称的青藏高原，由于地形、地貌和大气环流的影响，具有高寒缺氧、气候多变、地势高峻、地质复杂的特殊自然地理条件，必然造成西藏水电开发与内地水电开发相比有较多不同的特点，这些特点将直接影响西藏地区水电项目的开发决策和建设规划与设计参数指标的选择，同时对西藏地区水电项目建设管理难易程度、建设期长短、建设投资成本高低等也都会产生较大的影响。

4.2.1　西藏地质气候等特点与工程设计

西藏高原是世界上地质历史最年轻的高原，受喜马拉雅山造山运动的影响，地质运动活跃、地质构造复杂、地应力不稳定或地应力稳定平衡期较短，使西藏境内的工程地质问题比较复杂，在西藏水电开发规划与设计中，应尽可能减少施工对地质的扰动，减少高边坡开挖和大型地下开挖的可能，须进行高边坡和大型地下开挖时，与内地水电工程相比要增大地勘工作量和分析研究工作；以及勘察设计过程需重视蓄水后的库区岸坡稳定性。因此，由于西藏地区所具有的地质地理气候等特殊特点，在水电设计时对内地的习惯通用做法要经分析采用，对于内地未采用过的新结构、新技术、新工艺，在西藏地区更要慎重选用。工程设计对缩短建设工期、投资造价、风险效益起着首要的关键作用；同时合理优化设计方案是节约投资、控制投资、加快进度的重要手段；如西藏那曲地区金桥水电站根据首部枢纽工程的实际特点、进度要求等，通过详细具体的分析进行合理优化；优化后的节约投资情况：一期导流为800万元、泄洪闸下游海漫防冲墙为89万元、坝基振冲碎石桩为694万元、泄洪闸下游海漫为58.2万元、二期围堰高喷防渗墙为556万元、坝基置换层为57.13万元；以上设计优化节约投资共计2254.33万元，同时对缩短工期和加快建设进度起到了良好的积极作用。

4.2.2 西藏高寒缺氧等气候特点与建设实施

（1）西藏多地多年平均气温为4.8℃，极端最高气温为26.5℃，极端最低气温为－22.61℃。日温差大，最大可达40℃。西藏干季和雨季明显，可针对性地做好水电项目进度安排与防洪度汛工作，一般每年10月至翌年4月为干季；5—9月为雨季或汛期，雨季雨量一般占全年降水量的90%左右。土石方工程施工由于寒冷天气会造成施工机械设备故障率上升和生产效率降低，土石方开挖有利时段一般为每年3—11月、土石填筑一般为每年4—11月、地下工程施工受气候条件的影响较小。每年4—10月一般是进行混凝土施工的最佳时段，每年12月至翌年2月多数海拔3500m左右地区原则上不进行冬季混凝土施工，影响关键进度的施工部位必须进行混凝土浇筑时，需按照冬季混凝土施工要求进行施工，但会造成施工措施成本大、施工生产效率低等情况。由于西藏地区夏冬季节气温变化大，大体积混凝土温控具有制热、制冷双系统较为明显的特点。根据西藏工程实践数据表明大体积混凝土温控费为45～50元/m^3；无冬休温控费中制冷占比35%、制热占比65%左右，制热及仓面保温措施费占比高，制冷措施费占比低，是高海拔地区混凝土温控措施费构成的重要特征。西藏日温差大、蒸发量大、冬季时间长、年冻融循环次数多，这些气候条件使混凝土的抗冻性、抗裂性、密实性等耐久指标有较高的要求。

（2）西藏地区随着海拔增高、气压降低、空气密度减小，每立方米空气中的氧气含量逐渐递减，海拔3000m为内地氧气含量的69%～73%，海拔4000m为62%～65.4%，海拔5000m约为59%，海拔6000m约为52%。随着海拔增高人的心脏负荷增加、心速变快、体力耐力下降，在海拔3000～5000m高原人工效率相当于内地人工效率的83%～74%，以海拔3000m为标准，海拔每增高500m人工效率依次递减3.5%～3%。高原人工效率通常是夏季稍高、冬季略低，技术工种稍高、体力工种略低。

由于缺氧而使许多以燃油为动力的施工机械在使用时油料无法充分燃烧而出力大幅度降低，在海拔3000～5000m地区机械使用效率相当于内地机械使用效率的69%～57%，以海拔3000m为标准，海拔每增高500m机械效率依次递减5%～3.5%；高原机械效率通常是夏季稍高，冬季略低；电动设备效率高与内地相比效率基本不变，内燃机动力及空压机设备效率较低。部分进口设备在高原气候条件下的使用适应性稍强，但因配件价格较贵备用量少以及配件供应周期长，容易影响设备的使用率。高原地区海拔高、气压低、空气密度减少，使柴油机燃烧恶化，功率扭矩下降、耗油量增加、温度升高，但采用涡轮增压的机械设备情况会有所改善。在西藏高原高寒气候条件下使用的各类施工机械的钢材部件等在较低温度环境中脆性增加、强度下降，施工中容易出现冷脆断裂等现象；受负荷较大的钢铁部件、斗牙履带等易耗部件的强度、抗磨性、耐久性都有明显下降。同时柴油发动机等关键部位的老化磨损速度也比内地快，密封、管路等部件耐久性也下降，容易产生故障维护维修费用增加，使用寿命明显降低折旧费用加速，造成建设施工成本提高。因此在西藏地区建设施工规划配置施工机械设备数量时，应充分考虑足够的富余额度，将机械设备的完好率、利用率系数适当降低，合理增加维护保养及维修时间。若具有区内有多个工程项目时，根据施工特点及机械特性，机械设备规划配置时尽量将品牌规格型号统一，通过区域内机械零配件备用数量及品种多的优势互用调配、及时维修、批量采运降低零配件供应成本、减少零配件采购时间、减少机械待修时间等措施，提高高原施工机械使用效率。

柴油发电机组在西藏高寒缺氧条件下，出力较差时只能达到额定出力标准的50%左右，由于高原柴油发电成本高、能效低，从建设进度效率与投资成本的角度，西藏水电建设规划中应优先考虑解决施工电源。根据西藏那曲地区金桥水电站输电线路施工电源尚未形成的短期柴油发电施工统计数据来看，柴油发电成本为3.3～3.5元/(kW·h)，输电线路用电成本仅为柴油发电成本22%～24%；如经过骨料破碎筛分、拌制、浇筑各工序混凝土的柴油发电成本为33～39元/m^3。金桥水电站110kV输电线路建设难度为国内少见，建设单位为尽快解决输电线路施工电源的问题，有预见性地及时充分地完成相关输电线路地质勘察与设计工作，为输电线路现场开展实施创造了及时必要的工作基础，同时采取各种有效措施克服地形地质复杂、山高陡峭、雨雪寒冷、材料运输路线较长等实际困难，较好实现输电线路施工电源的建成，有效提高主体工程建设进度效率与降低施工用电成本，为实现电站主体工程建设目标奠定良好的基础。

4.2.3 西藏运输条件与工程设计

西藏地区面积为122多万km^2，约占中国陆地总面积的1/8，由于幅员辽阔、运输距离长、运输沿线道路及地质条件情况复杂、气候恶劣多变、环境艰苦等因素，交通运输问题是西藏水电开发必须首先面对的难题。西藏高原多数地区交通不便、人口少、经济相对落后，当地可利用的施工资源较少，使水电工程建设所需的劳动力资源、物资材料、设备配件进场供应都较为困难，物资设备材料基本均需通过公路外部运入，设计工作中应具体分析各类资源计划数量、运输储备、进度强度等因素。并在满足水电建设工程进度、质量、投资的前提下，建设设计工作应根据高原人工成本及进出场成本高、西藏公路运输影响因素多、西藏多数水电项目地处偏远零星专业施工进场及时性差、施工工序衔接易受影响等特点，应合理优化降低不必要的多样性工程材料以降低采购运输难度、合理优化减少人工密集型施工工序设计内容、合理减少复杂工序降低施工难度、合理利用当地材料资源降低外部材料运输量等；从工程设计工作中合理降低因运输条件、地处偏远等特点对西藏水电项目建设实施的影响。如若坝区地形地质、当地筑坝料源、防渗等条件满足可考虑采用面板堆石坝；如若河谷狭窄且两岸拱座岩体坚实、地形地质条件较好可考虑混凝土拱坝布置，通常情况下拱坝比重力坝可节约工程量以及投资成本30%～60%，U形河谷一般采用单曲拱坝，V形河谷一般采用双曲拱坝，由于拱坝属高次超静定结构的原理特点，若拱肩稳定性好其极限超载能力可达到设计荷载的7～10倍，同时拱坝有较好的抗震性能；如大体积混凝土施工可考虑碾压混凝土等方式；上述方式有利于减少投资成本和水泥钢筋等供应运输问题对工程实施的影响，可有效降低人工施工量及投资成本或提高机械化施工程度缩短建设工期，以及降低或避免大体积混凝土由于水泥水化热导致的温度控制成本和工程质量问题。

金桥水电站所处高寒高海拔的高原地区，自然环境条件严酷，大坝常态混凝土容易出现温度应力破坏等问题，且常态混凝土筑坝施工过程中温控设计和施工方法具有较高的要求和挑战，同时具有现场实施难度较大，成本投入大的不利条件。而堆石混凝土由于水泥用量少、水化热温升低、就地取材、施工速度较快、节能环保等优点，其优点对高寒、高海拔地区大体积混凝土温度控制是非常有利的；因此金桥水电站坝体部分采用堆石混凝土，是西藏地区第一个堆石混凝土坝，是运用自密实混凝土的高流动、抗分离性能好以及自流动的特点，采用当地粒径较大的块石内随机充填自密实混凝土而形成的混凝土堆石体。它具有水泥用量少、综合成本低、施工速度快、良好的体积稳定性、层间抗剪强等优点。由于国内在高寒、高海拔地区堆石混凝土坝的技术研究上，范围狭窄深度不足且建设经验较少，金桥水电站在现有的施工建设基础上，与国内相关科研院校合作展开相关课题的研究，以此来奠定堆石混凝土在西藏高海拔地区的推广应用的基础。

另外可通过互用建设工地现场已有的施工资源，提高相应利用率并降低运输风险及成本。金桥水电站经建设单位主张协调，通过确定统一合理的施工单位之间互用台时费用，避免了机械设备闲置折旧租赁等费用固定发生且不创造经济效益的现象，既满足施工需要及时性也总体上减少机械设备进入场费用，可降低机械使用成本，提高机械利用率、机械经济效益；劳动力资源、材料配件、专业施工等也可采用类似建设管理方法。

西藏水电工程施工材料均需公路运入工地且水电工程建设本身所需材料量多的特点，须根据实际路况尽量选择载重量大的运输车辆降低运输成本，但西藏公路运距长、路状及天气多变，同时必须重点考虑瓶颈路段的影响。另外冬雨季中的恶劣天气以及道路塌方、洪水、泥石流等自然灾害发生概率会有所增加，为减少冬雨季可能发生的恶劣天气自然灾害对物资运输、工程建设进度等产生的不利影响，工地现场应具有至少 15 天以上主材储备量。例西藏那曲地区金桥水电站水泥运输路线为青海格尔木市至西藏那曲金桥水电站现场，运输路线总里程为 1146km，途经海拔 5231m 唐古拉山口，由于 S305 省道嘉忠公路里程内弯道、坡道、窄道等较多，六轴以上车辆不易通行，特别是有些路段弯道处六轴以上车辆极难通行，因此在运输车辆型式吨位选择上，根据实际路况、运输成本等因素综合分析后，采用六轴车辆进行水泥运输；金桥水电站首部枢纽大坝施工区混凝土总量 13 万 m^3，浇筑高峰强度为 1.5 万 m^3/月，配置总储量为 1900t 水泥储罐，基本能够保障水泥运输不利影响时段施工进度的需求。

5 水电建设目标

高原水电建设项目目标策划需根据社会经济和市场的发展环境、政策要求、高原地区及项目建设条件、风险分析等基础上，提出合理可行的建设总目标，建设目标的形成将成为建设项目实施和管理的前提导向和基本依据。建设管理策划根据建设总目标针对建设过程中各阶段的发展变化提出整体的、合理可操作的管理运行方案，核心任务是目标控制，分解总目标并明确建设过程各阶段目标时间界限，同时建设项目的实施任务分解和组织策划，包括设计、招标采购、施工等具体策划以及项目管理机构设置、管理制度运行机制等，从总目标的轮廓性规划到实施性全面深入详细局部策划，形成具有现实意义的可实现和可操作的具体的行动方案。

5.1 水电建设成本、进度、质量目标关系

建设项目的成本、进度、质量目标是建设管理的前提，由于各目标之间存在客观的内在联系、制约、影响，必须正确处理成本、进度、质量三者之间的关系，三者是一个相互制约相互影响的统一体系，其中一个目标的发生改变，都会引起其他的目标的改变。一般来说项目建设目标最理想化的状态是同时达到工期最短、造价最低、质量最好，但实际中是很难以实现的。

（1）正确处理进度与投资成本的关系。工程通常情况下工期过紧或过长都会造成施工成本增加；工期压缩过紧施工进度需要赶工，施工赶工成本增加；工期延长会使施工企业人员设备可能闲置窝工以及固定成本增加。但工程总进度缩短可实现项目收益期的提前，同时减少建设贷款占用时间及利息、降低建设管理费用以及施工企业固定成本费用。

（2）正确处理质量与投资成本的关系。工程合格质量是指完工工程应当达到设计要求、规范要求的特性。但质量最好的目标，是需要付出较大投资成本为代价的，避免意义不大或毫无意义的质量目标；因此在对工程安全寿命、工程功能使用无任何影响的前提下和掌握本建设项目质量控制的重点内容的基础上，合理确定质量目标。

（3）正确处理质量与进度的关系，工程实践中因某些特殊原因要求施工企业加快施工进度或提前完工，由于缩短工期带来的质量不合格的情况并不少见。因此，需避免不合理的工期对工程质量的影响。反之质量高的目标也可能会对进度产生影响；但工程实践中在合理工期内施工质量高的施工企业往往也不会拖延进度，同时会对安全和环保目标会形成正面的影响和促进；因此充分运用好质量、进度、安全等之间的正向促进作用也是很必要的。

因此水电项目建设过程，坚持以建设管理为中心，以工程进度为主线，以质量、安全为管理要点，需要经济与技术相结合、管理与实施相结合，合理优化确定进度、成本、质量的最优性价比，既要保证工程进度、质量，又要节约投资成本，合理确定进度、成本、质量之间的定量关系与平衡，以科学合理的方法实现进度快、质量好、投资省的工程建设的最优的综合目标。

6 招投标管理

6.1 工程招标策划、招标方案

根据我国《招标投标法》对于规定范围和规模标准内的工程项目，建设单位须通过招标方式选择承包单位。工程招投标环节是建设单位是否能够选择到合理报价和具有良好专业承包能力的承包单位，是组建工程建设施工力量的开始，也是整个项目建设施工能否有一个好的开端的关键开始。因此招投标管理过程中需重视招标策划、招标方案等内容。

招标策划主要包括标段划分、合同类型及计量计价方式的选择等；划分施工标段时需考虑工程特点、招标规模对投标资格产生的限制、能否充分投标竞争的影响，注重发挥承

包单位专业特长和避免承包单位的专业短板，并要注重各承包标段在施工过程中时间和空间的衔接和可能产生的施工交叉干扰。

招标前需根据招标项目的特点及潜在投标人确定招标方案。招标方案须包括评审评标的方案、合理招标限价的确定等。招标方案的好坏将直接影响是否能够选择到合理报价和具有良好履约能力和管理水平先进、信誉业绩良好、专业经验成熟的承包单位。相关法规规定建设项目不允许转包或分包或变象的工程转包，招标文件中可增加对其中标后对工程质量进度造成的任何影响都由工程资质被挂靠单位来承担全部经济与法律责任和具体违规处置等招标实质性内容。开标评标过程也可以委托公证机构加强对招标工作所有细节进行监督。完善招标文件内容是合理节约投资、减少建设过程纠纷的重要保证，同时核减不必要不合理的招标清单项目与费用，同时完善招标文件过程中应具体分析合同项目履约过程可能风险，准确把握合同执行重点和难点。

6.2 西藏地区特点与建设招标

国内水电项目采用招标控制价为起拦标作用的预测价格，由于水电项目行业本身就存在的较为复杂、建设工期长、建设条件艰苦等特点，加之西藏的特殊地理环境、经济相对落后、环境条件差，根据有关数据表明西藏水电站每千瓦造价平均成本在 1.9 万元以上，为提高建设管理效率、减少实施过程中建设管理难度与管理投入，并增强内地水电施工类、设备类、咨询类等广大企业对西藏水电建设领域的注重和信心，西藏水电建设项目的预测造价及招标控制价的合理性显得尤为重要；建设规划、招标控制价、投标报价编制等工作均需对水电建设项目的有关特点仔细研究分析，充分考虑西藏地区高原气候条件、运输及进出场条件、当地可利用资源条件、劳动力及管理人员工资水平、艰苦程度、生活生产物价水平、工程地质条件、生态环保条件等，使建设预测成本趋于实际合理，确保高原水电项目能够在有序高效的状态顺利建成。

6.3 金桥水电站招标管理

金桥水电站在西藏开投集团以及相关部门积极支持和指导下，通过公开招标方式，公平、公正、公开地择优选择施工单位和设备物资等供应商。通过建设项目施工总进度计划和工期要求，合理制定招标计划工作安排，能够较好地完成各项招标工作，能够及时完成各类招标工作，保证各类招标项目建设过程中能够及时顺利开展实施，确保建设进度相关工作的及时性；通过对标段划分解决了施工过程中工序衔接与施工干扰问题；通过对招标文件的审查、签约前合同谈判等工作，使招标范围和内容明确、内容条款严谨，最终以较低的中标价格选定了满意的中标承包单位。

7 工程合同签订

工程合同是建设项目管理与控制的具有法律效力的重要依据，也是合同双方的行为规范。招评标工作结束后，拟中标的承包单位已经基本确定，在不影响招标文件实质性内容的前提下，可通过合同签订前的双方谈判，以公正合理、遵守诚信的原则，对合同条款中不清晰、不具体的内容明确细化、对理解容易产生偏差的专业术语或专业内容加以备注进行说明；合同条款每句每段落要周全严密，均经得起“是与不是”的内容明确考验，同时对实质内容和重要内容或字体加粗或加下画线以明显的方式标注清楚；这些也是减少合同纠纷、建设顺利实施的重要保障。

从合同主体的角度上来看，合同文件可通俗的理解成是企业对外合作的门户，也是企业之间建立的平等合作关系；是建设管理的重要依据，也是建设风险防范的重要内容；既是法律文件，也是技术经济文件；是维护双方的法律权益的重要保障，也是法律纠纷解决处理的依据；是双方合作需求和成果目标的明确表达和履约保障，也是对双方责任义务的重要约束。从合同管理专业的角度上来看，合同管理是涉及合同、造价、经济、技术、财务、咨询、法律、审计等多方面管理知识与实践经验的复合型专业管理。

从建设单位的角度上来看，合同管理是建设投资过程中非常重要的管理环节，其所起的作用不容忽视，良好合同管理对建设实施具有积极和作用，不仅对投资控制起至关重要的作用，运用好合同管理也能更好地推动建设项目规范化管理，同时也是促进工期质量安全管理的重要保障和控制措施。运用好合同管理可以提升建设管理的质量和有效控制建设实施风险的能力，将直接影响建设成果好坏甚至成败。

合同条款必须内容明晰清楚，不宜出现模棱两可、有不同理解含义的条款内容，加强技术和商务条款严谨性、技术条款与商务条款的项目一致、计算原则与口径统一、变更索赔处理和作价原则明确规范、合同价格调整的条件和范围与调整方法、双方须承担的风险范围以及具体内容和程度、合同终止解除条件以及合同终止前已完成工作价款的确认等内容。为避免出现共同延误事件时的合同纠纷，合同需明确对于共同延误的处理原则和内容：初始延误者对工程拖期负责，若初始延误为发包人原因既可工期补偿又可经济补偿，若初始延误为客观原因工期可延长无费用补偿，若初始延误为承包人原因既无工期补偿也无费用补偿。违约责任通常由违约方承担，但由于建设特性形成的某些特殊情况，为避免合同纠纷对工程建设项目造成不利影响，可对某些特殊情况明确具体事件内容按照实事求是、公平合理原则，明确若出现双方违约时各自应当承担相应的责任。总之，不可预见的事件发生时能有处理解决的原则和内容，可按合同办事避免纠纷、违约责任的内容清楚明确。

8 施工优化

优化施工方案是节约投资施工成本最有效的途径。充分发挥各参建单位的专业经验和主观能动性，制定切实可行的施工方案；合理安排施工现场可利用的有限场地空间、减少施工交叉干扰、合理布置施工道路风水电、施工方法简单易行、保证进度缩短工期、合理有效的节约措施费用、提高生产及劳动效率、保证质量安全、降低汛期冬季影响等；较大方案需要求监理单位组织承包单位、设计单位以及建设单位参加审查，审查通过后方可实施；对于技术复杂的重要方案可邀请专家进行论证。对于有几个可行的施工方案需考虑经济合理性分析，应选择综合效果最合理的施工方案。

金桥电站建设优化对工程质量、工程使用功能无影响，对缩短工期、降低投资、加快建设进度起到了良好的积极作用，共计优化节约投资 8814.28 万元，分别如下：

(1) 施工导流优化。原方案为河床分期导流，施工内容多、投资大、工期较长，且存在基坑上下游施工交通道路受限、工期易受二期截流时间影响、一期二期围堰填筑拆除、抗冲防渗施工时间较长、汛期压力较大等因素影响。取消一期枯期和一期汛期围堰，利用导墙、挡墙、泄洪闸边墩等已施工完成的永久建筑物等部位挡水，减少了一期二期围堰填筑拆除、抗冲防渗等施工内容，优化后将首仓右岸混凝土工期提前3个月、二期截流提前11个月，均衡了一期、二期工程施工强度，大坝封顶提前4.5个月，工期提前同时解决了后期混凝土在冬季低温状况下浇筑的状况，后期混凝土施工进度、质量、成本均产生明显改善。节约工期及投资1677.41万元。

(2) 引水隧洞衬砌混凝土优化。根据开挖后揭露围岩条件进行优化，减少引水隧洞衬砌混凝土长度，节省投资2437.07万元。

(3) 首部枢纽建筑物结构进行优化。对首部枢纽建筑物结构进行优化，减少混凝土、钢筋、止水等工程量节约投资2174.9万元。

(4) 碎石振冲桩优化。坝基采用单桩承载力、复合地基承载力的优化，节约投资共计868.32万元。

(5) 左岸边坡支护设计说明。左岸边坡岩石较完整且坝肩附近断层构造不发育，不影响挡水坝段结构安全取消支护施工，节约投资284.76万元。

(6) 泄洪闸护坦下游防冲墙优化。随着基坑开挖发现坡积体量很小，即便发生坍塌不会影响泄洪闸过流，取消泄洪闸护坦下游防冲墙和护坡混凝土，节约投资152.11万元。

(7) 其他优化。尾水箱涵碎石振冲桩替换灌注桩，成本低且工期短节约投资121.11万元、上坝路取消衡重式浆砌石挡墙采用石渣填筑，节约投资990.22万元、开关站钢桁架出线架修改为锚筋桩，节约投资108.38万元。

9 工程计量与计价管理

工程实践经验告诉我们，严格工程计量和计价结算管理控制，对建设管理和投资控制都具有非常现实的重要意义。一方面要管好用好节约建设资金，避免不必浪费或偏差；另一方面保证工程建设对资金的合理需求，按期及时结算支付资金，确保建设顺利实施。正确处理技术先进与经济合理两者之间的合理统一的关系，明确技术计量和计价管理工作的职责分工，通过共同参与具体的技术比较经济分析及效果评价等工作，起到配合、制约、促进的相互作用，对投资控制齐抓共管。

9.1 工程计量管理

工程计量是按照国家及行业有关标准的计算规则、计量单位等规定对各分部、分项实体工程的工程量的计算工作，是工程计价的重要前提。必须重视计量须严谨性、遵循计量的规范性、保证计量的准确性、加强计量的及时性，特别是对隐蔽工程的计量，对计量关键环节提出明确的要求，避免计量签证随意性和把关不严。从事计量工作的工程师或人员，须掌握合同文件、计量规范，并通过有针对性的培训考核来提高计量水平、保证计量工作质量。加强对监理计量工作管理，充分发挥监理现场管控作用，使监理工程师必须把好计量第一关。工程合同履约实施过程中，由于设计深度、地质条件变化等因素的影响，超出合同清单的工程量，应在计量台账中需划分清楚。计量支撑材料必须依据充分齐全，避免不规范和不合理的计量。同时需提出明确的质量要求，建立完善的质量监理制度、检查验收程序，若未达到质量标准要求的，在妥善的处理解决之前应不予计量。加强现场记录和现场签证，尤其是隐蔽工程的签证和施工记录。

9.2 工程计价管理

工程计价的含义从专业的广义角度来看，具有非常广泛的内容和含义，是按照法规及标准规范规定的程序、方法和依据，对工程项目实施建设的各个阶段的计价工作和内容，能反映工程的货币价值，不同阶段的计价成果分别是分析决策的依据，是资金筹集的基础，是投资控制的依据；如前期决策分析的估概算、招标的价格控制、合同或协议的签约、相关价款的调整、进度款或完工价款的确认等均需要工程计价工作贯穿其中；其依据体系可划分为法律法规体系、造价管理标准体系、工程计价定额体系和工程计价信息四个主要部分。本文所述工程计价特指工程施工实施进程中的计价结算工作中需要的注重问题。

9.2.1 计价结算程序及结算文件内容的制定

首先按照建设项目高效规范的管理思路，制定完善有效的结算管理办法及结算程序并严格实施执行，提高结算工作规范性、准确性、效率性；同时考虑结算完成时间须与相关支付、统计、分析、汇总上报等工作能够合理有效衔接。制定的结算表格格式及内容，是否满足企业管理的相关要求和合同管理的专业需要；各类款项如结算款及预付款项、扣回扣留款项是否明确清晰，各类款项的划分是否明确和准确如预付款项应分为进场预付款、年初预付款、材料预付款等，结算价款应分为合同工程量清单结算、补充协议结算、变更结算、索赔结算、计日工结算、零星签证结算、政策性税率调整等，应扣款项应标明是扣回还是扣留，同时应分为预付款、民工工资保留金、质量保证金、管理奖罚、甲供材料核销等，返还款项应分为民工工资保留金返还、质量保证金返还等。报表基本信息是否满足分类分期的归档查阅要求，如合同或标段、当年的第几期、总期数的第几期；包括经审核签证结算工程量、合同单价、经审批变更单价、本月结算金额以及年初结算累计、开工结算累计等内容。结算相关文件、报表中的序号、分组编号、基础信息编码是否满足已采用信息管理手段企业的办公系统信息化、BIM 数据库的管理或使用要求等。

9.2.2 计价结算审核应注重的问题

结算严格审查各类款项是否具备或满足合同约定的结算支付条件、业务主管部门是否出具明确的结算支付意见。结算工作中严格审查依据性文件是否齐全合理明确、承包人申报及监理单位审核的程序、签章等是否合规、依据资料是否真实有效等。相关报表审核过程中须采用数值闭合归零的原理进行检查杜绝错误现象，确保结算金额准确无误。另外结算过程留意预付款扣回，至少保证预付款能在承包人完工前预付款逐次全额扣回，否则有可能造成后期工程结算款不足以抵支预付款承包人又无力返还的情况发生。

10 工程变更和索赔管理

工程变更索赔可通俗地理解为合同履行过程中出现了合同约定的预计条件产生变化或改变或合同一方未履行和不能正确履行合同义务而使合同另一方遭受损失，合同双方对相关事件的工期费用变化或产生的确认。但是在工程实践中，由于投标竞争激烈，承包人通过高价中标概率降低，工程变更索赔容易成为承包商降低亏损、增加收益的主要手段。建设项目实施过程中产生的变更索赔，是建设投资管理的重要内容，也是投资控制效果影响较大的环节。建设项目实施过程中需以高效实施优化节约为前提下，严格执行合同避免出现突破合同边界条件处理变更和索赔事件的现象，有效合理控制变更索赔避免投资浪费和偏差，减少不必要的变更索赔和管理精力消耗，应将筹划建设资金用在工程项目正常实施内容和关键实施的内容上。

10.1 工程变更

工程变更是指施工合同在执行过程中出现与签订合同时的预计条件不一致的情况，需要改变原定施工承包范围内的某些工作内容。建设项目过程中施工承包人可能会利用施工现场的发生某些变化因素的机会，进行相应的变更索赔以增加工程结算款。一般情况下，建设过程中非承包人责任的各种变更、补偿和索赔的经济问题较多，处理工作量和难度较大，以及施工和监理单位人员变动多时更容易增加经济问题处理难度；对于变更项目应明确变更范围、工作内容及价格水平方可进行施工，避免实施完成后不必的变更纠纷；因此需及时规范地处理变更，在变更处理的过程需根据合同约定的变更作价原则、设计文件和经审批施工方案、实事求是的计审工作原则，应依次采用合同单价、类似单价、新增单价的顺序确认变更定价方式；尤其是变更新增单价审查时要防止高套定额、高取费率等情况。

严格立项审查环节对工作内容或工作范围不明确的项目、非工程建设必需的项目不予立项。对于实施过程中的工程重大设计变更要求设计单位对变更的必要性、方案选择和经济合理性等方面会同监理、建设单位进行充分论证，必要时采用专家组进行专项论证。

10.2 工程索赔

工程索赔按索赔目的可分为费用索赔和工期索赔，从狭义范围来看通常所说的索赔是指施工承包人对非自身原因造成的费用增加、工程延期而要求建设单位给予补偿损失的一种要求。从广义范围来看索赔可以是双向的，建设单位和承包单位都可以向对方提出索赔要求；或者当合同一方提出索赔时，合同另一方反驳、反击或者防止对方提出的索赔，不让对方索赔成功或者全部成功，双方也都可以对对方提出的索赔要求进行反驳和反击，反索赔的一方应以事实和合同为依据，反驳和拒绝对方的不合理要求或索赔要求中的不合理部分，这种反击和反驳也是反索赔；建设单位应提高管理水平并运用好反索赔手段，需防止恶意索赔对工程建设的影响并维护企业正常权益。

在建设单位的角度对索赔费用的正当理解，应是合理确定承包人的索赔费用使非承包人原因的实际损失得到弥补，而不是承包人得到额外收益或利润，建设单位应及时合理的处理的费用损失，不能造成非承包人原因导致承包人施工资金过于紧张，影响施工开展或工期进度。在承包人的角度对索赔费用的正当理解，应是非承包人自身原因造成的损失而提出的索赔要求，是承包人维护自身利益的权利；但承包人不能利用索赔机会企图弥补因自身管理不善造成的损失或额外收益。

目前国内有些施工承包单位已经具有很强的索赔意识和索赔经验，通常情况下处理索赔事件时对“索赔费用是否合理”的认定难度已超过对“该不该提出索赔要求”的认定难度，换句话说即“定量”难度已超过“定性”难度。因此索赔处理中要注重索赔事件是否在合同规定索赔范围内、是工期索赔还是费用索赔或两者皆有、索赔费用是否合理、索赔证据是否真实全面有效等。同时建设单位需加强建设过程管理，最大限度降低因建设单位自身的过失而导致的索赔费用增加以及这种自身过失对建设的影响。

11 甲供材料设备管理

建设单位在工程项目实施中采购供应的甲供材料和机电金结设备，能否保证施工强度和施工进度的需求的关键环节，是承包人容易提出索赔的薄弱环节，是后续审计工作相对关注的环节，同时是投资成本中比重较大的组成内容，因此在建设施工过程中需重视材料、设备相关管理工作。

金桥公司以招标投标法及西藏开投集团管理规定为前提，对于规定范围和规模标准内的工程项目，均通过公开招标方式选择材料供货单位和设备生产供货单位，另外达不到公开招标规定范围规模且零散专业性强的设备采用非公开招标方式；同时以保证供货进度不影响工程建设工期进度的需求、确保采购材料及设备质量和使用功能、节约采购及投资成本为原则。

非公开招标采购工作中充分发挥竞争性谈判、询价、单一来源各种采购方式的优点，提高采购工作效率；金桥非公开招标项目主要为询价采购方式、非公开招标采购主要以机电设备采购为主。机电设备公开招标与非公开招标合同金额占比分别，总体上甲供材料设备以公开招标标为主、非公开招标为辅的管理方式。

(1) 机电设备采购。建设单位在设备设计选型和供应商选择上，应考虑由于高原空气密度降低和高寒温差大等自然条件，使高原环境下设备运行条件比内地的设备运行条件要差，导致机电设备绝缘、抗温升、寿命和抗老化等性能均不同程度下降的因素，注重设备质量和售后服务，需参考同类电站设备运行经验，选择有高原电站运行设备的经验和业绩的厂家单位；掌握市场价格信息，采购性价比高的机电设备。根据工期安排和工程进度、掌握设备功能、各厂家单位专业质量特长，合理划分采购内容、制订采购计划。金桥机电设备采购工作中通过各专业之间充分沟通以及充分的前期市场调研，掌握对采购项目的特性特点以及市场价格规律，有效控制合理的采购成本。根据现场施工进度需求结合设备生产运输周期、现场存放等情况，编制合理及时的设备采购计划，及时交付施工场地给安装单位，减少设备二次倒运及装卸费用；保证了现场施工进度需求，采购设备质量、采购投资成本均取得较好的工作成果。

(2) 甲供材料管理。金桥水电站通过严格执行甲供材料核销制度、提高甲供材料采购使用计划的准确程度、承包人合同外自购材料价格需经建设、监理、施工单位共同市场询价调查后共同确认等措施手段，以有效节约材料环节的投资成本。由于金桥水电站甲供材料为钢筋、水泥，水泥需由格尔木运至工地现场，钢筋由兰州运至工地，运输距离远且交通条件差，如青藏公路经常季节性堵车和冬季雨雪封路，通过对钢筋水泥均采取了主备品牌的方式以防止市场断供影响、在合同中约定水泥以“中国价格信息网”公开价、钢筋以“中国钢铁工业协会网”公布的当月平均价为当月调价参考，能够公正地反映材料价格市场动态水平，有效解决市场价格变化问题，供货强度和甲供材料质量均满足工程建设需求。

12 建设过程中客观影响因素特点及应对措施

水电工程建设项目本身具有建设工期长、投资规模大、施工内容多等特点，且西藏地区自然条件和外部条件等不可预见客观影响因素比内地相对较多，如自然灾害、交通条件、地质条件、管理人员引进、农民工维稳等，因此须在水电建设过程中实施可行有效的措施和管理方法，对保证建设工期、节约建设投资等有着非常重要的作用。

12.1 金桥水电站客观影响因素特点及应对措施

（1）对外交通条件。由于金桥水电站项目所处地区特殊性，对外交通条件差、运输距离长、沿途天气多变灾害多、当地可利用施工资源较少，工程建设所需的人工劳动力、物资材料、设备机械运输都较为困难，甲供水泥、钢筋以及施工单位自购油料、炸药、粉煤灰、模板、脚手架、拉筋圆钢、机械零配件等且项目所在地无大型机械修理场所，大型施工机械较大故障时均需外出修理或进场修理；建设期对外交通条件对工程建设实施带来不定期的较大影响。通过增加现场甲供材料储备量、对于季节性天气采用甲供材料倒运等措施，来降低对外交通条件对工程建设带来的影响。

（2）施工电源。由于高原柴油发电成本高、能效低，从建设进度效率与投资成本的角度，金桥水电建设优先解决施工电源。同时施工电源尚未形成的建设实施期加强现场施工用电管理、合理配用发用电设备、合理安排施工时间及工艺工序，降低电网外购电源形成之前的施工成本，确保施工进度与施工质量。金桥水电站 110kV 输电线路长度为 84.424km、铁塔基数为 157 基，有预见性地及时充分地完成相关输电线路地质勘察与设计工作、有效解决设计与施工的衔接问题、减少设计与塔材、金具等采购的中间环节、顺利解决设计过程和施工过程中的设计技术性、安全靠性之间的影响问题，进行为输电线路现场开展实施创造了及时必要的工作基础，较好实现输电线路施工电源的建成，为现实电站主体工程建设目标奠定良好的基础。

（3）当地社会因素。为响应当地政府扶贫政策的号召，金桥项目土石方运输施工均为当地车辆，受当地桃花节期、虫草采挖期、藏历新年期等影响，此类时间无法保证施工现场土石方运输车辆，但在建设过程通过对方案进度调整和计划工作细化调整，有效克服了此类时期对工程进度的影响。

（4）自然灾害。金桥水电站所处西藏易贡藏布河谷内，河谷为 U 形，两岸山势陡峭、地形狭窄，距易贡藏布河及两岸陡峭山体距离较近，建设工程地点由于自然条件及季度气候变化等原因，存在雪崩灾害、大风灾害、泥石流灾害、汛期洪水等灾害对工程建设的因影响因素，建设过程中通过对灾害分析评估，通过合理避险以及合理规划施工场地等措施，克服或减少自然灾害对工程建设的影响。

（5）工程地质。地下厂房第一层开挖完成后，岩石状况存在断层且裂隙较发育，为保证地下厂房围岩稳定，砂浆锚杆修改为预应力锚杆，但预应力锚杆施工所需时间较长，根据设计及规范支护不完成不能下挖，严重影响地下厂房施工进度。最终采取“竖向多层次，平面多工序”的立体开挖方案，增加投资 332.97 万元确保了地下厂房施工进度。

（6）地质条件设计变化：

1）原首部枢纽防渗墙为悬挂式最大深度 50.0m；在施工阶段根据地质条件设计要求

改变为入岩 1.0m，最大深度 86.4m，增加费用约 280 万元，对首部枢纽施工进度影响很大，为确保首部枢纽总进度计划机合结合施工导流优化方案，最终防渗墙施工工期提前 2 个月。

2）为保证泄洪闸上游堆积体蓄水后稳定，在堆积体坡脚增加了抗滑桩防护，增加费用约 240 万元。由于新增抗滑桩施工，严重影响了护坡混凝土工期进度，并造成护坡混凝土低温季节施工的情况。为确保工期，增加翻模、保温等措施。

12.2　金桥建设过程及时解决承包人临时困难

建设项目在资金支付上的正当原则应是预付款和工程进度款项目需按时支付，不能造成建设单位的原因导致的施工资金紧张，同时及时帮助工程承包人解决各种面临的暂时性资金困难，影响施工开展或工期进度，使施工资金满足施工进度需求，反之建设单位拖欠工程进度款等，承包方遇到资金困难得不到解决，承包人难免产生消极思想或影响施工队伍的集体士气，甚至产生消极怠工举动拖延工期。最终拖欠的工程进度款还是要支付给承包人的，最后一分钱不少花，但资金不能及时供应所带来的工期拖延影响和整体参建士气的提升的恢复均要付出不必要的代价的。金桥建设过程中能够及时合理解决承包人的各种临时性困难，避免或减少了过程中临时性困难对建设实施的影响。

12.3　金桥建设过程其他管理理念与措施

（1）树立服务型管理理念。在贯彻执行相关制度过程中，在工程建设管理工作中融入服务型管理理念，将管理和服务有机结合起来，以责任感、服务感进行有效及时的工程建设管理工作。

（2）以目标为工作导向。以目标为导向制订计划，在目标分解过程中划分工作步骤，建立目标体系，如节点目标、部门目标、员工个人目标，这些目标方向一致，环环相扣，相互配合，形成协调统一的目标体系。

（3）全员投资管理风险防控意识。加强全员过程控制意识、风险防范意识；各部门、各专业群策群力、集思广益，通过工程设计、招标评标、合同谈判、工程方案优化等具体建设管理工作，确保相关工作满足风险防控、合法合规、可执行、及时性等方面要求。

（4）联合办公等具体措施。对于涉及工作内容较为烦琐、审核审批时间可能较长的变更、经济问题处理等工作，采取业主监理审计施工单位共同联合办公的方式，可以有效减少工作审核审批流程时间以提高工作效率。

（5）可通过设立目标节点考核奖励，鼓励加快建设效力；可通过设立提前投产发电目标考核奖罚，以鼓励提高各参建单位在工程建设过程中的积极主动性。

12.4　农民工工资管理

由于农民工工资矛盾纠纷涉及西藏社会维护稳定工作，各级政府部门也都非常重视，西藏水电参建单位都必须增强政治大局意识、责任忧患意识，对存在的不稳定因素采取有力措施，须建立健全管理机构、职责责任、足额预留农民工工资、发放公示、建立农民工管理信息台账等有效管理机制，在确保维护水电项目广大农民工合法权益的工作中，也同时维护了水电项目参建单位自身合法权益，有效防止恶意讨薪、专业讨薪不良现象的出现，维护良好稳定的工程建设氛围，以确保工程建设顺利实施。

12.5 风险控制

水电工程建设项目的主要特点是建设工期长、投资规模大、建设条件艰苦、施工内容多等实际特点，同时易受自然条件、物价变化、政策法规变化、工程所在地当地社会条件等较多的不可预见客观因素影响；由于工期长、投资大等特性，水电工程建设项目在招标和合同签订过程中双方应明确承担的风险范围以及具体内容和程度；使非承包人原因的实际损失得到合理弥补，不能造成非承包人原因导致承包人施工资金紧张，影响施工开展或工期进度，使施工资金满足施工进度需求；总之当各类风险发生时能有处置的原则和内容可按章办事避免纠纷，确保工程顺利进展实施。另外必须建立完善工程保险制度以增加建设项目抗风险能力。

金桥水电站由于距河道和两岸陡峭山体距离较近施工场地容易受限，加之高原天气气候变化造成汛期洪水、冬季雪崩、雨季塌方泥石流、大风天气等对工程建设的自然灾害因素较多，金桥公司通过深入分析研究对施工场地合理布置、工程保险理赔等工作，有效地降低了各类自然灾害对工程建设带来的风险和影响。

13 环境保护与水土保持

西藏是我国生态和环境保护最好的地区之一，同时西藏生态环境比较脆弱，在水电开发建设从规划决策、设计招标、建设实施等各环节始终都必须重视环境保护，将环境保护与水电建设开发有机结合落实在各工作环节过程中，树立生态文明建设的政治责任，牢固树立绿色发展理念，环境保护与协调发展是确保西藏经济和水电开发可持续发展的根本性基础。

金桥公司重视水土保持、环境保护工作，金桥水电站建设施工中，按照国家环境保护法、水土保持法等相关法律法规的有关规定，在制定招标文件和合同文件过程中，单列水保环保专项项目和费用，对施工范围内水土保持、环境保护工作明确了工作范围内容及合同义务责任；同时建立相应管理机构，结合施工范围内实际和自然环境保护特点，制定具体环境保护和水土保持措施并贯彻落实。在具体施工过程中全面规划、合理利用，根据现场水保环保的实际特性，因地制宜制确定临时施工设施方案，同时接受当地环水保部门对施工过程中的监督指导并积极改进。最大限度减少施工过程对环境的影响与防止水土流失，实现环境效益和经济效益的有机结合。

14 建设资金管理

建设单位需提高资金管理能力，加强管理严格资金使用；积极拓宽融资渠道采取多渠道融资合理降低筹集成本；争取优惠的贷款利率；资金使用计划需根据工程工期安排和实施进展的资金需求情况，并考虑预付款和各类扣留扣回款项，动态调整资金使用计划及融资计划以减少资金闲置；若实现提前发电收益和建设期缩短；上述措施均能有效降低融资成本和资金使用成本。

15 金桥建设管理机构

由于高原水电建设具有特殊的气候环境、施工条件相对艰苦、交通不便、建设工期长、阶段工期紧、管理内容多且涉及面广等特点，因此建设管理人员不但具备完成特定工作任务的能力，而且具有良好的心理和身体素质是适应紧张的工作的基础。各参建单位能够引进具有良好适应能力的管理人员存在不同程度的现实困难。金桥公司通过创建良好工作氛围以及建立健全绩效考核、注重个人发展、激励考核、合理提高薪资福利等制度建设，通过工程建设过程的锻炼培养为企业发展和后续建设项目做好人才储备。

金桥公司建设期下设 5 个部门现场管理人员共 16 人（2016—2017 年为 13 人，工程技术部 4 人、办公室 3 人、安全环保部 2 人、机电物资部 1 人、计划合同部 1 人、总工程师 1 人、副总经理 1 人；2018 年中期合同、机电、工程各增加 1 人共计 16 人）。由于金桥水电建设单位管理结构精简且建设现场管理事务繁多，通过发扬“老西藏”的吃苦耐劳的精神，自愿加班加点和减少休假的主人翁精神，克服任务重、时间紧、人员少的实际情况，能够使各项工作的满足实施进展需求；同时与各参建施工单位一起群力群策克服了高原和项目特点带来的困难，确保了金桥电站建设的顺利实施。总体上来说建设单位现场管理人员要具有勇于担当敢于负责的工作意识和工作奉献精神，加强建设过程中风险防范和管理规范意识，不断提高专业水平能力，掌握现场相关工作的对应合同内容，可提高建设过程中各类问题及时规范的解决，与各设计、监理、施工各参建单位人员共同应对解决工作中的问题，有利于形成高效规范的良好建设氛围。

16 投资信息化管理

随着计算机技术和网络信息技术、大数据应用、BIM 技术等的不断普及与发展，我国水电建设企业也需充分适应现代化建设项目管理模式，将信息化管理作为建设管理的辅助手段；由于工程建设过程中会产生大量信息与数据，信息应用已不再局限于建设管理过程内，如建设项目决策规划的定性定量判断分析，信息应用能够起到良好的指导作用、合理市场规律的定价行为的借鉴作用、用于分析各类投标指数与造价指数等、反映建设效率等多方面管理领域，对已完工程投资控制难点的有关信息对未来建设也具有重要的借鉴参考意义；另外由于各类信息存在区域性、动态性、专业性、多样性等特点，信息管理系统能够将不同的信息收集、整理、分类、加工、分析、高效集成和运用；因此建设信息化管理具有提高工作效率、信息分类和统计分析准确、信息查阅检索使用及时快捷、可远程操作、储息及数据存储量大、减少工作难度和管理人员投入等优点，可实现信息的规范化、流程化、程序化、自动化、标准化，有利于建设管理水平、效率、质量的提高。

金桥水电站建设过程在集团公司的引导下，已开始尝试应用投资管理信息化系统，取得了结算、变更、统计、分析等投资管理信息化建设的较好效果。

17 投资动态管理

金桥水电站投资控制管理实行“静态控制、动态管理”的原则，按照以设计概算为基础，执行概算管理目标以投资控制为中心的全过程投资管理。

17.1 执行概算的作用及编制

作为建设投资单位，在水电建设过程中始终都是最重要的管理者，执行概算编制必须以全过程的角度对待整个建设过程，要充分发挥建设单位在概算编制中的作用；执行概算内容是工程实际完成投资与概算同口径对比分析的关系纽带；也可作为建设阶段投资控制管理、设计概算调整、资产并购评估、设计优化效果、投资效果业绩考核等的主要基础依据。在概算编制过程中应结合工程实际情况深入对基础价格、单价水平、各类费用标准等的合理性进行复核，应结合国家相关政策变化、材料设备市场价格变化、设计优化、变更索赔等全面考虑施工中的各种变化因素，充分考虑对工程投资的不利因素和各类风险带来的影响以及市场物价的变化，以减少计划投资与实际投资的偏差。执行概算的项目划分满足工程管理、经济管理、财务核算的要求，执行概算须设计概算价格水平年作为价格基期年，执行概算的返概需遵循合同结算工程量与返概工程量一致的原则。

17.2 合同价格调整

水电工程建设项目由于工期长、实施规模大等特性，建设期内物价变化因素及变化幅度难以准确预料以及在建设过程中也无法避免；除在招标文件和合同签订中双方应明确承担的物价变化因素的具体内容及变化幅度程度和范围外；作为建设投资单位应客观合理地看待建设期物价变化导致工程建设成本增加的这种现象，不能造成非承包人原因导致承包人施工资金紧张，影响施工开展或工期进度，使非承包人原因的实际损失得到合理弥补，使施工资金满足施工进度需求。尤其是工程所需的主要材料的招标合同约定之外的变化幅度应由建设单位承担，需增强招投标的合理竞争性，并且能够有效减少低价中标后物价上涨因素对工程建设的影响和不必要的经济纠纷。

由于金桥水电站项目所处地区特殊性，对外交通条件差、运输距离长、沿途天气多变灾害多、当地可利用施工资源较少，工程建设所需的人工劳动力、物资材料、设备机械运输都较为困难，加之金桥水电站工程建设期内物价上涨因素较多及涨幅较大，导致工程建设成本增加，从开工至今所发生的上述问题和困难是任何有经验的承包商在建设实施过程中都无法避免的。为解决施工单位存在的实际困难，确保工程顺利实施完成，秉着实事求是、公平公正、风险共担的原则，同时依据集团公司相关管理规定进行合同价差调整。金桥公司分别完成主体工程合同价差调整必要及合法性研究报告、合同价差调整跟踪审计意见书以及向集团公司申请批复，同意对主体工程进行合同价差调整；金桥水电站共完成主体工程开工累计价差调整金额为 2150 万元。

18 完工阶段管理

完工收尾阶段需重视工程建设期与发电运行期之间的工作衔接、工程验收及完工结算工作，以及甲供材料全部核销完毕、预付款全部扣回等相关工作。金桥水电站通过发电运行期人员提前进场并参与机组设备安装调试工作，良好地实现了建设期与发电运行期的无缝过渡的目标。严格审核完工结算相关内容，厘清合同执行过程的计量、计价有无偏差，以施工图纸、设计变更等设计文件为基础结合监理变更指令，按照合同计量原则计算完工工程量；检查隐蔽签证、现场签证和设计变更等资料是否齐全且真实有效，签证工程量是否有重复的部分；审查是否完成合同约定的全部内容并通过竣工验收，是否执行了合同规定的结算和计价方法等。以及通过制定完善完工结算等相关管理办法，明确并规范完工结算程序以及建设、监理、设计、施工、跟踪审计单位以及各专业管理之间的分工与职责，使完工结算工作达到公正准确、高效规范的工作成效。

19 投资节约管理业绩考核

习近平总书记指出："发展必须是科学发展，必须坚定不移贯彻创新、协调、绿色、开放、共享的发展理念。"随着市场经济的不断发展任何行业和企业发展都应由规模扩展型发展转向高质量发展，必须提倡投资建设项目高效性建设、节约性建设的理念，因此需建立以更加科学的企业管理制度；有更高质量更有效率的持续企业发展理念，更有与时俱进的创新意识和科学发展理念；这也是贯彻党的习近平新时代中国特色社会主义思想在企业发展管理中的具体体现；建立水电建设管理的有效的监督、约束和激励机制，同时鼓励各管理层级甚至员工个人的积极进取、勇于承担和奉献的能动性，以提高合理节约建设投资、提高建设效率。同时也能够让所有管理员工，能够与企业共享企业发展的成果和高效节约建设的成果，共同为企业发展发挥出更强更广的同向性作用。合理有效的业绩考核同时也符合"小钱办大事"的经济原理。因此合理性和有效性是建立考核机制的重中之重，不同建设项目在投资规模、项目建设特性、项目所在地区当地经济社会的特点、建设管理的难易程度上均有所区别，因此考核机制应考虑建设项目的不同特性和管理难度；同时也需要根据企业现阶段管理水平和现状特点，制定可实现的合理目标和可执行的合理考核标准，不制定过高的目标和标准，与时俱进随企业管理水平与收益水平的提升，可逐步提高考核标准和考核激励水平；建设管理是由不同专业或管理内容组成，不同专业或管理内容对投资管理影响敏感性和影响程度均有所不同、各专业的工作权重、难易程度上也均有所区别，也应该考虑相关考核权重和分类分级的调整系数，以减少"大锅饭"现象对管理的消极作用；工程建设主要目标之间存在紧密联系和制约影响，应合理考虑确定成本、进度、质量、安全等主要目标之间的考核平衡关系；同时应将静态投资作为建设现场管理的主要考核内容。

20 结语

为适应我国社会市场经济的不断发展，建设投资企业应以新时代的科学创新发展理念，需不断提高高效性建设、节约性建设理念和建设投资管理水平；同时全面推进依法治国是社会经济发展长期重要的本质要求，建设投资法治化必将成为我国促进投资机会均等、实现社会公平正义和提高投资效率根本措施；随着计算机网络信息等不断普及发展，为提高建设管理高效规范的水平，信息化管理也必将成为建设管理的重要辅助手段；随着"人类命运共同体"的推动构建以及"一带一路"的促进发展，建设投资将面临国际合作新机遇新挑战，在优势互补互利共赢的发展过程中，工程建设投资管理必将加快与国际接轨；因此工程建设投资管理的市场化、法治化、信息化、国际化的发展特点也必将成为建设投资企业必须要充分重视和认真面对的课题。随着我国能源发展战略的实施和西藏经济的快速发展，西藏具有独特的地缘优势、丰富的水电资源，西藏清洁能源的水电开发已成趋势，当代水电建设者必将面对适应西藏特殊的地理气候特点，开拓创新、奋力开辟"建藏""兴藏"之路，为共同谱写伟大中国梦的瑰丽西藏篇章贡献应有的才智和力量。

披荆斩棘，金桥架通能源路
攻坚克难，党旗指引光明行
——记中共西藏开投金桥水电开发有限公司支部委员会

王　妍　王长生　闫　昆　强　巴

（西藏开投金桥水电开发有限公司，拉萨　852400）

摘　要： 本文扼要介绍了金桥公司党支部狠抓自身建设，在支部书记冯继军的带领下，将党建与业务深度融合，高举习近平新时代中国特色社会主义伟大旗帜，在金桥水电站建设过程中，充分发挥党支部战斗堡垒作用和党员先锋模范作用，迎难而上，克服一系列困难险阻，圆满完成工程建设和发电任务，为西藏无电地区带来光明的先进事迹。

关键词： 金桥水电站；党支部；党的建设

中共西藏开投金桥水电开发有限公司支部委员会（以下简称“金桥公司党支部”）在西藏自治区国资委、西藏开发投资集团有限公司党委的正确领导下，在全体党员的全力支持配合下，贯彻落实党支部职责定位，紧密结合金桥水电工程建设总目标，持续发挥党支部战斗堡垒作用，抓党建促建设，以饱满的热情，创新的精神，负责的态度，扎实的作风，不断开创党建工作新局面，将党支部创建成了一个学习型、实干型、服务型、创新型、效率型、廉洁型的优秀党支部。

1　金桥公司党支部概况

金桥公司党支部成立于 2016 年 7 月，有正式党员 13 人，入党积极分子 5 人，党员人数占员工人数的 58%。支部委员会由支部书记、纪检委员、组宣委员三人组成。

“一个支部就是一座堡垒，一名党员就是一面旗帜。”金桥水电站地处偏远山区，交通不便，天气变化无常，施工环境非常艰苦，金桥公司党支部从思想上要求全体党员积极上进，做好能长期吃苦耐劳，敢打硬仗的精神准备，同时要求全体党员带头，鼓舞员工间互相帮助，积极投身到金桥水电工程建设的各项工作中去，发挥出一个党支部的战斗堡垒作用和党员的先锋模范作用。

2　金桥公司党支部领头人——冯继军

冯继军，男，汉族，1974 年 4 月 1 日出生，吉林省永吉县人，大学本科学历，高级

第一作者简介： 王妍（1973—　），女，陕西府谷人，初级经济师，主要从事企业行政、党建管理工作。Email：wangyan@zxkt.net

工程师。1995 年 7 月参加工作，1999 年 6 月加入中国共产党，2015 年 5 月入职西藏开发投资集团有限公司工作至今，现任西藏开发投资集团有限公司工会副主席、副总工程师、工程技术部总经理、西藏开投金桥水电开发有限公司党支部书记、总经理。

冯继军同志勤勤恳恳，兢兢业业，锐意进取，诚恳待人，恪尽职守，团结协作，处处以共产党员的标准严格要求自己，以饱满的工作热情和报效国家的初心以及雷厉风行的工作作风，鼓足干劲，投入到西藏新能源发展事业中，带领“金桥团队”砥砺进取，攻坚克难，完成金桥水电站 2019 年 7 月 31 日三台机组投产发电的总任务，让当地长期缺电、无电的现状成为历史，为地方社会经济发展做出了突出贡献。

3　党建工作开展情况

3.1　细处着手，夯实党支部阵地标准化建设

推进党建阵地标准化建设，让党员活动有个“家”。支部根据《党建活动阵地标准化细则》，创建了室内室外党建活动阵地。

（1）室外阵地：营区大门口悬挂中共西藏开投金桥水电开发有限公司支部委员会牌匾；营区旗台中间悬挂一面国旗；营区设有四块党建宣传栏；办公楼主楼道墙面设立中国共产党辉煌历史文化宣传廊；办公楼楼道墙面设立党风廉政建设宣传廊；办公楼三楼中厅设立党风廉政政策法规宣传栏。

（2）室内阵地——党员活动室。办公楼一楼专设党员活动室，悬挂党员活动室门牌，室内悬挂一面党旗，入党誓词、党员的权利和党员的义务，党支部班子建设制度、党支部书记工作职责、“三会一课”制度，学党史、知党情、跟党走——中国共产党发展史图片展，党支部组织机构图悬挂于墙面。室内配置学习桌椅，设有党建图书角，荣誉墙陈列了金桥公司成立以来获得的荣誉奖牌。

3.2　强化组织建设，发挥党支部的战斗堡垒作用

（1）狠抓理论学习不放松。党支部以党的十八大，十八届三中、四中、五中、六中全会，十九大，十九届四中全会和中央第六次西藏工作座谈会精神为指导，严格遵守“三会一课”制度，有计划地组织党员学习，认真贯彻落实全国国有企业党的建设工作会议以及习近平总书记系列重要讲话精神，落实西藏自治区国资委、西藏开投集团公司党委工作重点，紧紧围绕支部实际情况，持续将“学党章党规，学系列讲话，做合格党员”学习教育活动常态化，将“不忘初心 牢记使命”主题教育、“四讲四爱”群众教育实践活动贯穿到党建工作中，不断加强党的执政能力建设和党的先进性建设，充分发挥党组织的领导核心作用和党员的先锋模范作用。

（2）持续外联内帮不放松。金桥公司党支部为党员定制了“两学一做”专用笔记本，佩戴“共产党员”徽标，与党员签订《阳光工程责任书》。积极与县委组织部保持联系，定期向嘉黎县尼屋乡党委汇报工作，并邀请那曲市委副书记嘉黎县委书记索朗嘎瓦、尼屋乡党委副书记石建斌到项目讲党课，获得地方各级党组织对公司党建工作的指导与支持，做到乡企联动。在党支部支持下，工会定期慰问员工生日，慰问家中有困难的员工，在员工遇到急难险重情况的时刻能够带去组织的温暖，让员工安心工作；以党建促团建，虽然

金桥公司只有四名团员，但是平时党支部关心支持团员的工作学习生活，教育激励他们思想境界和工作水平不断提高。

（3）推进制度建设不放松。金桥公司党支部制定了支委会工作职责、党员联系群众制度、“三会一课”制度、三重一大实施细则、一岗双责制度等基础制度，以制度落地助力阳光工程建设。严格执行三会一课制度的落实，有针对、有重点地开展三会一课活动，采取灵活多样的形式和积极有效的工作方法，不断提高三会一课的质量；严格三会一课考勤制度，健全三会一课记录簿，会后及时总结，使三会一课活动规范化、制度化、常态化，从而不断提高党员思想政治素质和工作水平，为金桥水电站的顺利建设奠定坚实基础。与此同时，严格落实三重一大、一岗双责制度，能够在具体工作中得以体现，在各项采购活动中，要求必须成立由党支部牵头的监督小组参与监督采购活动，从制度上防微杜渐。

（4）落实一岗双责不放松。公司的党员干部既要承担金桥水电站建设任务，也要承担党建工作、党风廉政建设和反腐败任务。金桥公司党支部注重干部队伍廉洁高效，通过多层次，多角度和卓有成效的协调联动，实现电站建设工作和党建工作的同步发展，实现了做事、管人、促廉相结合，实现了提高工作水平和保持队伍清正廉洁相协调。

（5）遵守三重一大制度不放松。金桥公司党支部重大事项决策、重要干部任免、重要项目安排、大额资金的使用均由党政班子召开联合会议进行商议，最后作出决策。尤其是在金桥水电站施工建设高峰期，工程全面推进，防腐败工作艰巨，支部更将三重一大工作作为重中之重，将金桥工程建成廉洁工程，坚决遏制工程领域腐败问题。

3.3 狠抓队伍建设，发挥党员先锋模范作用

加强党员队伍建设，发展壮大基层党组织。发挥支部整体优势，加强队伍建设，提高队伍整体素质，是金桥公司党支部的永恒使命，是实现金桥水电站建设顺利完成的基础保证。

金桥公司党支部的党建工作与金桥水电站的建设工作紧密相连，为了增强党支部的战斗力和吸引力，支部注重在日常工作中着力把业务骨干培养成党员，把党员培养成业务骨干，把党员业务骨干培养成企业管理者的良性循环发展，把党建工作服务于项目建设落到实处。对已提出入党申请的，思想、工作积极上进的员工，支部进行重点分工培养，时机成熟的列为积极分子，指定专人培养，要求积极分子定期上交思想汇报，进行谈话写实考核，召开党员大会讲评，支部不断跟踪考核工作，经常找其谈话，鼓励他们再接再厉，争取在思想上和工作中取得更大的进步。

支部严格发展党员程序，坚持数量服从质量、成熟一个发展一个的原则，支部书记作为第一责任人，确保发展计划、发展重点，全面把握发展对象情况，及时召开支委会进行讨论，并向集团公司党委汇报支部审查情况。

支部的每一位党员都能够按照党组织的要求，不断加强作风建设，廉洁自律，率先垂范，积极热情，不断增强服务意识，不断提高工作效率，自觉树立责任意识、效益意识。工程建设任务重，时间紧，党员干部经常加班加点的同时不忘自学，书写读书笔记，全体党员都能高标准、高效率、高质量完成本职工作。

金桥电站处于嘉忠公路 98km 延伸线上，嘉忠公路承载着水电站所有物资的运输，是金桥电站的“生命线”，金桥公司党支部本着创建和谐企业的宗旨，积极组织党员干部开

展修路义务劳动，党员干部身先士卒，发扬主人翁意识，增强了企业凝聚力。

3.4 遵守廉政规定，提倡勤俭节约，反对铺张浪费

金桥公司党支部定期组织开展岗位廉政教育、示范教育、典型案例警示教育活动，加强对《党章》《中国共产党党员领导干部廉洁从政若干准则》《关于实行党政领导干部问责的暂行规定》以及相关法律法规的学习，观看警示教育片，每季度不少于一次，严格遵守“五个不许”“四大纪律、八项要求”，贯彻落实集团公司机关党委下发的“十不准”要求，增强党的基层组织的战斗力，发挥党员干部廉政示范作用，切实增强责任意识、大局意识、服务意识、风险意识，党支部与全体党员及部门负责人签署廉政目标责任书，公司领导与各参建单位签订“阳光工程”目标责任书，签署党员公开承诺书和廉洁自律承诺书。

金桥公司党支部定期组织参建单位开展警示教育，大会小会上强调各参建单位的党员领导干部必须模范遵守党纪国法，清正廉洁，忠于职守，正确行使权力，始终保持职务行为的廉洁性；必须弘扬党的优良作风，求真务实，勤俭节约、艰苦奋斗，密切联系群众。求真务实，真抓实干，形成工作与党建、党风廉政建设工作相互促进的格局，推进党风廉政建设和反腐败斗争的深入开展。

金桥公司党支部通过警示教育让广大党员干部时刻保持头脑清醒，严格要求自己，守住做人做事的警戒线，不可踩、更不可越，时刻牢记越过底线的严重后果，始终警醒自己坚守法律底线、纪律底线和道德底线。始终把金桥工程建成廉洁工程成为金桥党建工作的重点，坚决遏制工程领域腐败问题，凡涉及经济开支的，坚持从严从简原则，尽量降低公务活动成本，坚持依法依规，严格按程序办事。坚决杜绝“吃、拿、卡、要”等现象，着力打造风清气正的金桥形象。

4 “四讲四爱”群众教育实践活动贯穿党建工作中

金桥公司党支部深入开展“四讲四爱”群众教育实践活动，主要目的是用习近平新时代中国特色社会主义思想武装党员干部，使之成为党员干部的主心骨、定盘星、度量衡，激发起党员干部谱写中华民族伟大复兴中国梦西藏篇章的强大精神力量。把党员干部职工的思想和行动统一到自治区党委和集团公司决策部署上来，把开展“四讲四爱”群众教育实践活动作为一项重要政治任务，与“不忘初心、牢记使命”主题教育相结合，以正确处理好“十三对关系”为根本方法，注重自我教育、自我实践、自我提高，从而进一步打牢了金桥水电站建设发展稳定的思想基础、干部基础、基层基础。树牢“四个意识”，确保活动方向不偏离；聚焦工作重点，确保活动内容不走空；坚持统筹兼顾，确保活动成效不弱化，真正使责任落细落实、宣传深入深刻、督导有力有效。

4.1 金桥公司党支部定期开展“自己动手，建设美好金桥家园”的“四讲四爱”主题活动并常态化

金桥公司党支部定期组织党员干部职工进行营地大扫除，大家不等不靠，发挥主人翁精神，通过自己的双手创造和谐温馨的生活办公环境，珍惜来之不易的劳动成果，形成“风正、劲足”的和谐局面，使金桥营地成为偏远大山里的一道亮丽风景线，建设美好金桥家园，以实际行动践行“四讲四爱”群众教育实践活动。

4.2 发挥主人翁精神，心系职工生活，关爱职工健康

金桥公司党支部非常关心职工的思想、工作、生活状态，支部书记冯继军和其他支委经常在工地与干部职工谈心唠家常，广泛听取意见和建议，为干部职工排忧解难。

支部书记冯继军，他心中经常挂念项目的员工吃得好不好，在百忙中抽出时间带领支委成员、部分员工，与食堂师傅一同包饺子，给职工改善生活，干部职工都亲身感受到，饺子里包的是牵挂、包的是关怀、包的是温馨、包的是欢乐、包的是凝聚力、包的是团队协作。

由于金桥公司地处西藏那曲嘉黎县偏远山区，交通和就医极不方便。为了解决参建者既不用出工地又能了解自己身体健康状况的问题，派支委成员与乡政府、乡医院联系，乡医务工作人员定期到营地为参建者免费义诊，并带来常用药品，为广大参建者解决了影响身体健康的后顾之忧。

4.3 积极开展扶贫帮困活动，让党的温暖像西藏的阳光一样无处不在

金桥公司党支部积极践行企业肩负的社会责任，派支部委员到尼屋乡进行调研，帮扶当地贫困藏族家庭，当了解到尼屋乡四村一贫困户家中贫寒，床已坍塌时，第一时间送去新床一张并安装到位，送去慰问品，充分体现藏汉一家亲。

4.4 践行“四讲四爱”群众教育实践活动

党支部书记冯继军为全体参建者宣讲为《把握新思想　开启新征程　铸就新时代中国特色社会主义新辉煌》的党课，参加学习的参建者纷纷表示，对党的十九大精神理解得更加全面准确深刻，对党和国家发展的一系列重大理论和实践问题更加清楚，对一系列民生问题更加明白，对未来生活更加充满信心，要把思想统一到党的十九大精神上来，以实际行动推动党的十九大精神在金桥水电站落地生根、开花结果。

深入贯彻“四讲四爱”群众教育实践活动，深入一线进行宣讲：

（1）宣讲“讲党恩 爱核心”。党支部书记冯继军同志为广大职工群众做题为《高举习近平新时代中国特色社会主义思想伟大旗帜》的“讲党恩爱核心”专题宣讲。他指出，作为开头人，讲党恩爱核心，就是要知党恩，自觉接受党的领导，坚定不移将党交给我们的事业建设好，为西藏各族群众带去光明，为当地农牧民群众的生活改善、生产发展提供持续稳定的电力保障。讲党恩爱核心，就是要报党恩，就是要不忘初心，克难制胜，任劳任怨，勇于担当，为完成好党和人民交给的建设任务而努力工作，不懈奋斗。

（2）宣讲“讲团结 爱祖国”。党支部书记冯继军同志为广大职工群众做《中华人民共和国是统一的多民族国家》的“讲团结 爱祖国”专题宣讲。他指出，中华民族是一个命运共同体，民族团结是西藏各族人民的生命线。中华文化是各民族共有精神家园，各民族对中华文化的形成和发展都做出了贡献，藏文化是中华文化的重要组成部分，中华文化始终是西藏各族人民的情感依托、心灵归宿和精神家园。他强调，要知道旧西藏的苦，珍惜新西藏的甜。要深刻认识西藏自古以来就是伟大祖国不可分割的一部分的历史事实。要懂得各民族之间应该相互了解、相互尊重、相互欣赏、相互学习、相互帮助，要像爱护自己的眼睛一样爱护民族团结，要旗帜鲜明地维护祖国统一和国家安全，维护民族团结和社会

稳定。

(3) 讲党课忆党史。为庆祝中国共产党成立 97 周年，进一步发挥党员模范带头作用，提高广大党员的理论素养和思想觉悟，党支部书记冯继军带领党员干部从办公楼的党史墙开始讲起，重温了党的发展历史，围绕中国共产党成立 97 年来的奋斗史，按照时间脉络和重大历史节点，结合文史资料，把党史分为革命时期、建设时期、改革时期三个阶段，生动地讲述了 1997 年的辉煌历程。对五代领导人带领中国共产党进行革命、建设、改革，从而走上了今天蓬勃发展的复兴道路的历史，进行了生动系统的阐释。

冯继军倡导金桥公司全体党员干部发扬中国共产党艰苦朴素、吃苦耐劳的优良传统，全身心投入到金桥项目建设当中，他鼓励大家坚定中国共产党执政，坚定建设中国特色社会主义道路的信心和决心。他指出，新时期我们面临着前所未有的机遇和挑战，全体党员要继承先烈遗志，始终牢记党的宗旨，发挥好党员的先锋模范带头作用，为实现伟大中国梦，不忘初心，勇敢前进。

(4) 旗帜鲜明地维护祖国统一、维护民族团结、反对民族分裂。金桥公司作为西藏自治区国有企业，清醒地认识到西藏的发展稳定对全国大局的重要作用。党支部带领全体参建者贯彻落实习近平总书记治边稳藏重要论述和党的治藏方略，定期组织参建者集中学习，牢固树立马克思主义“五观”“两论”。带领广大干部职工坚决贯彻中央对十四世达赖集团的斗争方针，始终保持清醒的政治头脑，彻底认清达赖集团的反动本职，自觉与达赖集团划清界限，在维护祖国统一、反对民族分裂这一重大原则问题上，做到旗帜十分鲜明、立场十分坚定、行动十分自觉。在职工中大力弘扬爱国主义精神，维护祖国统一和民族团结，旗帜鲜明地反对分裂国家的图谋和破坏民族团结的言行。

4.5 把环保水保放在十分重要的位置，开展鱼类增殖放流活动

为改善金桥水电站库区生态环境，补偿施工区域鱼类资源量，根据《西藏易贡藏布金桥水电站环境评价报告书》的要求，金桥公司党支部组织各参建单位开展了西藏易贡藏布金桥水电站鱼类增殖放流活动。

金桥公司在库尾上游水流较缓河段（约嘉忠公路 98km 处）设置了放流点，增殖放流本地鱼类拉萨裸裂尻鱼和异齿裂腹鱼约 6000 尾鱼苗，增加了河流鱼类资源。金桥公司严格执行环保“三同时”制度，认真落实环评报告及批复要求，履行社会责任，鱼类增殖放流作为实施流域生态环境建设与保护的重要举措，最大限度降低了电站建设对易贡藏布河流域鱼类的影响，保持了生态平衡。

5 履行社会责任，坚定不移贯彻落实党的治藏方略，助力藏区脱贫攻坚

本着“建设一座电站、带动一方经济、保护一片环境、造福一方百姓”的理念，金桥公司党支部带领全体干部职工积极履行社会职责，开展形式多样的精准扶贫活动。

一是支部牵头，党员采取自愿的原则，以特殊党费的形式捐助贫困地区小学，希望这些孩子不畏贫困所难，学有所成回馈社会，加入西藏大发展的队伍中；二是携手尼屋乡小学开展“献爱心、送温暖”公益活动，孩子们都收到一份特殊的礼物；三是每年赞助尼屋乡“桃花节”宣传推广工作，促进了藏汉民族的交融、交流、交往，以实际行动促进民族间像石榴籽一样紧紧抱在一起，为增进民族团结和友谊添砖加瓦；四是主动承担嘉忠公路

的抢险、道路维护工作，并承担道路抢险维护费用累计300余万元；五是汛期当地遭受强降雨致使当地农牧民部分房屋倒塌，金桥公司党支部伸出援助之手，组织人力、财力、物力、机械开展抢险活动，协助重建倒塌房屋；六是为提高当地农牧民的经济收入，鼓励施工单位在同等条件下，尽可能优先聘用当地农牧民，雇佣当地运输车辆和机械设备，三年来，累计支付当地车辆运输费、机械设备租赁费等1100余万元；七是带动各参建单位在当地购买蔬菜等农副产品，增加当地百姓收入；八是为当地贫困青年提供公益性工作岗位；在同等条件下，物业公司优先聘用当地农牧民并提供合适的工作岗位；九是积极参与地方新农村建设，组织力量对尼屋乡政府、派出所、卫生院等基础设施进行改造升级，无偿援助价值110余万元的钢筋、水泥；十是高度重视安全维稳工作，为避免参建单位拖欠当地扶贫车队运输费而酿成不稳定因素，协调解决拖欠运输费，从参建单位工程款中扣除运输费，按时将运输费足额发放到当地扶贫车队司机手中。

6 展现党员担当，生死置之度外

6.1 冒着生命危险，带领职工抗洪救灾

2017年6月底7月初金桥水电站所在地连降大雨，降雨量接近十年不遇洪水临界值，易贡藏布江水猛涨，尼屋乡通往嘉黎县的“生命线”——嘉忠公路多处路段被淹没并伴随山体滑坡，导致公路多处损毁，交通中断。灾情发生后，金桥公司党支部书记、金桥水电站抗洪救灾领导小组组长冯继军临危不惧，第一时间下达启动抗洪度汛应急预案，成立“抗洪抢险党员突击队”，打响了护路抢通和度汛保卫战。党政班子成员带领各参建单位周密部署，确定了“先抢通，后修复，抢修建设两不误”的抢修原则，身先士卒，配备各类机械设备奋战在抢修道路的第一线。党员干部面对随时都有可能发生的泥石流、山体滑坡、山体落石的危险，遵循“天亮开工、天黑收工”原则，与时间赛跑的同时又尽力确保人身安全。所有人顶风冒雨，放弃休息时间，连续多日紧急施工，饿了就地简餐，累了席地休息，党员干部身体力行，没有一个人口出怨言。终于在历经千险、排除万难之后，仅用了短短的五天时间，嘉黎县至尼屋乡公路抢通，电站建设的生产物资陆续运至现场，当地藏族群众生活车辆缓慢通过，沿途经过的货运车辆、越野车辆纷纷减速鸣笛向飘扬的共产党员突击队队旗致敬，向所有参与抢修公路的人员致谢。

6.2 不忘初心，牢记使命，彰显生死一线确保电站机组安全运行的责任和担当

2019年汛期形势尤为严重，7月初金桥水电站遭遇50年一遇的特大洪水袭击。金桥公司党支部书记冯继军第一时间安排部署防洪度汛整体工作，要求全体干部职工齐心协力、众志成城、全力以赴、攻坚克难，确保金桥水电站生产设施设备安全，全力保证机组的稳定运行，确保电站“金嘉”输电线路的可靠供电。

2019年7月以来嘉忠公路沿线持续降水，嘉忠公路多处路面发生塌陷、洪水上路、泥石流、落石、桥梁挡墙冲毁，导致尼屋乡通往外界的道路彻底中断。金桥公司广大干部职工及参建者面临断食断粮的巨大压力，迎难而上，针对当地地质条件情况立即启动金桥水电站应急抢险预案，成立“抗洪抢险党员突击队”，做到对灾情及时把控，确保零事故、少损失，明确要求生产人员进行24小时防汛值班巡逻，严格按照应急抢险预案做到责任

到岗、任务到人。然而连续不停的大雨，导致洪水冲垮通往电站的道路，沿途多处山体滑坡，电站正常运行和工作人员正常上下班以及物资补给严重受阻。金桥水电站“抗洪抢险党员突击队”冲锋在前，带领运维人员不畏艰险、冒着生命危险、翻山越岭、负重前行，按时到达自己的工作岗位，并将生活物资第一时间送到生产现场值班人员手中。

7 党支部带领金桥人披荆斩棘，点亮藏北江南

金桥水电站是西藏无电地区电力建设的重大项目，是自治区“十二五”规划惠及民生的重点工程。金桥水电站是西藏第一个采用地下厂房的水电站，也是西藏第一座堆石混凝土重力坝，电站总装机容量为66MW，总投资为14亿元，年发电量为3.57亿kW·h。

金桥水电站自2016年初开工建设初期，金桥公司支部书记冯继军带领13名员工（比集团公司下达的人员编制减少一半），吃住办公在零下20多度的室外帐篷里，一日三餐方便面，一吃就是3个月，同志们都说：“一见方便面就想吐，这辈子不要再吃方便面了。”后来大家从帐篷搬到租住的乡政府扶贫招待所，吃饭时野狗比人多，按照当地农牧民的习俗，不赶撵野狗，人还没吃，狗已经先替同志们“品尝食物了”。就这样，冯继军带领着金桥团队，不怕苦、不怕累、毫无怨言，他总说：“在越艰苦的地方，越要拿出老西藏精神打一场漂亮的硬仗。”再后来党员干部自己动手参加营地建设，拓荒、平整场坪、亲自浇筑营区地面，自己动手丰衣足食，同志们搬到了简易板房，没水就肩挑手提，无电就采用柴油发电进行施工建设，同志们度过了一个个孤寂而漫长的夜晚，但内心却无比的充实。金桥团队克服重重困难，最终圆满完成11亿元的产值，其中5亿元产值是靠柴油发电完成的。

金桥水电站地处嘉忠公路98km沿线，地质基础薄弱，山体滑坡、泥石流、雪崩等自然灾害多发频发，断水断电、道路通信中断、与外界失联更是家常便饭，失联时间最长半月之久。大家不惧困难紧密团结在一起，放弃节假日与家人团聚的机会，齐心协力，以求真务实的工作作风，坚守在各自的工作岗位上。全体党员干部带领广大参建者充分发扬“老西藏精神”和“两路精神”，顶住了巨大压力。支部书记冯继军带领技术团队克服施工现场条件复杂、工期紧、任务重、施工难度大、自然环境恶劣、交通运输条件差等诸多困难，反复论证沟通，大力开展设计优化工作，采取首部枢纽施工导流优化、引水隧洞减少混凝土衬砌优化、地下厂房立体多层平面多工序施工等工程优化措施。通过一系列的设计优化，采取科学合理的施工措施，金桥水电站建设取得了较可研工期提前5个月实现所有机组投产，较设计概算节省投资约2亿元的好成绩。

金桥水电站的建成投产对于促进那曲市和嘉黎县经济社会发展、解决无电地区电力供应、推动西藏地区丰富水电资源开发利用具有重要意义，彻底改写了当地长期缺电无电的历史，为藏乡各族同胞送去了永久光明，为西藏地区清洁能源开发宏图描绘出了浓墨重彩的一笔。

8 开展适合自身特点的党建活动，丰富职工文化生活，活跃基层党组织生活

8.1 充分发挥党支部战斗堡垒作用，将党建第一责任人抓党建促建设落到实处

（1）走在一线，身体力行，为参建者送去精神食粮。为保证金桥水电站建设目标的顺

利完成，面对时间紧、任务重、施工难点多的实际情况，帮助参建单位党员干部转变思想观念，加强施工质量、安全管理力度，树立奉献精神。支部书记冯继军虽然从事水电工程技术管理岗位20余年，仍然本着学无止境的好学态度，坚持学习业务知识从不间断，努力钻研业务，开拓自己的视野，不断提升自身的领导和管理能力的同时，4年间给基层单位进行十余场次的工程技术管理、施工质量、安全等方面的讲座，将自己在工程技术及管理方面长年积累的丰富工作经验和阅历融入讲座中。

（2）开展评优活动，取得工程安全质量双丰收。金桥公司党支部牵头组织各参建单位开展“金桥水电站样板工区”“金桥水电站模范单元工程”的评选活动，对评选出来的优秀单位、优秀班组给予经济奖励，通过此类活动提升了项目建设的安全标准化水平和工程质量。

（3）开办《金桥水电站工程简报》党建专栏，发挥党的思想宣传优势。支部书记冯继军指导组宣委员做好党建宣传工作，2017年6月创办《金桥水电站工程简报》作为党建宣传阵地，加大公司宣传力度，使之成为传递信息、交流经验、推动工作、促进发展的有效平台。最大限度地发挥党建宣传优势，提高党建工作的牵引力和有效性，引领金桥公司党建工作再上新台阶。

8.2 开展“抓党建促金桥建设、凝心聚力促发展”系列活动

（1）开展“庆七一 升国旗 重温入党誓词”主题党日活动。2018年为纪念中国共产党成立97周年，金桥公司党支部组织各参建单位开展“庆七一 升国旗 重温入党誓词”主题党日活动，参加活动的同志们纷纷表示“一个支部就是一座堡垒，一名党员就是一面旗帜”，要为建设好金桥水电站，早日为当地农牧民提供稳定的电源，做好长期吃苦耐劳，敢打硬仗的精神准备，以更加饱满的热情和更加务实的作风投入到金桥水电站建设中。

（2）迎“五一”篮球联谊赛。2018年是金桥水电站建设的攻坚年，在各标段工期紧、任务重的情况下，金桥公司组织迎“五一”篮球联谊赛，各参建单位组织队伍参赛，通过篮球联谊赛为大家繁忙的工作增添乐趣，减轻压力，让大家的生活丰富多彩。赛场上，各队队员奋勇拼搏，积极进取，“友谊第一，比赛第二”，发挥了较高的竞技水平，赛出了优异成绩，赛出了个性风采，赛出了团结友谊！比赛让各参建单位紧密的团结在一起，比的是团队观念、赛的是道德风尚；比的是拼搏精神、赛的是强健体魄；比的是金桥和谐氛围；赛的是金桥电站早日发电。

（3）举办金桥杯“厉害了，我的国”主题朗诵比赛。2018年7月1日，金桥公司党支部组织各参建单位举办金桥杯“厉害了，我的国”主题朗诵比赛。通过优秀作品生动诠释了全体金桥人在党的领导下所拥有的道路自信、理论自信、制度自信和文化自信，凸显了集团公司赋予金桥公司建设发展清洁能源和富民兴藏的光荣使命。

（4）欢歌笑语度国庆。2018年10月1日，各参建单位员工欢聚一堂共度祖国母亲69岁华诞。联欢活动展现出了金桥人多才多艺，积极向上的精神风貌，达到了鼓干劲促生产的目的，各参建单位表示将全力以赴，精心组织，安全生产，保证质量，为金桥电站顺利建成而努力工作。

（5）喜迎祖国七十周年华诞，支部开展系列活动。为隆重庆祝中华人民共和国成立70周年，金桥公司广泛组织开展“我和我的祖国”群众性主题宣传教育活动，以习近平

新时代中国特色社会主义思想为指导，增强“四个意识”，坚定“四个自信”，做到“两个维护”，紧紧围绕隆重庆祝中华人民共和国成立70周年主题，大力弘扬以爱国主义为核心的伟大民族精神，广泛开展形式多样、内容丰富的宣传教育活动。

1）营造浓厚的节日氛围。金桥公司党支部按照自治区党委宣传部的要求，营造喜庆、祥和的节庆氛围，切实增强建设者的国家观念、提升民族意识，弘扬爱国主义精神。金桥公司会议室重新摆放党旗国旗；金桥水电站大坝、地下厂房、营区、办公区悬挂红旗；更换喜迎祖国七十周年宣传栏；LED屏播放宣传语，营造浓厚的国庆氛围。鲜艳的国旗风景线营造了喜庆、祥和的国庆佳节氛围，表达爱国情意的同时，更向参建者传递着“民族融合、社会团结”的理念，进一步激发了广大参建者不忘初心、牢记使命，同心共筑中国梦的爱国主义热情。

2）开展“我爱我的祖国——升国旗、唱响国歌、重温入党誓词”主题活动。2019年10月1日，金桥公司党支部组织全体党员干部职工和金桥水电站各参建单位党员同志、员工在金桥公司院内举行“我爱我的祖国——升国旗、唱响国歌、重温入党誓词”主题活动，各参建单位、藏族同胞、社会人士等60余人参加活动。

国歌激昂，奏响奋进凯歌；国旗飘扬，燃起美好希望。伴着雄浑的节奏，全体参加活动人员整齐列队、精神抖擞、庄严肃立，唱响中华人民共和国国歌，行注目礼，鲜艳的五星红旗在嘹亮的歌声中冉冉升起。

参加活动的全体党员面对党旗，举起右手庄严宣誓：“我志愿加入中国共产党，拥护党的纲领，遵守党的章程……”入党时激情澎湃的誓词回荡在耳边，提醒全体党员始终坚定理想信念、牢记党的宗旨，不忘初心、砥砺前行。活动结束后，参加活动的藏族工作人员激动地说：“我们从未参加过这么振奋人心的活动，感谢金桥公司给我们提供工作机会，感谢参建者给我们藏区带来光明，感谢我们的祖国这么繁荣昌盛……”

“我们远道而来从内地到这里旅游，没想到有幸参加你们公司组织的‘庆祖国母亲七十华诞’活动，内心无比激动，我们也是一名老党员，参加了这么有意义的活动，让我们更加感受到我们国家的强大，感受到我们党的温暖无处不在，感受到金桥人的热情，千言万语就一句‘感恩、感恩、再感恩’……，祝我们的祖国母亲生日快乐！”旅游至此的游客手持红旗激动地说道。全体参加活动人员挥舞着红旗，共同唱响《我和我的祖国》，祝福祖国繁荣昌盛的声音回荡在易贡藏布河谷，大家用歌声来抒发对伟大祖国的热爱和对未来美好生活的向往，也展现出金桥水电站全体建设者昂扬向上、奋发进取的精神风貌。

3）组织观看2019国庆70周年阅兵式。2019年10月1日，金桥公司党支部组织参建各单位职工观看2019国庆70周年阅兵式。盛大的阅兵式是为了庆祝祖国母亲七十周年生日而举行的形象和建设成果的集中展示，观看阅兵式不仅凝聚了人心，燃起中国人民的爱国热情，更增强了金桥人对国家和民族的认同感。

4）组织以“欢度国庆、团结友谊”为主题的娱乐活动。在祖国母亲的喜庆日子里，金桥公司党支部为了让身处异乡的参建者在这美好的日子里感受到“家”的温暖，专门组织了“欢度国庆、团结友谊”为主题的娱乐活动。比赛中，参赛者玩得开心，观众看得开心，加油声此起彼伏。参与者在活动中既锻炼了身体，也释放了压力，场上精彩不断，充满了欢声笑语。在一张张笑脸和一阵阵欢呼声的映衬下，活动圆满结束。

金桥公司党支部以团结务实的态度带领全体党员围绕加强项目党建工作为主线，抓住金桥水电站项目建设这一中心工作，本着“以人为本、力行服务”的宗旨，以团结务实的工作态度，积极探索新时期以强化基层组织建设工作为核心，以服务项目建设为重点，以党员管理为抓手，以拓展参建单位服务领域和质量及深入开展金桥党建“创新工程”活动为突破口，以扩大党组织的覆盖面、增强党员凝聚力为目标，在工作中坚持理论联系指导实践，始终以为金桥建设项目各参建单位提供优质高效服务为己任，使促电站建设、促当地经济发展成为金桥党建最大的特色和亮点。

第二篇　勘察设计科研

金桥水电站工程枢纽布置设计研究

甄　燕　张华明　温家兴　齐景瑞

（中国电建集团西北勘测设计研究院有限公司，西安　710065）

摘　要： 金桥水电站工程位于易贡藏布干流上游河段，大坝采用堆石混凝土重力坝。可研阶段初期，在充分考虑工程规划、实际地形地质条件和水文条件的情况下，对坝址、坝线、引水线路、厂房型式等拟定了多种枢纽布置方案，并通过综合经济技术比较选定了枢纽布置方案。在可研阶段后期，随着外部建设条件的变化，对坝型、装机容量、调压井型式、厂房型式等方面重新进行论证，最终选定设计方案。枢纽布置紧凑、经济合理、运行安全有保障。

关键词： 枢纽布置；主要建筑物；引水发电系统

1　工程概况

金桥水电站是易贡藏布干流上规划的第 5 个梯级电站，位于西藏自治区那曲地区嘉黎县境内，工程的开发任务为在满足生态保护要求的前提下发电。金桥水电站已列入西藏自治区无电地区电力建设规划。

水库正常蓄水位为 3425.00m，死水位为 3422.00m，水库总库容为 41.28 万 m^3，调节库容为 11.83 万 m^3。电站总装机容量为 66MW(3×22MW)，年发电量为 3.57 亿 kW·h，保证出力为 6.0MW，年利用小时为 5407h。工程为Ⅲ等中型工程，主要建筑物按 3 级建筑物设计。

2　水文及地质条件

2.1　水文气象

易贡藏布位于西藏自治区东部，是帕隆藏布右岸一级支流，雅鲁藏布江的二级支流。它发源于那曲地区嘉黎县西北念青唐古拉山脉南麓，河源段称雄曲，由北向南流，至阿扎村后改称徐达曲。易贡藏布干流全长为 286km，流域面积为 13787km^2，天然落差为 3070m，平均比降为 10.7‰。金桥水电站坝址位于西藏自治区嘉黎县忠玉乡上游的易贡藏布干流上，坝址以上流域面积为 4230km^2，坝址处河面高程约为 3400m。坝址多年平均悬移质输沙量为 33.9 万 t，多年平均流量为 114m^3/s，多年平均含沙量为 0.094kg/m^3。

易贡藏布流域地处西藏东南部，属温带湿润高原季风气候区。流域内夏无酷热、多

第一作者简介： 甄燕（1985—　），女，内蒙古宁城人，高工，主要从事水工建筑物结构设计工作。Email：304258185@qq.com

注：该文章发表于 2018 年 8 月《水力发电》第 44 卷第 8 期。

雨，流域径流由降雨、融冰融雪和地下水补给，以降雨补给为主，一般每年5—9月为雨季，雨量集中，占全年总降水量的70%以上，平均年雨量约为820mm。气温变化年较差小，日较差大。年平均温度为－1～9℃，极端最高气温为30.2℃，极端最低气温为－30.3℃。各月平均气温7月最大，1月最小。历年最大平均风速17m/s，吹程为400m。

2.2 工程地质条件

左、右岸坝肩自然边坡高陡，山顶与河床相对高差在500m以上，坡度为50°～80°，局部缓坡部位有薄层崩坡积覆盖外，大多数地段基岩裸露，岩性为白垩系花岗岩，偶夹辉绿玢岩岩脉，宽度为1.0～6.0m；坝肩山体整体稳定，坝肩附近断层构造不发育。浅表部存在强卸荷岩体，弱卸荷深度为3～20m，20m以后为微风化岩体。左、右岸卸荷岩体具有中—强透水，顺河向结构面发育，因此两岸坝肩卸荷岩体需进行防渗处理。

河床冲积砂卵砾石层厚度为50～80m，结构中密—密实，卵砾石主要为花岗岩、砂岩等，卵砾石含量为60%～70%，其余为砂，为中等透水层，承载力及变形模量均能满足上部荷载的要求，工程地质条件良好；在河床坝基中存在厚度为3～20m厚的砂层透镜体，承载力及变形模量相对较低，坝基下20m范围内的砂层透镜体会产生地震液化的问题。由于地基的不均匀性，会产生不均匀沉降及渗透变形破坏问题。因此，坝基基础需做处理，同时应做好防渗处理设计。

引水隧洞穿越右岸山体，山体高大、陡峻，洞身最大埋深近700m，过沟段最小埋深120m。洞室围岩基本为微风化岩体，主要岩性为白垩系灰白色花岗岩、奥陶系变质石英砂岩，岩体完整性中等，围岩以Ⅲ类及Ⅱ类为主；断层破碎带、影响带及节理密集带岩体均呈碎裂结构，围岩为Ⅳ类，基本满足成洞条件。

地下式厂房，厂房横轴线方向NE13°，上覆岩层厚度220m，围岩岩性为前奥陶系变质石英砂岩；由于工程区构造格局受近EW向的嘉黎断层主干断裂F2及次级断裂F3控制，其均具有右旋平移逆冲性质，因而区域构造主应力应为垂直于断裂方向的近SN，角度为近水平向，略倾伏于S；由于厂房区地形上位于NWW条形山脊近易贡藏布河谷侧，有一定埋深，所处山体属于应力过渡带，而非坡脚的应力集中带，主裂隙面走向与厂房轴线夹角为50°～70°，围岩完整性中等，为Ⅲ类围岩，围岩较稳定，开挖后局部有掉块现象，不存在大的块体稳定问题，满足成洞室条件。

厂房后边坡为基岩坡体，山体上部和下部坡度较缓，坡度为50°～75°，局部直立，中部3330～3365m范围坡度较缓，为30°～50°，岩性为前奥陶系变质石英砂岩，断层构造不发育，裂隙中等发育；天然状态下处于稳定状态，开挖后边坡整体稳定，但存在剥落、掉块现象，开挖过程中需进行锚固处理。

3 枢纽布置方案选择

易贡藏布干流总体呈NW290°～320°。在库区近坝段，河流由NW300°转向NE50°～60°，库尾近东西向。根据河道规划，金桥水电站上、下游分别有康卓水电站和忠玉水电站，康卓为引水式电站，忠玉水电站为易贡藏布水电梯级开发的多年调节龙头电站。在康卓水电站尾水至忠玉乡约7km可利用河段内，根据地形地质条件和水文条件，对坝址、坝型、引水线路、调压井形式、厂房形式等进行了比较研究。

3.2.1 坝址的选择

对康卓水电站尾水至忠玉乡约 7km 可利用河段拟定了上、下坝址进行比选。上坝址河谷呈 U 形，河谷较宽，坝轴线处宽度约为 190m，河床覆盖层厚度为 50～80m，考虑到坝高不足 30m，首选坝型为混凝土闸坝，建基于覆盖层上。下坝址距上坝址约为 1.5km，上下坝址段河道比降为 4%。下坝址地形条件与上坝址相比河床较窄，坝轴线处宽度约为 130m，河床覆盖层深度为 50～80m。下坝址坝高约为 42m，坝型可选择混凝土重力坝和当地材料坝，鉴于下坝址河谷狭窄，选择当地材料坝时并没有合适的地形条件修建溢洪道，而混凝土坝则能更好地协调引水、防沙和泄洪，故本工程下坝址采用混凝土坝。通过对上、下坝址地形地质条件、水文水能指标、枢纽布置及主要工程量、施工条件和工期、工程投资、环境影响、运行条件、工程效益等多方面综合比较分析，上坝址较优，故上坝址为推荐坝址。

3.2.2 坝型的选择

在选定上坝址为推荐坝址的基础上，结合工程特点，在可研阶段先后拟定了混凝土重力坝、堆石混凝土重力坝和土工膜防渗堆石坝三种坝型进行比较。从就地取材、施工工期、工程投资、保护环境，对基础的适应性等方面考虑，当地材料坝较占优势。由于本流域水文实测资料匮乏，洪水成果是采用水文比拟法计算金桥坝址设计洪峰流量。虽然有其合理性并对校核洪水增加了 20%的安全保证值，但仍有不确定性存在。加之库区附近上游右岸冲沟，冬季雪崩后产生的冰雪碎石滑入河道，可能形成小型堰塞湖，对大坝安全带来不利影响。从工程的长远性、安全性方面分析，混凝土重力坝相比土石坝其抗风险能力相对较强。堆石混凝土坝既能起到混凝土重力坝的作用，且对骨料的级配要求相对较低，可利用坝址处河滩大量的大粒径卵石，减少料源总量的开采，较混凝土重力坝可以节省投资、缩短施工工期、保护环境。因此，综合考虑选取堆石混凝土重力坝方案。

3.2.3 装机容量选择

规划阶段初拟金桥水电站装机容量为 160MW，多年平均发电量为 6.6 亿 kW·h，可研阶段初期考虑金桥水电站作为西藏无电地区供电电源（10MW）及下游忠玉电站的施工电源点（35MW），考虑两方面的需求，为留有余地，金桥电站装机容量初拟为 48MW。随着外部建设条件的变化、水资源的合理利用及满足电力长远需求，根据目前西藏水资源利用情况，拟定 48MW、66MW、128MW 3 个方案比较，通过电力电量平衡分析、工程投资、电站整体经济指标及补充经济指标、装保比、无电地区及忠玉工程用电及电网汛期电量消纳情况，金桥电站最终装机容量 66MW 较为合理。

3.2.4 引水建筑物布置选择

本河段两岸山势陡峭，河谷狭窄，沿河岸平缓阶地很少，综合考虑与下游水位衔接、交通条件、地形地质条件及施工场地等因素，选择距离坝址 4.5km 处的左岸、右岸两处作为代表厂址进行综合比选。

左右岸工程地质条件基本相当，无制约引水线路布置的特殊因素。引水线路布置在左岸，泄洪、排沙和取水等布置方面相对较好，但位于河道左岸弧形转弯的弓背位置，洞线较长、弯道较多，工程投资较大。引水线路布置在右岸，洞线平直、洞线较短，但电站进水口上游引水、泄水建筑物下游出流归槽，需要对右岸开挖整治改变主河道走向。综合考虑引水线路长度、泄洪、取水、排沙、消能防冲、厂房布置、施工条件、工程投资等方面，右岸引水线路明显占优势。因此，引水发电系统布置在右岸。

3.2.5 厂房型式布置选择

厂房型式选择根据电站开发方式、总体枢纽布置要求、厂区地形地质条件及施工条件等因素综合考虑，本工程地面、地下厂房方案从技术角度均可行。通过从地形地质条件、后期电站运行条件、施工、工程投资综合比选得出：①地面厂房后边坡较为陡峻，安全防护工程量大。地下厂房部位埋深较深、围岩以Ⅲ为主，成洞条件相对较好。②从工程布置条件来看，地面厂房厂区场地狭窄、布置紧凑、岸坡高陡、存在边坡防护、尾水防淤、基础不均匀沉降等方面的问题。地下厂房主体基本在山体内，布置灵活不受限制。③从施工角度来看，地面厂房施工期围堰占河道较多、对汛期行洪、临时交通布置、施工期干扰较大。地下厂房施工技术较为成熟，施工期安全风险可控，施工期干扰较小。④从工程投资看，地面厂房较地下厂房方案较优。因此，综合考虑，金桥水电站采用地下厂房方案。

4 枢纽布置及主要建筑物

4.1 枢纽布置

枢纽工程主要由首部枢纽主要建筑物、引水发电系统、地下厂房三部分组成。首部枢纽主要建筑物包括左岸堆石混凝土重力坝、泄洪冲沙闸、排漂闸、右岸挡水坝段。引水发电系统布置在右岸，主要由电站进水口、压力管道、调压井、主副厂房、主变室、尾水渠、GIS室开关站等部分组成。

4.2 主要建筑物

金桥水电站工程主要建筑物（挡水建筑物、泄洪排沙建筑物、引水发电系统建筑物和地下厂房建筑物等）为3级，次要建筑物（护坡、挡土墙等）为4级，安全级别均为Ⅱ级。

4.2.1 首部枢纽主要建筑物

首部枢纽主要建筑物从左至右主要包括：左岸堆石混凝土重力坝、泄洪冲沙闸、排漂闸、右岸挡水坝段及电站进水口。坝顶高程3427.5m，建基面最低高程为3400.00m，最大坝高为27.5m，坝顶长约198.65m。

（1）挡水建筑物布置。左岸挡水坝采用堆石混凝土重力坝，紧邻泄洪闸左边墙起，沿坝轴线长度为106.3m，共分6个坝，坝段宽度为17.95～20.00m。坝顶高程3427.50m，为了满足过坝交通要求，坝顶宽度为12m，最大坝高为27.5m。上游坝坡为1∶0.2，下游坝坡为1∶3.225。坝体基础混凝土（2m）、坝体顶部混凝土（2m）范围内采用C20W6F300（三）常态混凝土，上游坝坡（1.0m）、下游坝坡（0.5m）范围内采用C20W6F300SCC自密实混凝土；坝体内部采用C15W4F150SCC自密实堆石混凝土；水位变幅区及以上部分抗冻标号提高至F350。

右岸挡水坝段内为了满足布设生态防水阀室、门库等要求，采用常态混凝土重力坝，沿坝轴线长度为52m，共分2个坝。坝顶高程为3427.50m，坝顶宽度为12m，最大坝高为27.5m。坝体上游面紧邻电站进水口，下游坝坡为1∶0.7。坝体基础混凝土（2.5m）、坝体顶部混凝土（2m）范围内采用C20W6F300（三），上游坝坡（2.5m）、下游坝坡（1.5m）范围内采用C20W6F300（二）常态混凝土；坝体内部C15W4F200（三）自密实堆石混凝土；水位变幅区及以上部分抗冻标号提高至F350。

（2）泄水建筑物布置。泄洪冲沙建筑物的校核洪水标准为1000年一遇，相应洪峰流量1330m^3/s；100年一遇洪水设计，相应洪峰流量953m^3/s；消能防冲建筑物设计均按30年一遇洪水标准，相应洪峰流量863m^3/s。

泄水建筑物主要包括泄洪冲沙闸、排漂闸。泄洪冲沙闸布置在右岸滩地，为3孔平底孔流混凝土闸坝，1号、2号闸孔为1个坝段，坝段宽度为20m，3号闸孔及排漂孔为1个坝段，坝段宽度为17m。为防止由于不均匀沉降引起的结构开裂，闸室结构采用整体式，在闸墩中间设顺水流向永久缝。中墩厚3m，边墩厚2.5m。闸室进口底板高程3405.0m，最大高度为26m，顺水流方向长35m，工作门孔口尺寸为6m×5m，检修门孔口尺寸为6m×7m。泄洪冲砂闸室段上游接引渠和水平混凝土铺盖，并在铺盖上设有两道导沙坎。下游接长度为85m的缓坡混凝土护坦，再之后为35m长的钢筋笼海漫，海漫末端与下游河床相接。排漂闸采用折线型实用堰，堰顶高程3422.0m，孔口宽度3m，向下接$R=8m$堰面和1：2的斜直段，之后通过$R=20m$的反弧段与缓坡混凝土护坦相连接。为防止消能淘刷，在护坦末端设置有厚80cm，深10m的混凝土防冲墙。

为保证下游河道正常生态用水，在排漂孔实体堰内设置生态放水孔。生态放水孔进口孔口中心线高程为3414.0m，采用ϕ150cm钢管，出口引至泄洪闸消力池左边墙生态供水池内。

4.2.2 引水发电建筑物

引水发电系统布置在右岸，主要由电站进水口、压力管道、调压井、主副厂房、主变室、尾水渠、GIS室开关站等部分组成。

（1）引水系统布置。引水系统由电站进水口、引水隧洞、调压室、压力管道等部分组成。电站进水口紧邻排漂闸右侧，河道右岸，其前缘与坝轴线呈107.3°夹角。取水口总长8.5m，底板高程3412.00m，布置有主副两道5.0m×8.0m拦污栅。取水口经长26m的渐变段与引水隧洞进水闸相连，进水闸闸室长11.5m、宽8.5m，孔口设一道4.8m×6.0m的事故检修门，闸底板高程3408.00m。

引水隧洞采用“一洞三机”的供水方式。引用流量55.50m^3/s，总长为3678.38m，其中引水隧洞长为3330m，马蹄形断面，内径为5.30m，钢筋混凝土衬砌厚度55cm，部分Ⅱ类、Ⅲ类围岩洞段采用挂网喷混凝土，厚度10cm。在引水隧洞桩号引3＋330.00m处接压力钢管段，在压力钢管上弯段末端与竖井段在同一轴线上设有阻抗式调压井，经压力钢管下弯段后接两个“卜”形钢岔管与三条引水支管衔接进入地下厂房，主管内径3.80m，支管内径2.2m。调压室直径为12m，阻抗孔直径为2.25m，最高涌浪高程为3435.94m，最低涌浪高程为3412.56m，调压室顶部高程为3438.50m，底部高程为3400.00m，调压室高度为38.5m，井壁钢筋混凝土衬砌厚度为0.9m，在阻抗孔3331.50m高程处设置直径为3.5m的小井上接到调压室底部，小井高度为68.5m，井壁混凝土衬砌厚度为0.6m。

（2）地下厂房建筑物布置。主厂房、主变室（尾闸室）平行布置，洞室间距30m，洞室轴线 NE13°。主厂房、副厂房和安装间呈“一”字形布置，安装间布于主厂房右侧，副厂房布置在主厂房左侧。厂内安装 3 台［HL（138）-LJ-195］混流式水轮发电机组，单机容量 22MW，引用流量 18.50m³/s，额定水头 136.50m。根据机组布置要求确定厂房尺寸为 83.8m×18.20m×35.40m（$L\times B\times H$）。主变室（尾闸室）尺寸为 63.85m×16.55m×17.40m（$L\times B\times H$）；尾水延伸段后接尾水洞，尾水洞采用“三机一洞”的布置型式，断面采用有压城门洞型，断面尺寸（$B\times H$）为 4.5m×6m，出洞后在尾水渠采用尾水箱涵接入下游河道。中控楼、GIS 室开关站、绝缘油库及生活消防水池等均布置在尾水出口 3281.50m 平台。电缆由主变室电缆层通过出线洞送至地面 GIS 室开关站的电缆廊道内，出线站布置在 GIS 室开关站楼顶。

5 结语

随着外部建设条件的变化，金桥水电站工程在已经选定的枢纽布置格局的情况下，对首部枢纽左岸坝型、装机容量、调压井形式、厂房型式，从工程投资、施工、工期、运行及工程安全性等方面重新进行综合比较论证，从而选定设计方案。从前期的大量论证、多方案比较，后期随着建设条件的变化，对设计方案重新优化。枢纽整体布置、主要建筑物型式充分适应了地形地质与建设条件，整个枢纽布置紧凑、经济合理、运行安全有保障。

参考文献

[1] 中国电建集团西北勘测设计研究院有限公司. 西藏易贡藏布金桥水电站工程可行性研究报告（审定本）[R]. 西安：中国电建集团西北勘测设计研究院有限公司，2016.

[2] 中国电建集团西北勘测设计研究院有限公司. 西藏易贡藏布金桥水电站工程设计变更专题报告[R]. 西安：中国电建集团西北勘测设计研究院有限公司，2016.

金桥水电站工程机电设计综述

王嘉琨[1]　余江深[2]　褚瑜卿[2]　王　欢[2]

（1. 中国电建集团西北勘测设计研究院有限公司，西安　710000；
2. 西藏开投金桥水电开发有限公司，拉萨　852400）

摘　要：本文扼要介绍了金桥水电站的机电设计，对机电各专业的方案设计、主要设备选择及特点等做了介绍，并对某些特点进行了说明。

关键词：机电设计；电气；通信；采暖通风；给水排水

1　电站概况

金桥水电站是易贡藏布干流上规划的第5个梯级电站，位于西藏自治区嘉黎县境内，上距嘉黎县城100km，下距忠玉乡10km。金桥水电站为引水式电站，工程主要任务是发电，兼顾生态放水。水库正常蓄水位为3425.00m，死水位为3422.00m，水库总库容为38.17万m^3，调节库容为11.83万m^3。电站总装机容量为66MW(3×22MW)，年发电量为3.57亿kW·h，保证出力为6.0MW，年利用小时为5407h。首台机组（1号机）已于2019年5月31日投产发电。

2　机电设计综述

2.1　水力机械

金桥水电站选用HLC436－LJ－178型立轴混流式水轮机。水轮机安装高程（导叶中心线高程）为3267.50m，吸出高度为－7.2m。在额定水头为136.5m、额定转速为428.6r/min时，水轮机的额定输出功率为22.7MW，此时效率保证值不低于91.5%。调速器为具有并联PID调节规律的数字式微机调速器，采用比例阀加数字阀冗余、双微机电液调速器。考虑金桥电站机组额定转速较高，且地理位置位于高海拔地区的西藏，不宜采用过高的转速上升，经调保计算，调速系统选用导叶两段关闭装置，导叶直线关闭时间T_s为6.0s。

进水阀为卧轴蝶阀、油压操作。蝶阀可利用液压蓄能罐开启，重锤关闭。

透平油系统主要包括机组调速系统操作用油、水轮机进水蝶阀操作用油及机组轴承润滑用油，主要任务包括接收新油、贮备净油、设备充油、排油、添油和油的净化处理等操作。储油设备按一台机组用油量的110%确定，并留有一定的裕量，选用10m^3净油罐和

第一作者简介：王嘉琨（1986—　），男，陕西商洛人，高级工程师，主要从事水利水电工程设计工作。Email：wjk@nwh.cn

运行油罐各1个。透平油系统操作方式为手动操作。

调速器采用高油压全数字式微机调速器，故不设置厂用中压气系统。低压压缩空气系统主要包括为机组制动用气、主轴检修密封空气围带用气及维护检修吹扫用气等，其额定工作压力均为0.7MPa。为保证机组设备正常运行，供气安全可靠，机组制动用气设置单独的供气系统，厂内维护检修风动工具、吹扫等用气为另一单独供气系统。

机组技术供水采用自流减压供水方式。每台机从压力钢管取一路水源，机组之间通过联络管连接形成互为备用。每路水源均配置相关设备，经减压后向机组供水。变压器冷却采用自流减压集中供水方式，从压力钢管（进水阀前）取一路水源，经滤水器和减压后向变压器供水。

机组检修排水采用间接排水方式，一台机组检修排水容积约为200m^3。选择流量为130m^3/h、扬程为32m的深井泵2台。首次抽水时2台泵全部启动，2台泵连续运行1.1h可以排完积水。当抽完积水后留1台泵投入自动工作，排除上、下闸门漏水。

全厂设一个集水井，检修集水井有效容积约为200m^3。厂内渗漏水量约为50m^3/h，集水井有效容积按60min的渗漏水量来考虑，有效容积为50m^3。选用流量为180m^3/h、扬程为36m，N=30kW的潜水深井泵3台，一台工作，两台备用。工作泵、备用泵采用自动互换方式控制。

为了电站的安全、经济运行，设置了必要的全厂性测量项目和机组段测量项目。全厂性测量项目包括电站进水口拦污栅压差、上游水位、调压井水位、下游水位、电站毛水头、水库水温测量等。机组段测量项目包括水轮机工作水头、水轮机流量、水轮机顶盖压力、蜗壳进口压力、尾水管进口和出口压力、尾水管压力脉动、机组效率测量以及机组振动、摆度等项目。

2.2 电气一次

金桥水电站以110kV一级电压等级接入系统，出线1回至嘉黎110kV变电站，预留1回110kV出线和1回35kV出线。目前金桥水电站出线站2回110kV出线间隔均已建成。

电气主接线为：发电机-变压器组合方式采用单元接线，110kV侧接线采用双母线接线。发电机为三相立轴悬式同步发电机，采用全空气冷却方式，型号为SF22-14/3900。其额定功率为22MW，额定电压为10.5kV，功率因数为0.85。

1～3号主变压器为三相双绕组无励磁调压水冷变压器，额定容量为31.5MVA，额定电压121±2×2.5%/10.5kV，联接组别为YNd11。4号近区供电变压器为三相三绕组无励磁调压空冷变压器，额定容量12.5MVA，额定电压121±2×2.5%/38.5±2×2.5%/10.5kV，联接组别为YNyn0d11。

金桥水电站厂区供电半径较小，厂用电采用0.4kV一级电压供电，采用机组自用电、全厂公用电和照明用电混合供电方式。厂用0.4kV系统采用单母线分段接线，两段母线由分段断路器连接，互为备用。由1号、3号机端引来的厂用工作电源分别接入两段母线。另在厂区设置一台500kW柴油发电机组接入0.4kV厂用主盘Ⅱ段母线。

电站首部枢纽距厂区约4km，因金桥水电站处于无电地区，无外来电源，首部枢纽用电电源共两个，一回取自厂区0.4kV厂用主盘，升压至10kV后，经10kV架空线引至首部枢纽，再降压至0.4kV接至首部枢纽配电盘；另设置一台320kW柴油发电机，作为正常厂用电失去时的首部枢纽保安电源。为保证安全，汛期时将营地200kW移动式柴油发电机搬至首部枢纽备用。

发电机中性点采用高电阻接地方式，电阻器接在单相接地变压器的二次绕组侧；主变压器中性点接地方式采用不固定接地方式。为防止雷电侵入波对电气设备造成伤害，在主变高、低压侧、主变中性点、110kV母线及出线侧均设置氧化锌避雷器进行保护。1～3号主变压器布置在地下洞室内，4号近区供电变压器、126kV GIS及出线设备布置在地面开关站，在架空出线上装设避雷线进行直击雷保护，地面建筑物有GIS开关站、启闭机房等，均装设屋顶避雷带进行防雷保护。

本电站为引水式，厂区、坝区距离约4km，厂区、坝区接地网分别作为两个接地系统进行设计。厂区接地考虑在充分利用自然接地体（钢筋骨架、引水管道、尾水管及闸门门槽等金属结构件）的前提下，另设置地下洞群散流网、地面126kV GIS开关站均压网及冲击接地装置、尾水厂区接地网等人工接地系统。电站工作接地、保护接地、防雷接地等接地网及不同用途和不同电压的电力设备均接于同一个总的接地网。

2.3 电气二次

金桥水电站按“无人值班”（少人值守）的原则设计。建成后接入西藏区调及其备调，接受其调度管理。正常情况下，按上级调度部门调度命令由计算机监控系统直接调度控制电厂内主要机电设备，实现遥测、遥调、遥信、遥控“四遥”功能；特殊情况下，上级调度部门也可以直接调度控制电厂内主要机电设备。

电站现地控制单元接受主控级命令直接面对控制对象；另外运行人员也可通过现地控制屏上的操作开关或按钮对设备进行控制和调节。在地下中控室设置紧急按钮操作箱。全站共设6套现地控制单元，分别为1～3号机组现地控制单元、公用及厂用现地控制单元、110kV开关站现地控制单元和坝区现地控制单元。各现地控制单元能脱离主控级，独立运行完成其现地监控功能，机组手动分步操作可通过机组现地控制单元来实现。

金桥水电站的二次系统安全防护，采用纵向加密，横向隔离的安全防护策略。

电站控制系统的构成以计算机监控系统为核心，包括计算机监控系统、机组励磁系统、机组调速器系统、发电机出口断路器控制系统、机组辅助设备控制系统、公用设备控制系统（包括油气水等）、通风设备控制系统、主变冷却器控制系统、110kV断路器及隔离开关控制系统、厂用电备用电源自动投入及断路器控制系统等。

计算机监控系统网络采用全开放的分层分布式星型网络结构，电厂控制级按功能分散设置不同的服务器及工作站，现地控制级按对象分散设置1～3号机组LCU、全厂公用及厂用电LCU、110kV开关站LCU、水淹厂房LCU、通风系统LCU。各LCU与远程I/O采用双通道通信光缆连接。

发电机保护采用主后分开的保护装置，主保护与后备保护均配置一套，变压器保护采用电气量主后分开的保护装置，配置一台电气量主保护装置及后备保护装置，一台非电量保护装置。

110kV母线保护采用数字型继电保护装置；110kV母线采用单套母线差动及失灵保护装置；110kV母联断路器采用一套母联保护装置；110kV线路保护采用一套110kV光

纤分相电流差动保护装置。全厂设有 1 套 110kV 系统故障录波装置，并配置 1 套保护信息管理子站系统，保护及故障信息传至调度。

地下厂房和开关站分别设置一套 220V 直流电源系统成套设备。另在地下厂房和坝区设置一套 UPS 电源。

全厂工业电视采用全数字式视频监控系统，前端设备采用全网络式摄像机，视频从前端设备输出即为数字信号，并以基于 TCP/IP 协议的以太网为传输媒介，实现视频在网络上的多路复用传输，并通过数字视频矩阵控制实现整个系统的控制、调度、存贮、授权控制等功能。

电站采用火灾集中报警系统，1 套火灾报警控制器组网，各火灾报警控制器和消防监控工作站作为网络上的一个节点，各个节点之间可以相互自动联控和监视，并实现对全网消防设备的手动和自动控制，网络中任何一个节点的故障都不会影响其他节点的监控功能。火灾自动报警系统可实现对水喷雾灭火系统、通风系统等的联动控制。

2.4 通信

金桥水电站通信系统主要包括厂内生产调度管理通信系统、厂坝间光纤通信系统、系统通信、对外通信、应急通信系统、通信电源系统、通信电缆网络等。

厂内生产调度管理通信系统用于电站内部生产的统一调度指挥，在电站发生事故时，为及时处理和分析事故提供必要的通信手段，并实现电站与电网调度部门的通信连接；为电站内部的生产管理、办公自动化、电站与电力系统内相关部门的行政管理联系、电站与公网之间的通信联系提供必要的通信手段。另设置厂坝间光纤通信系统一套，用于满足电站厂房与大坝之间的话音、数据、图像信号的传输。

电站系统通信采用光纤通信方式，通过厂内调度交换机与当地公网的连接，实现电站的对外通信，并作为电站系统通信的备用方式。

为保证紧急时刻的对外通信联系，保证电力系统的语音指挥通信，设置应急通信系统 1 套，配置移动卫星终端 2 套，选用手持式卫星终端（卫星手机），分别布置在电站厂区和坝区。

2.5 金属结构

电站引水系统位于河道右侧，在引水洞进口处设 2 道拦污栅和 1 道事故闸门，拦污栅共 2 孔，事故闸门 1 孔。

电站采用地下厂房布置，共装机三台，每台机组出口布置一道尾水管检修闸门，其后尾水洞采用“三机一洞”型式，出口布置一道检修闸门。

泄洪闸冲沙闸位于首部枢纽排漂系统左侧，共 3 孔，每孔设 1 道事故闸门和 1 道工作闸门。根据水工布置和要求，工作闸门全部开启时泄洪、冲沙，局部开启时调节下泄流量。

排漂孔位于首部枢纽泄洪冲沙闸右侧，引水洞左侧，共 1 孔，设 1 道检修闸门和 1 道工作闸门。

2.6 采暖通风

地下厂房进风通道主要由两部分组成。一路洞室外进风经通风兼安全洞，到达地下副厂房顶部的通风机房；另一路洞室外进风通过进厂交通洞和主变室交通洞到达主变室。排风通过主变洞上部顶拱空间和与其连接的全厂排风洞、地下副厂房辅助排风洞来实现。

全厂采暖采用电辐射式电加热器采暖。在主厂房水轮机层、蜗壳层、尾闸室、水泵房等潮湿区域，现地设置除湿机进行机械除湿。

发生火灾时所有平时通风兼事故（后）通风系统自动切断电源，防止火灾通过通风系统蔓延全厂，并设置有防排烟系统。

2.7　给水排水

给排水系统包括消防给水系统、生活给排水系统、深井泵润滑给水系统及建筑灭火器的配置。

本工程生活、消防水源采用水库水，从机组技术供水总管取水。

消火栓系统采用临时高压制，消防初期火灾消防用水由副厂房 3288.85m 层的生活-消防水箱及增压稳压设备供给，其余消防用水由消防水泵供给。

从机组技术供水系统总管后引一根 *DN*100 的管道，一部分水供生活-消防水箱补水，另一部分经母线洞送至主变室生活-消防合用水池。在生活-消防合用水池旁设一座水泵房，水泵房内设有两台消防水泵。从生活-消防合用水池引水，经消防水泵加压后供厂区室内外消火栓系统用水。

从主厂房水轮机层的消火栓环管引水，供发电机水喷雾系统用水。

主、副厂房的消防废水，经排水沟或地漏汇集后排入厂内渗漏集水井，再由渗漏排水泵排入电站下游尾水中；GIS 开关站室内消火栓废水通过电缆夹层的潜污泵提升后排至尾水渠。

3　结语

金桥水电站机电专业各系统设计均满足规范、运行等方面的要求，设计合理，运行可靠。金桥水电站作为西藏地区第一个地下厂房电站，海拔 3300m，目前全部机组已经顺利投产发电，进一步肯定了电站的设计。由于是地下厂房，为了减少土建工程量，在满足规范要求的情况下，不断优化设备布置，在厂房某些部位确实取得了经济效益，但是在主变室、水轮机层等重要设备布置位置，应综合考虑不同厂家设备尺寸及布置空间等因素，留有一定的裕度，便于运行人员巡视检修。

西藏易贡藏布金桥水电站工程施工组织设计要点综述

万　里　杨静安　吕　琦

（中国电建集团西北勘测设计研究院有限公司，西安　710065）

摘　要：本文主要从施工导流、料源选择、渣场规划、施工总布置等方面介绍金桥水电站工程施工组织设计的主要思路和成果。

关键词：金桥水电站；施工组织；设计；要点

1　工程概况

金桥水电站位于西藏自治区那曲地区嘉黎县境内易贡藏布干流上，是易贡藏布干流上规划的第 5 个梯级电站，距上游嘉黎县城 108km，距下游忠玉乡 10km，嘉（黎）—忠（玉）公路由枢纽及厂区通过，交通尚便利。

金桥水电站以发电为主的引水式电站，总装机容量为 66MW，正常蓄水位为 3425m。工程等别为三等中型，主要建筑物按 3 级设计，次要建筑物按 4 级设计。枢纽工程主要由首部枢纽、引水发电系统和地下厂房三部分组成。

左岸挡水坝为堆石混凝土重力坝，沿坝轴线长度为 106.3m，坝顶高程为 3427.50m，坝顶宽度 12m，最大坝高为 27.5m。上游坝坡为 1∶0.2，下游坝坡为 1∶3.255。泄洪冲沙闸为 3 孔平底孔坝，进口底板高程为 3405.0m。排漂闸采用折线型实用堰，堰顶高程为 3422.0m，孔口宽度为 3m。取水口布置在排漂闸右侧，长为 8.5m，闸室长为 11.5m，宽为 8.5m，孔口设一道为 4.8m×6.0m 的事故检修门，闸底板高程为 3412.0m。引水发电系统由进水口、引水隧洞、调压室、压力管道等部分组成。采用“一洞三机”的供水方式。引水隧洞洞径为 5.30m，长为 3537.24m，调压室总高度为 35m，厂内安装 3 台混流式水轮发电机组，单机容量为 22MW，总装机容量为 66MW。

2　工程施工特点

金桥电站位于偏远的高海拔和寒冷地区，冬季需要考虑对混凝土浇筑、对施工导流、施工工期、施工机械效率的影响等；本工程首部枢纽规模不大，河床较开阔，具备分期导流的条件，导流泄水建筑物可充分结合水工建筑物进行布置。工程地处高山峡谷地区，上、下游可资利用的场地有限，场内公路、倒渣场及弃渣场布置困难，因此需要做好渣料

第一作者简介：万里（1964—　），男，高级工程师，从事水利水电工程施工组织设计工作。

平衡规划，减少用地、减少弃渣。

3 施工导流

3.1 导流方式

首部枢纽布置为左岸主河床布置堆石混凝土坝、右岸滩地布置三孔泄洪闸、一孔排漂孔及电站进水口。坝址区地貌表现为“峡谷”地形特征，主流偏左岸，河谷呈U形，平水期河水位为3402～3404m，左岸主河床水面宽约60m，右岸滩地宽度约80m。

结合主河床基坑的特点，导流方式可采用围堰一次拦断河床和围堰分期拦断河床两大类。

（1）围堰一次拦断河床隧洞导流方案：围堰一次拦断河床导流方式，需在左岸布置一条8.5m×11.5m导流洞，导流洞长度约为420.0m，导流洞进、出口均需对较高土质边坡进行防护处理，导流工程造价较高。

（2）围堰分期拦断河床导流方案：可利用束窄的主河床过流，施工右岸三孔泄洪闸及进水口；二期利用三孔泄洪闸过流，施工左岸堆石混凝土坝，分期导流程序较简单。

根据坝址区地形条件，考虑到施工导流明渠与枢纽永久泄洪闸结合布置的有利条件，可降低导流工程造价。本工程首部枢纽推荐采用河床分期导流方式。整个工程分两期施工：一期施工三孔泄洪闸、进水口；二期施工左岸挡水坝等。

厂房尾水围堰利用岸坡地形布置，采用岸边围堰全年导流方式。

3.2 导流标准

本电站枢纽主体工程属三等中型工程，其主要建筑物级别为3级，次要建筑物级别为4级；围堰使用年限小于2年；围堰高度小于15m，堰前库容亦小于0.1亿m^3。根据《水电工程施工组织设计规范》（DL/T 5397—2007），导流建筑物级别为5级，相应导流标准为5～10年一遇洪水重现期。

根据洪水资料分析，5年一遇及10年一遇洪水流量分别为709m^3/s、774m^3/s，两者相差不大，相应的导流建筑物投资也相差不大，为了提高工程施工可靠性，因此本阶段选用10年一遇洪水标准，相应流量为$Q_{10\%}=774m^3/s$。

电站厂房布置在右岸岸边，采用全年围堰挡水，厂房基坑全年施工，洪水标准采用10年一遇，相应的导流流量为$Q_{10\%}=774m^3/s$。

3.3 导流方案及导流程序

（1）首部枢纽区一期导流。本电站枯水期11月至翌年4月的月平均气温均低于0℃，其中有4个月的月平均气温低于－5℃，枯水期大部分时段混凝土施工条件差或停工3～4个月，因此导流时段按照全年导流设计。一期导流时段为第一年11月至第三年10月，分为枯水期导流和汛期导流。一期枯水导流时段为第一年11月至第二年4月，导流流量为$Q_{10\%}=82m^3/s$。采用枯水期围堰挡水，由束窄后的左岸河床过流，施工泄洪闸左岸上游导墙及中游导墙。枯水期围堰下游段利用汛期围堰，一次建成。一期汛期导流时段为第二年5月至第三年10月，导流流量为$Q_{10\%}=774m^3/s$。上游利用泄洪闸左导墙挡水，下游段采用一期汛期围堰挡水。水流由束窄后的左岸河床过流，进行右岸三孔泄洪闸及电站进水口的开挖、混凝土浇筑及闸门安装等施工。

（2）首部枢纽区二期导流。考虑到枯水期要进行堆石混凝土坝混凝土防渗墙施工、基坑土石方开挖，将坝体浇筑放在汛期施工，二期导流规划按照全年导流设计。二期导流为左岸堆石混凝土坝的施工期，从第三年11月至第四年6月，为全年围堰挡水，导流流量为$Q_{10\%}=774m^3/s$。第三年11月底进行主河床截流，11—12月填筑左岸上、下游横向土石围堰，在上、下游横向围堰与混凝土纵向导墙的围护下施工左岸堆石混凝土坝，河水经右岸三孔泄洪闸过流，至第四年6月底堆石混凝土坝浇筑基本完成，具备挡水条件。

（3）厂房枢纽区。从第二年1月至第三年10月，为全年围堰挡水，主要进行地下厂房开挖、混凝土浇筑及机电设备埋件施工，河水由束窄后河床过流，导流流量为$Q_{10\%}=774m^3/s$。从第三年11月至第四年4月，为枯水期围堰挡水，主要进行尾水池开挖、混凝土浇筑及机电设备安装，河水由束窄后河床过流，导流流量为$Q_{10\%}=82m^3/s$。

4 料源选择

根据施工总体规划，金桥水电站混凝土骨料及碎石振冲桩所用砂石料均由砂石加工系统生产供应。各级配混凝土工程量：一级配混凝土1.54万m^3，二级配混凝土13.1万m^3，三级配混凝土10.76万m^3，合计25.4万m^3。碎石振冲桩骨料用量为24500m^3。根据上述工程量计算，砂砾石毛料设计需要总量为95.0万t，折合自然方42.6万m^3。

本工程设计阶段在坝址及厂址附近选择了98.7km处料场、忠玉乡老乡政府料场、忠玉料场三个砂砾石料场：其中98.7km处砂砾石料场：料场面积1.2万m^2，按水下开采5m厚度计算储量约6万m^3，储量较小。忠玉乡老乡政府砂砾石料场：料场面积约12万m^2，按水下开采5m计算储量约60万m^3，毛料可采量约43万m^3，料场储量能满足要求。忠玉砂砾石料场：料场为阶地砂卵砾石层，面积4.5万m^2，按开采深度15m计算储量67.5万m^3，毛料可采量约54万m^3，料场储量能满足要求。

工程区开挖砂砾石料：首部枢纽区砂砾石开挖约19.11万m^3（自然方），地下厂房区砂砾石开挖量约0.45万m^3（自然方），因此优先选择合适的开挖料作为混凝土骨料料加以利用，而减少料场毛料的开采量。

工程地下厂房石方开挖料：地下厂房石方开挖料10.29万m^3（自然方），主要为砂岩，厂房混凝土总量3.73万m^3，折合毛料4.2m^3，可考虑利用地下厂房石方开挖料加工后作为厂房混凝土骨料。

5 施工总布置

本工程枢纽所在河段为高山峡谷，河道狭窄，两岸山坡较陡，左岸坝址下游有一片较开阔阶地。沿河两岸有零星小块滩地分布，坝址上游库区有较大片滩地、台地，工程施工可利用的场地有限。根据工程所在区域的场地条件，施工总布置原则如下：集中与分散相结合，永久与临时相结合，保证生产、生活方便，充分考虑工程招标施工的管理方式，尽量少占耕地及良田，并考虑复耕还田。

5.1 施工分区规划

根据上述布置原则及引水式发电工程的特点，结合本工程分标情况，布置2个混凝土骨料加工系统、3个混凝土拌和系统。

(1) 首部枢纽生产、生活区：首部枢纽生产生活区布置首部枢纽承包商营地、混凝土拌和系统、骨料加工系统、综合加工厂等。

(2) 厂房生产、生活区：厂房生产生活区布置了厂房区承包商营地、骨料加工系统、混凝土拌和系统、综合加工厂、机修厂、机械设备停放场、钢管加工厂、金属结构拼装厂、仓库等。

(3) 引水隧洞生产、生活区：本区布置引水隧洞区承包商营地、混凝土拌和系统、综合加工厂等。

5.2 渣场规划

本工程土石方总开挖量为65.94万m^3（松方，下同），枢纽等建筑物回填利用5.70m^3，料场剥离及加工弃料等总量约14.60万m^3。工程前期总弃渣量80.54万m^3（含利用及倒运量），工程最终弃渣为74.83万m^3。

结合施工场地地形和出渣道路布置，在首部枢纽上游及厂址下游各布置1个弃渣场，总占地面积约19.3万m^2，规划弃渣场容量约107万m^3。

(1) 1号弃渣场。该渣场位于首部枢纽右岸上游约500m，面积85000m^2，主要堆存左岸堆石混凝土坝开挖、泄洪闸开挖、进水口开挖、75%引水隧洞开挖及40%施工支洞开挖弃渣。

(2) 2号弃渣场。该渣场位于厂房下游3400m，面积88000m^2，主要是60%施工支洞开挖、25%引水隧洞开挖、调压室开挖、发电厂房开挖、料场弃渣。

6 结语

(1) 工程实施过程中，结合现场实际情况，对首部枢纽区一期导流方式进行了优化，调整为采用“纵向围堰全年挡水，左岸疏浚河道（明渠）过流”的导流方式，从而减少了各单项工程间的相互干扰，节约了投资，加快了施工进度，为工程早日投产发挥了作用。

(2) 工程实施阶段忠玉乡老乡政府砂砾石料场及忠玉砂砾石料场由于征地及扰民等因素影响没有利用，整个工程混凝土骨料主要利用98.7km处料场、首部枢纽区砂砾石开挖料及地下厂房石方开挖料，减少了工程施工征地范围，节约了工程投资。

(3) 设计过程中考虑到工程区两岸山高坡陡，河谷狭窄，施工场地紧缺，施工临时设施布置困难等不利因素，依据现场实际，结合标段划分情况，充分利用工程区305省道沿线的河滩地及沟谷地布置施工临时生产、生活设施，通过工程布置方案优化，合理解决了工程施工临时设施布置困难的问题。

金桥水电站蜗壳结构型式设计与参数选择

鲍呈苍　刘　静　胡兴伟

（中国电建集团西北勘测设计研究院有限公司，西安　710065）

摘　要：本文根据水电站蜗壳结构型式的研究现状并借鉴已建工程经验，利用 ANSYS 有限元程序对金桥水电站蜗壳结构进行模拟与计算分析，研究蜗壳结构及其外围钢筋混凝土结构的受力学状态，为蜗壳结构设计及结构配筋设计提供理论依据。

关键词：蜗壳结构型式；钢筋混凝土；有限元；金桥水电站

1　工程概况

金桥水电站工程位于西藏自治区嘉黎县境内，系易贡藏布干流上规划的第 5 个梯级电站。水库正常蓄水位为 3425.00m，死水位为 3422.00m，水库总库容 38.17 万 m^3，电站总装机容量为 66MW（3×22MW），为Ⅲ等中型工程。嘉（黎）—忠（玉）公路从首部枢纽及厂区通过，电站距嘉黎县城 100km，距拉萨市 625km，交通较为便利。

电站采用引水式开发，其主要任务为在满足生态保护要求的前提下发电。枢纽工程主要由首部枢纽工程、右岸引水隧洞、调压井、压力管道、地下厂房及尾水隧洞等主要建筑物组成。

2　蜗壳布置及结构型式

2.1　蜗壳布置

金桥水电站地下厂房安装三台单机容量 22MW 的混流式水轮发电机组，单机引用流量 18.55m^3/s，额定水头 136.5m，机组安装高程 3267.00m。引水系统采用“一管三机”的联合供水布置型式，在压力管道下平段设有两个卜形钢岔管连接三条压力支管，压力支管与机组蜗壳采用蝶阀连接，蝶阀至蜗壳进口直管段为明管布置。根据水轮机布置总图，蜗壳子午向机坑里衬与蜗壳相交，在机坑里衬范围内无外包混凝土为裸壳结构。

2.2　蜗壳结构型式

根据国内外大中型中高水头电站蜗壳结构型式的研究现状及工程经验，蜗壳结构型式主要由直埋式蜗壳、垫层蜗壳和充水保压蜗壳等结构型式。考虑国内同类工程的实践经验及水轮机厂家的机组制造水平，结合蜗壳承受的水头范围及周边结构布置、施工进度、工

第一作者简介：鲍呈苍（1984—　），男，青海民和人，高级工程师，主要从事水利水电工程设计工作。

程投资等因素，金桥水电站采用垫层蜗壳结构型式。

根据蜗壳布置及其结构型式，垫层蜗向平面布置从蜗壳进口直管段到蜗向 285°、子午向布置从蜗壳与机坑里衬相交处为垫层起始点，末端取腰线以下约 15°，直管段子午向的起始点与蜗向起始点一致，蜗壳垫层敷设范围示意见图 1。

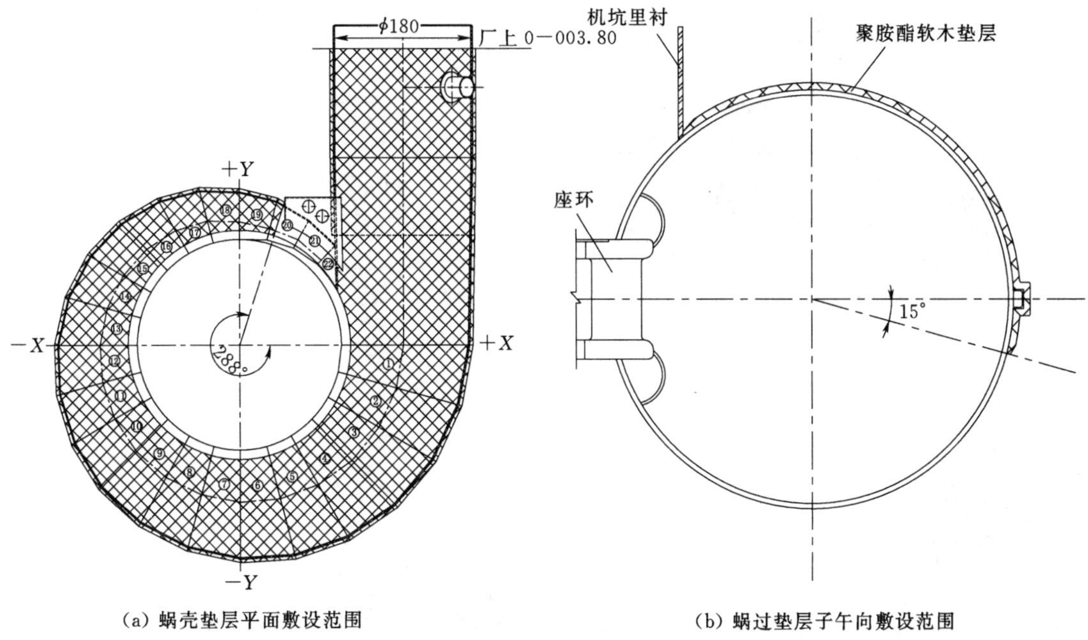

(a) 蜗壳垫层平面敷设范围　　(b) 蜗过垫层子午向敷设范围

图 1　蜗壳垫层敷设范围示意

根据工程经验，蜗壳垫层材料拟采用聚氨酯软木垫层，其主要技术参数及特性依蜗壳及弹性垫层结构的数值计算分析确定。

3　蜗壳裸壳结构计算分析

根据蜗壳平面布置及水轮机布置总图，蜗壳在蝶阀至进口明管段及子午向裸壳结构部分其内水压力全部由蜗壳钢板承担，需在内水压力 2.1MPa（含水锤压力）作用下对蜗壳按裸壳结构进行复核计算。

依据厂家提供的《蜗壳单线图》及结构布置建立蜗壳结构三维模型，见图 2。

根据蜗壳布置特点及其结构型式，对蜗壳裸壳结构复核计算按以下三种方案进行：①蜗壳进口上游端自由；②蜗壳进口上游端侧向法向约束，顺水流向可变形；③蜗壳进口上游端顺水流约束，侧向可变形。上述方案均考虑座环下环板为全约束，分析图 2 蜗壳裸壳模型中各断面特征点（顶部、腰部、底部）的变形及钢板应力情况。

上述各方案蜗壳裸壳结构等效应力云图及总位移云图分别见图 3～图 8。

蜗壳在蝶阀至进口明管段及子午向裸壳结构部分内水压力全部由蜗壳钢板承担时，根据方案①复核计算成果，蜗壳钢板蜗向 45°以前的断面变形较明显，最大变形 89.9mm；根据方案①、方案③复核计算成果，蜗壳的整体变形明显较小，最大变形仅约 3mm。

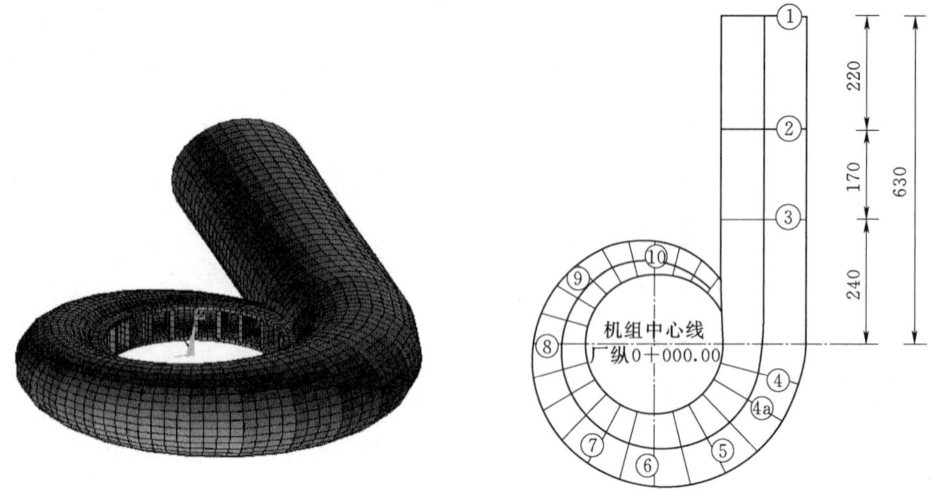

图 2　蜗壳裸壳三维模型示意（单位：mm）

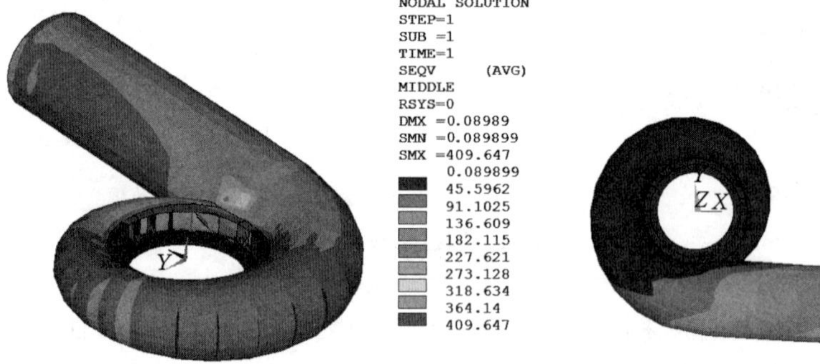

图 3　方案①蜗壳等效应力云图（单位：MPa）

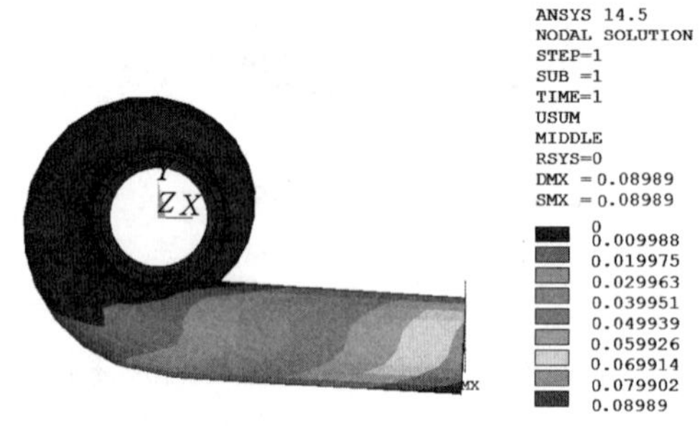

图 4　方案①蜗壳总位移云图（单位：m）

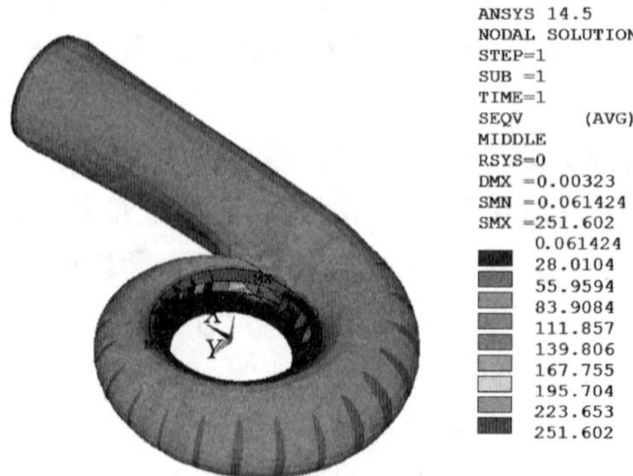

图 5　方案②蜗壳等效应力云图（单位：MPa）

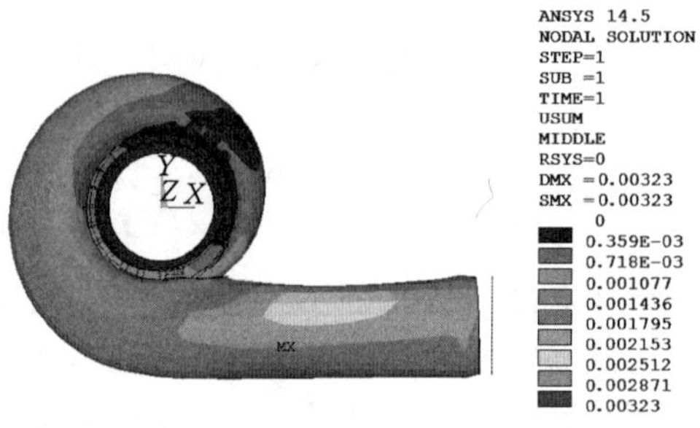

图 6　方案②蜗壳总位移云图（单位：m）

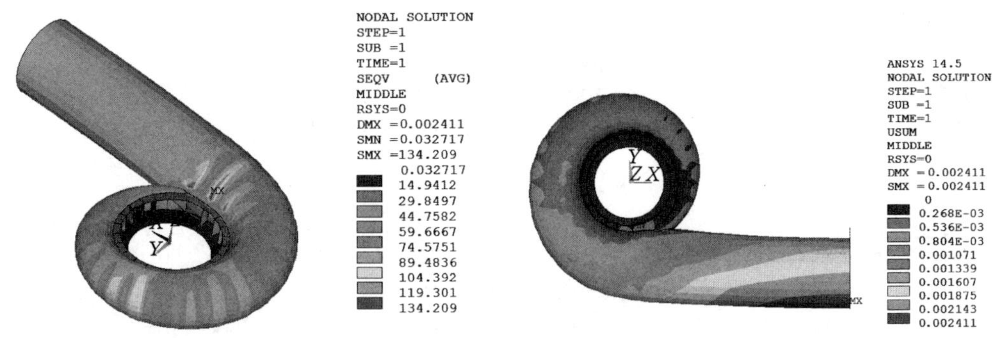

图 7 方案③蜗壳等效应力云图（单位：MPa） 图 8 方案③蜗壳总位移云图（单位：m）

根据蜗壳平面布置及其结构设计，蝶阀至进口明管段的蜗壳（外露直管段）全断面以及蜗向 0°以后的各断面子午向靠近基坑 1.5m 范围内的蜗壳钢板均无外包混凝土，即此部分的蜗壳钢板需要百分百承担内水压力，除了在蜗壳钢板上游进口端是自由设计方案下的蜗向 0°附近钢板等效应力有可能会超过蜗壳钢板允许应力，其余均在 260MPa 以内，均能满足钢板允许应力。

4 垫层蜗壳结构计算分析

根据蜗壳结构及其垫层敷设范围，取蜗壳蜗向 15°断面为计算模型。计算采用平面轴对称模型，混凝土、钢板、垫层和岩体采用 PLANE42 的轴对称单元，固定导叶采用平面应力单元。考虑蜗壳钢板与外围结构有材料差异，两者之间用接触单元模拟。

根据蜗壳垫层采用的聚氨酯软木材料特性，垫层厚度为 1cm，容重为 $3.0kN/m^3$，泊松比为 0.35。通过调整蜗壳垫层的子午向敷设范围、变形模量及摩擦系数，根据垫层蜗壳与外围结构承担的内水压力比值，可确定适合本工程蜗壳的垫层材料参数。

(1) 通过调整蜗壳垫层的子午向敷设范围（起点不变），蜗壳钢板及外包混凝土承担的内水压力随子午包角的变化曲线分别见图 9 和图 10。

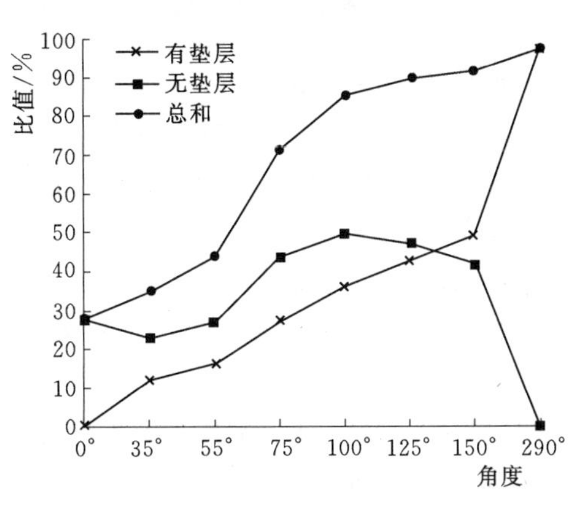

图 9 蜗壳钢板承担内水压力变化曲线

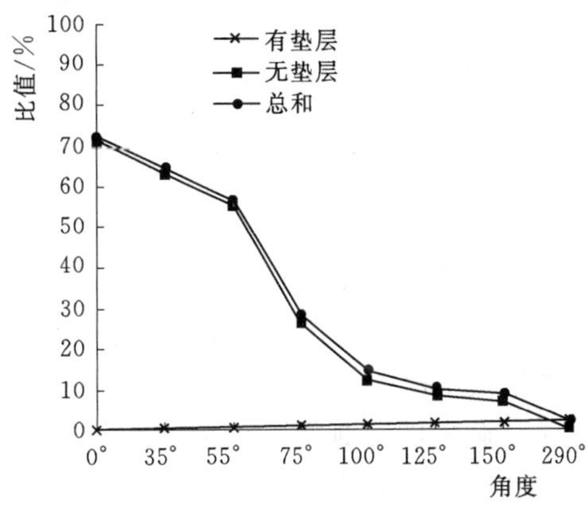

图 10 外包混凝土承担内水压力变化曲线

(2) 通过调整蜗壳垫层的变形模量，蜗壳钢板及外包混凝土承担的内水压力随子午包角的变化曲线分别见图 11 和图 12。

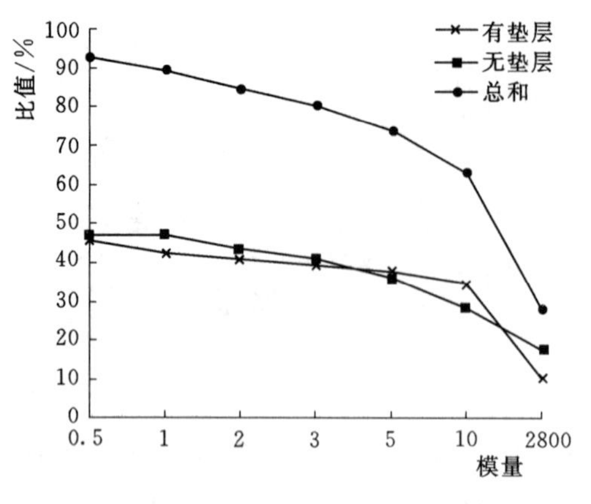

图 11　蜗壳钢板承担内水压力变化曲线

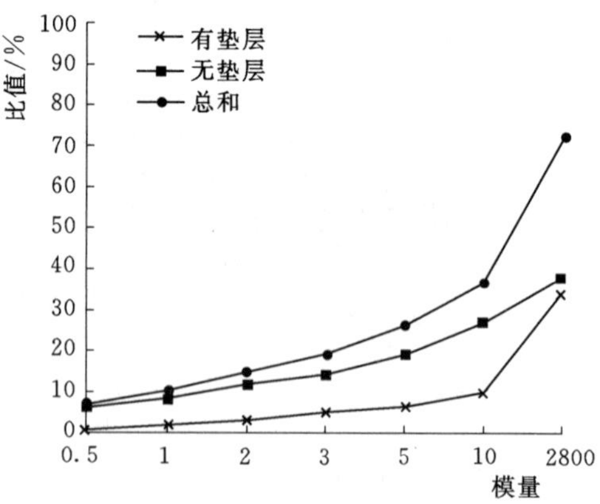

图 12　外包混凝土承担内水压力变化曲线

（3）通过调整蜗壳钢板与外围结构的摩擦系数，蜗壳钢板及外包混凝土承担的内水压力随子午包角的变化曲线分别见图 13 和图 14。

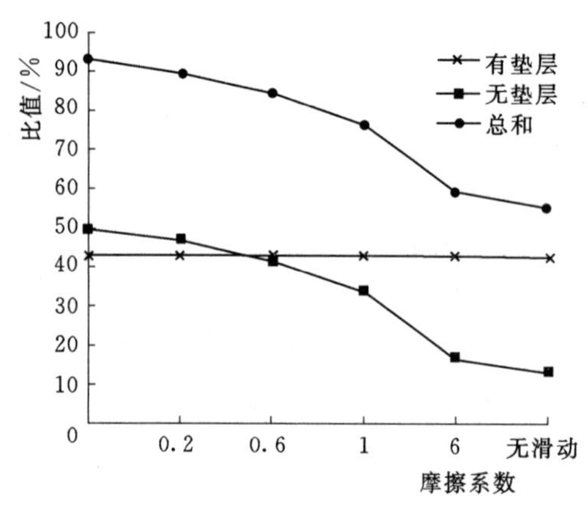

图 13　蜗壳钢板承担内水压力变化曲线

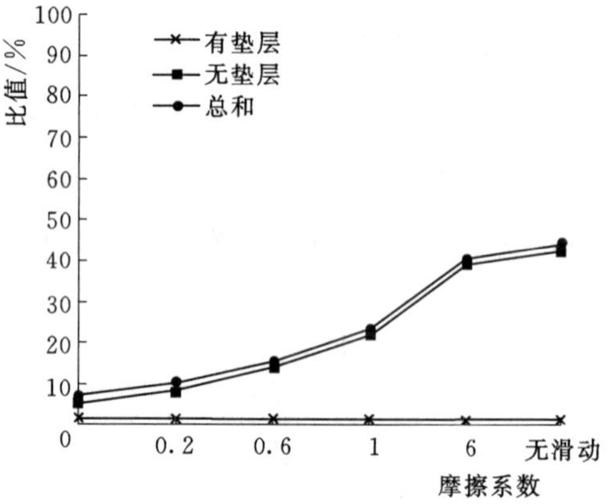

图 14　外包混凝土承担内水压力变化曲线

通过调整蜗壳垫层的子午向敷设范围，蜗壳钢板总的承压比随垫层子午向包角的增大而增大，增长速率先快后慢，在垫层子午向包角为 100°以后其承压比增长缓慢；混凝土总的承压比、无垫层区的混凝土的承压比均是随着子午向包角的增大而减小，变化速率先快后慢，在垫层子午向包角为 100°以后其承压比减小相对缓慢。

通过调整蜗壳垫层的变形模量，在垫层同一包角范围内，蜗壳钢板总的承压比、有垫层区、无垫层区的承压比均随着垫层模量的增大而减小。混凝土总的承压比、有垫层区、无垫层区的混凝土承压比均随着垫层模量的增大而增大。

通过调整蜗壳钢板与外围结构的摩擦系数，同一垫层参数，蜗壳钢板总的承压比、无垫层区的承压比随着蜗壳钢板与外围结构的摩擦系数的增大而减小；混凝土总的承压比、无垫层区的承压比随着蜗壳钢板与外围结构的摩擦系数的增大而增大；混凝土或钢板的有垫层区的承压比均对于摩擦系数的变化不敏感。

为减小蜗壳外围混凝土结构承担内水压力比值，让钢板断面的承担内水压力比值不低于70%设计垫层蜗壳结构为原则，蜗壳垫层参数可选择：传力系数100MPa/m（垫层厚度10mm，变形模量1.0MPa），垫层子午向铺设至腰线以下约15°。

5　结语

本文根据金桥水电站蜗壳的平面布置及结构型式特点，通过对初步拟定的蜗壳结构型式及对其裸壳结构、垫层蜗壳结构进行计算，分析各断面特征点的最大位移及蜗壳钢板的最大等效应力值均能满足钢板允许应力，据此选择的蜗壳聚氨酯软木垫层参数使其与外围钢筋混凝土结构承担的内水压力比值符合要求。

参考文献

[1] 中国电建集团西北勘测设计研究院有限公司. 西藏易贡藏布金桥水电站工程主厂房三维有限元结构计算分析报告［R］. 西安：中国电建集团西北勘测设计研究院有限公司，2018.

[2] 樊熠玮，张恩宝. 黄金坪水电站蜗壳及弹性垫层结构设计［J］. 水力发电，2016，42（3）：39-43.

[3] 张运良，韩涛，张存慧，等. 溪洛渡水电站蜗壳垫层几何参数的选择［J］. 水力发电，2011，37（9）：58-60.

金桥水电站压力钢岔管结构设计与分析

鲍呈苍　陈　王　乔　白

（中国电建集团西北勘测设计研究院有限公司，西安　710065）

摘　要： 金桥水电站引水系统的压力管道岔管为地下埋藏式布置，其结构设计结合引水系统布置特点，采用应用最为广泛的内加强月牙肋岔管型式。通过现行设计规范及ANSYS有限元程序对岔管进行体型设计与计算分析，使金桥水电站引水系统的岔管结构设计合理、安全可靠，满足稳定运行要求。

关键词： 地下埋藏式；月牙肋岔管；引水系统；金桥水电站

1　工程概况

金桥水电站位于西藏自治区嘉黎县境内，系易贡藏布干流上规划的第5个梯级电站。水库正常蓄水位为3425.00m，死水位为3422.00m，水库总库容为38.17万m^3，电站总装机容量为66MW(3×22MW)，为Ⅲ等中型工程。嘉（黎）—忠（玉）公路从首部枢纽及厂区通过，电站距嘉黎县100km，距拉萨市625km，交通较为便利。

电站采用引水式开发，其主要任务为在满足生态保护要求的前提下发电。枢纽工程主要由首部枢纽工程、右岸引水隧洞、调压井、压力管道、地下厂房、尾水隧洞等主要建筑物组成。电站引水系统总长3.7km，额定流量为55.5m^3/s，额定水头为136.5m，采用“一管三机”的联合供水布置型式，在引水压力管道下平段设有两个“卜”形月牙肋钢岔管连接三条压力支管，压力管道主管直径3.8m，支管直径2.2m，引水系统具有额定水头大、输水线路长等特点。

引水压力管道及钢岔管布置见图1。

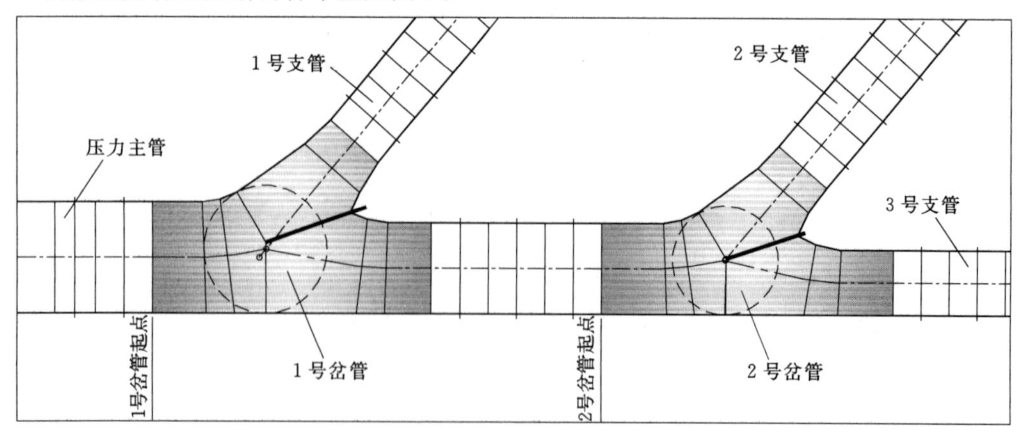

图1　压力管道及岔管布置

第一作者简介： 鲍呈苍（1984—　），男，青海民和人，高级工程师，主要从事水利水电工程设计工作。

2 岔管结构型式选择

金桥水电站引水压力管道及钢岔管均为地下埋管，具有布置紧凑、水头损失集中、压力管道主管与支管管径相差大、承受的额定水头高等特点，且厂址海拔高、施工工期短。因此，钢岔管结构型式选择以结构合理、安全可靠、水流平顺、制作、运输及安装方便、经济合理为原则。

根据引水压力管道及钢岔管的布置特点及地下埋藏式岔管的适用性，经综合比较，结合施工现场的制作加工水平，本工程采用“卜”形月牙肋岔管结构型式。

3 岔管体型设计

3.1 岔管管节体型设计

月牙肋岔管由基本管节、肋板及前后过渡管节组成。基本管节为与肋板连接的主管和支管，过渡管节将前后钢管与基本管节逐节连接，为锥管节或弯管节，通过过渡管节调整钢管与岔管间的直径和水流方向。根据现行《水电站压力钢管设计规范》(NB/T 35086—2015)，月牙肋岔管体型参数的确定宜符合下列规定：

(1) 月牙肋钢岔管分岔角 ω 宜取 55°～90°。

(2) 钝角区腰线转折角 C_1 和支管腰线转折角 C_2 不宜大于 15°；若整个分岔管壁厚相同，则较小直径的支管腰线转折角可较大，但不宜大于 18°；最大直径处腰线转折角 C_0 不宜大于 12°。

(3) 最大公切球半径 R_i 宜取为主管半径 r 的 1.1～1.2 倍。

另外岔管体形设计还应注意水流平顺的要求和制作、安装方便。

根据上述规定并结合金桥水电站引水压力管道布置的实际情况，岔管处压力支管以正锥与其他管节相连接，拟定的 1 号、2 号钢岔管管节体型分别见图 2、图 3。

3.2 月牙肋板体型设计

肋板各个截面宽度仅取决于体型的几何角度和尺寸，依据《小型水电站机电设计手册 金属结构》确定肋板腰部宽度 B_T。

肋宽 B_T 及肋板内缘轮廓线：

$$B_T=(B_T/a)a$$

其余截面的宽度按内缘为抛物线轮廓确定，抛物线为

$$y^2=\frac{y_0^2}{x_0}(x_0-x)$$

$$y_0=b, x_0=a-B_T$$

式中：a 为管壳中面与肋板中面相交线的水平投影长；b 为肋顶端到肋中央截面的竖直投影长。

经计算 1 号、2 号岔管肋板体型参数见表 1，肋板体型见图 4。

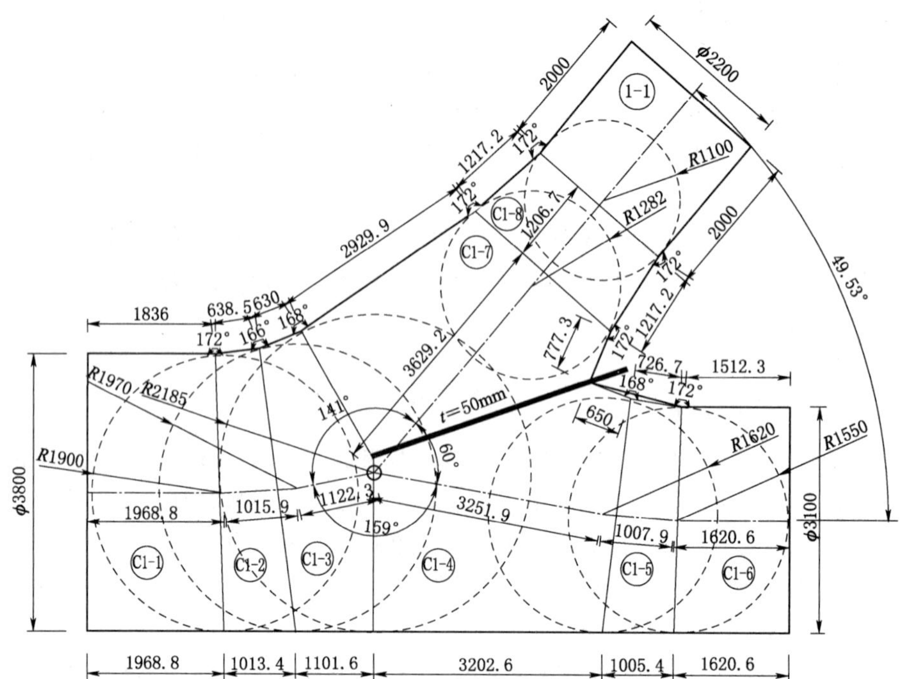

图 2　1 号岔管管节体型图（单位：mm）

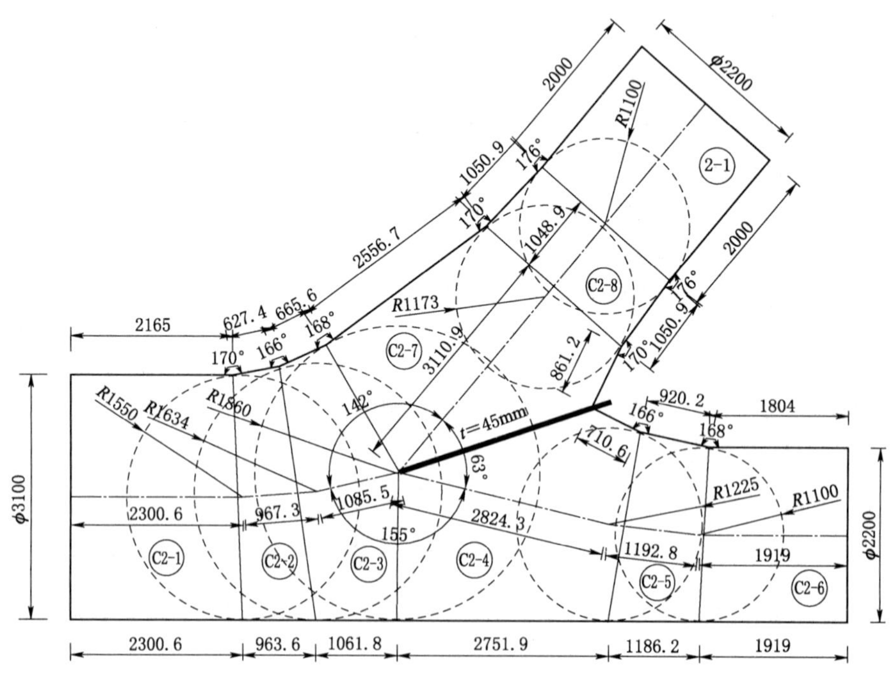

图 3　2 号岔管管节体型图（单位：mm）

表 1　　肋板体型基本参数表

岔管	ω_{23}	$t+2$ /mm	a/m	B_T/a	B_T/m	$x_0=a-B_T$ /m	$y_0=b$ /m
1 号岔管	60	24	3.12	0.378	1.1794	1.9406	2.2200
2 号岔管	63	20	2.7	0.35	0.9450	1.7550	1.9020

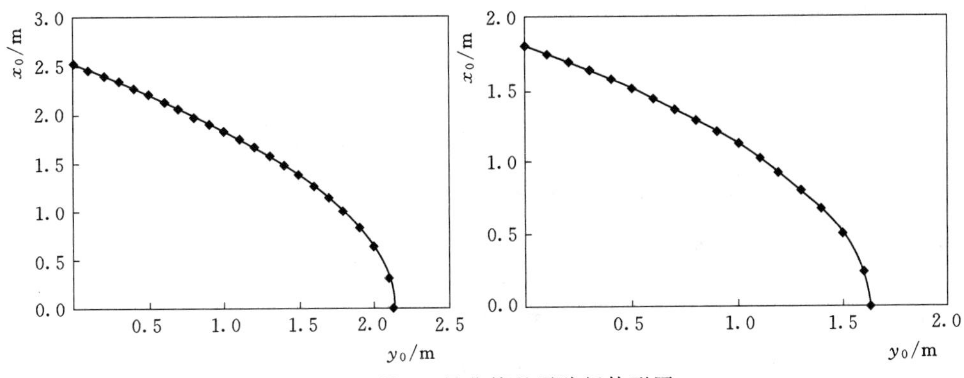

图 4　1 号、2 号岔管月牙肋板体形图

3.3　材质选择

压力管道主管管径 3.8m，支管管径 2.2m，最大工作水头 206m（含水锤压力）。从岔管结构应力分布、抗外压稳定、制作卷板能力、焊接工艺及经济性等综合比较考虑，岔管及肋板的钢板材质均采用 Q345－C。

4　岔管结构设计

4.1　岔管管壁厚度的确定

根据现行《水电站压力钢管设计规范》（NB/T 35056—2015）规定，埋设在岩体中的月牙肋岔管的壁厚按下列公式计算：

（1）按膜应力估算的管壁厚度如下：

$$t_{y1}=\frac{k_1 pr}{\sigma_{R1}\cos A}$$

（2）按局部应力估算的管壁厚度如下：

$$t_{y2}=\frac{k_2 pr}{\sigma_{R2}\cos A}$$

式中：t_{y1}为按膜应力估算的壁厚，mm；t_{y2}为按局部应力估算的壁厚，mm；p 为内水压力设计值，N/mm^2；r 为钢管半径，mm；A 为该节钢管半锥顶角，(°)；k_1 为腰线转折角处应力集中系数，对月牙肋岔管取 1.0～1.1；k_2 为腰线转折角处应力集中系数，查规范取 1.6；σ_{R1}为压力钢管结构构件按整体膜应力计的抗力限值，N/mm^2；σ_{R2}为压力钢管结构构件按局部膜应力加弯曲应力计的抗力限值，N/mm^2。

根据岔管处围岩地质条件，经各工况计算，1 号、2 号钢岔管的管壁厚度计算结果见表 2。

表 2　　1 号、2 号岔管管壁厚度计算表

岔管	r/mm	A/(°)	t_{y1}/mm	t_{y2}/mm	$t_{y1}+2$/mm	$t_{y2}+2$/mm
1 号岔管	2185	11	20	22	22	24
2 号岔管	1860	12	18	20	18	20

4.2　肋板厚度的确定

根据现行《水电站压力钢管设计规范》(NB/T 35056—2015) 规定，"肋厚 t 宜取壁厚的 2～2.5 倍" 直接取值。1 号岔管肋板厚度取 50mm，2 号岔管肋板厚度取 45mm，均已考虑 2mm 的锈蚀裕量。在实际工程设计中，考虑肋板工程量较小，为方便统一采购、制作、加工等因素，1 号、2 号岔管肋板厚度均取 50mm。

5　岔管三维有限元计算分析

岔管计算模型的范围根据岔管的实际受力状态，为减小端部约束的影响，主、支管段轴线长度从公切球球心向上、下游分别取最大公切球直径的 2 倍以上。两个岔管及肋板计算网格模型分别见图 5～图 8。

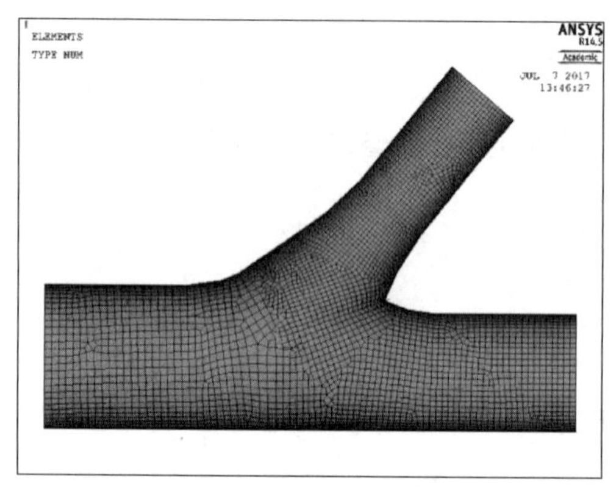

图 5　1 号钢岔管计算网格

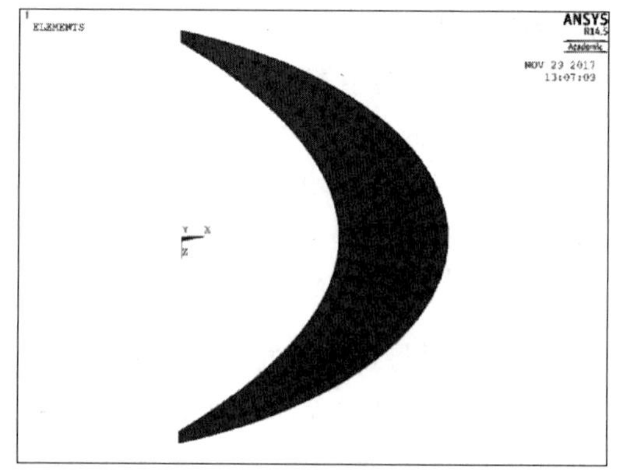

图 6　1 号钢岔管肋板计算网格

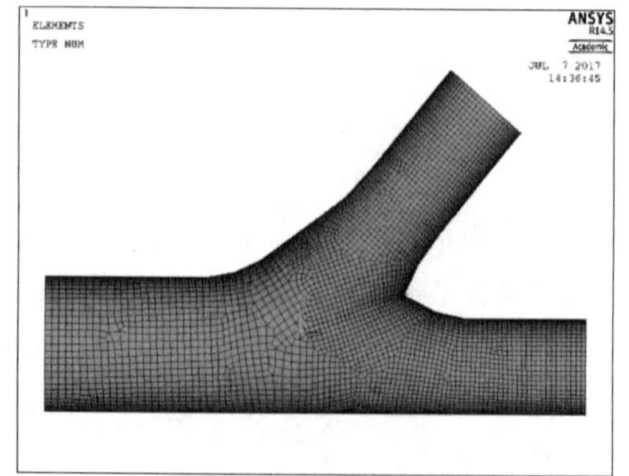

图 7　2 号钢岔管计算网格

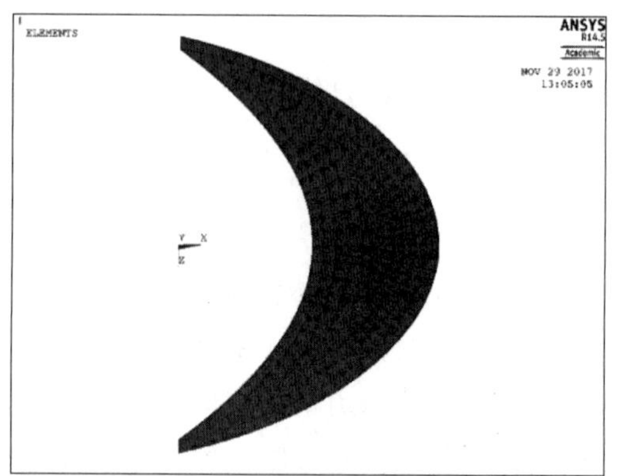

图 8　2 号钢岔管肋板计算网格

根据 NB/T 35056—2015 规定，地下埋藏式岔管若埋深足够，且回填混凝土和灌浆质量符合要求，可计入岩体抗力。经计算本工程围岩平均分担率超过 30%，钢管承受内水压力按分担率的 70%取值为 1.442MPa；水压试验的压力取正常运行情况最高内水压力设计值的 1.25 倍为 1.803MPa。

钢岔管管壳及肋板在最大内水压力计算的 Von Mises 应力云图见图 9～图 12（图中应力以拉为正，压为负，单位为 MPa，位移单位为 m）。

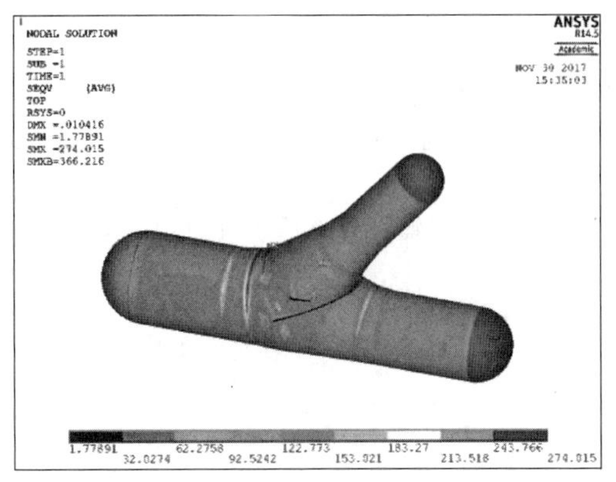

图 9 1 号岔管管壳 Mises 应力

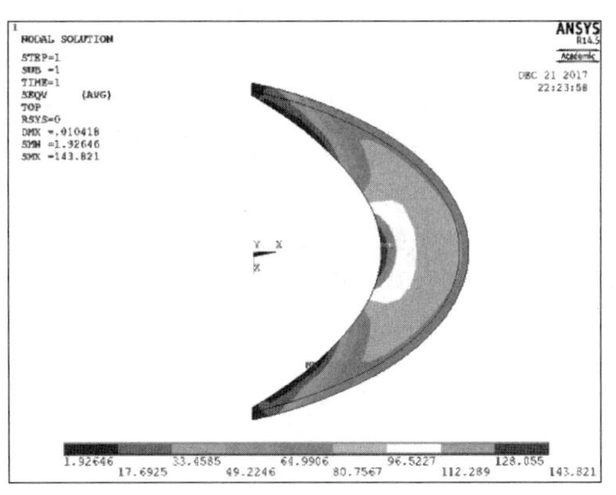

图 10 1 号岔管肋板 Mises 应力

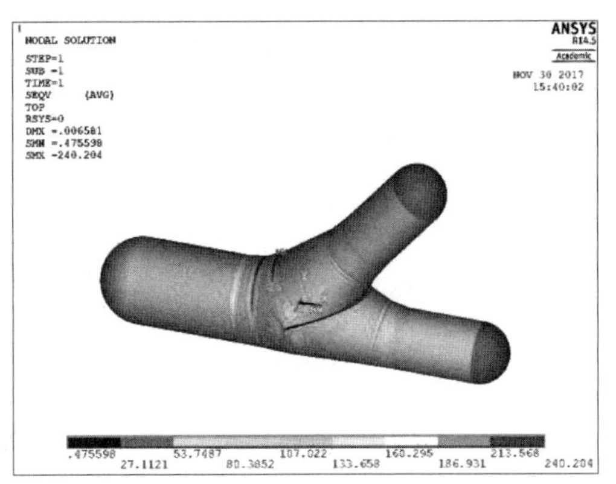

图 11 2 号岔管管壳 Mises 应力

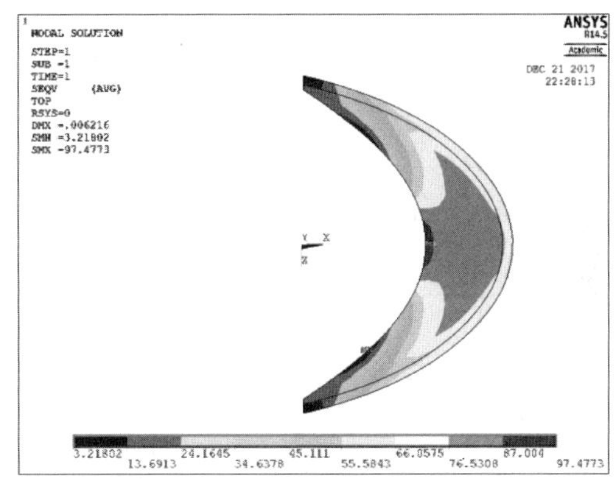

图 12 2 号岔管肋板 Mises 应力

岔管管壳的应力集中区域主要出现在管节与肋板相交处的顶（底）部，属于局部膜应力+弯曲应力，另外在的钝角过渡区出现了小范围应力集中区，但应力均不大，属于局部膜应力；肋板最大应力出现在肋板腰部（管壳内）远离管壳内壁端，属于整体膜应力。岔管管壳最大位移出现在管节的顶（底）部，肋板最大位移出现在肋板顶（底）部。管壳最大局部膜应力 274.02MPa，小于钢材局部膜应力条件下的抗力限值 314MPa；肋板最大局部膜应力为 143.83MPa，小于钢材整体膜应力条件下的抗力限值 256MPa。

各点的应力值小于钢材相应的抗力设计值，所以从应力角度来看，岔管的体型设计、钢管承载和抗外压稳定计算，计算结果均满足要求。

6　结语

金桥水电站钢岔管设计结合本工程引水发电系统布置特点，采用月牙肋钢岔管结构型式，简化施工工艺、降低施工难度、满足施工进度。并经计算分析，选择的岔管结构合理、安全可靠，满足稳定运行要求。

参考文献

[1]　赵炜，漆文邦，何芳. 团结水电站压力钢岔管设计 [J]. 西北水电，2012 (1)：18－21.

[2]　谢冠峰，李火坤. 高水头卜型月牙肋岔管结构三维应力分析 [J]. 南昌大学学报，2009，31 (1)：90－95.

[3]　伍鹤皋，李明，王志国，等. 地下埋藏式内加强月牙肋钢岔管设计方法研究 [J]. 水力发电，2009，35 (3)：68－71.

[4]　乔淑娟，罗京龙，伍鹤皋. 月牙肋岔管体形优化与设计 [J]. 中国农村水利水电，2004 (12)：116－118.

金桥水电站工程首部枢纽三维渗流数值分析

甄　燕　温家兴　张华明　吕　琦

（中国电建集团西北勘测设计研究院有限公司，西安　710065）

摘　要： 金桥水电站工程首部枢纽建筑物基础深厚覆盖层及砂层透镜体等不利地质条件严重影响坝基渗透稳定及大坝蓄水功能，采用防渗墙＋左右岸坝肩帷幕灌浆的方式减少渗流量，并应用有限元法对防渗措施、渗控效果、渗流特性等进行三维计算分析。计算研究表明：本工程采用封闭式防渗墙＋左右岸坝肩帷幕灌浆的防渗方式可在保证渗透稳定的情况下，满足首部枢纽建筑物蓄水的功能要求，确保工程安全稳定运行，同时验证了设计方案的合理性。

关键词： 深厚覆盖层；防渗措施；渗透稳定；金桥水电站

1　工程背景

1.1　工程布置

金桥水电站工程主要由首部枢纽工程、引水系统、地下厂房三部分组成。首部枢纽主要建筑物包括左岸堆石混凝土重力坝、泄洪冲沙闸、排漂闸、右岸挡水坝段。引水发电系统布置在右岸，主要由电站进水口、压力管道、调压井、主、副厂房、主变室、尾水渠、GIS 室开关站等部分组成。

首部枢纽主要建筑物从左至右主要包括：左岸堆石混凝土重力坝、泄洪冲沙闸、排漂闸、右岸挡水坝段及电站进水口。坝顶高程为 3427.5m，建基面最低高程为 3400.00m，最大坝高为 27.5m，坝顶长约为 198.65m。

1.2　工程地质条件

左、右岸坝肩自然边坡高陡，山顶与河床相对高差在 500m 以上，坡度为 50°～80°，局部缓坡部位有薄层崩坡积覆盖外，大多数地段基岩裸露，岩性为白垩系花岗岩，偶夹辉绿玢岩岩脉，宽度为 1.0～6.0m；坝肩山体整体稳定，坝肩附近断层构造不发育。浅表部存在强卸荷岩体，弱卸荷深度为 3～20m，20m 以后为微风化岩体。左、右岸卸荷岩体具有中强透水，顺河向结构面发育，因此两岸坝肩卸荷岩体需进行防渗处理。

河床冲积砂卵砾石层厚度为 50～80m，结构中密—密实，卵砾石主要为花岗岩、砂岩等，卵砾石含量在 60%～70%，渗透系数为 5.51×10^{-3}cm/s，为中等透水层。在河床坝基中存在厚度 3～20m 厚的砂层透镜体，渗透系数 3.07×10^{-5}cm/s，为弱透水层，承

第一作者简介： 甄燕（1985—　），女，内蒙古宁城人，高工，主要从事水工建筑物结构设计工程。Email：304258185@qq.com

载力及变形模量相对较低，而且厚度分布不均，工程地质性状较差，坝基下 20m 范围内的砂层透镜体会产生地震液化的问题。由于地基的不均匀性，会产生不均匀沉降及渗透变形破坏问题。因此，坝基基础需做处理，同时应做好防渗处理设计。

2 三维渗流数值分析方法、目的及计算模型

2.1 三维渗流数值分析方法及目的

目前有很多方法可以用来求解渗流问题，其中数值计算方法是应用相当广泛的一种方法，主要有有限差分法、有限单元法和边界元法等。有限单元法是古典变分法与分块多项式插值结合的产物，既吸收了有限差分法中离散处理的内核，又继承了变分计算中选择试探函数，并对区域进行积分的合理做法，充分考虑了单元对结点参数的贡献。可以很容易适应于复杂几何形状的边界，各向异性的渗透性，以及简单或复杂的分层问题处理，因此本工程计算分析采用有限单元法。

通过三维渗流有限元计算，了解在不同工况下坝体坝基、泄洪闸闸基、排漂坝段闸基、电站进水口基础和两岸的流线、等势线、渗透流量，以及各关键部位的渗透坡降，判断其渗透稳定性。根据计算成果并通过必要的敏感性分析，对设计防渗墙深度、左右岸坝肩帷幕设计方案进行评价，验证枢纽工程防渗方案设计的合理性。

2.2 三维渗流数学模型

求解非稳定渗流场，基本方程如下：

$$\begin{cases} \dfrac{\partial}{\partial x}\left(k_x\dfrac{\partial H}{\partial x}\right)+\dfrac{\partial}{\partial y}\left(k_y\dfrac{\partial H}{\partial y}\right)+\dfrac{\partial}{\partial z}\left(k_z\dfrac{\partial H}{\partial z}\right)=\mu_s\dfrac{\partial H}{\partial t} & \text{在}\ \Omega\ \text{内} \\ H(x,y,z,0)=H_0(x,y,z) & \text{初始条件} \\ H|_{\Gamma_1}=H_1(x,y,z,t),t\geqslant 0 & \text{在}\ \Gamma_1\ \text{上,水头边界} \\ k_x\dfrac{\partial H}{\partial x}\cos(n,x)+k_y\dfrac{\partial H}{\partial y}\cos(n,y)+k_z\dfrac{\partial H}{\partial z}\cos(n,z)=q & \\ \text{在}\ \Gamma_2\ \text{上},t\geqslant 0 & \text{流量边界} \end{cases}$$

式中：k_x、k_y、k_z为渗流区域内 x、y、z 方向渗透系数；Ω 为渗流区域；H_1 为边界水头；H_0 初始时刻的水头值；μ_s 贮水率。

2.3 三维渗流计算模型

本工程三维渗流计算采用笛卡儿直角坐标系，以横河向为 x 轴，指向左岸为正向，坐标原点选在混凝土闸坝与左岸堆石混凝土坝结合处；以顺河向为 z 轴，指向下游为正向，坐标原点选在坝轴线处；以垂直向为 y 轴，垂直向上为正，坐标原点选取在 0 标高处。

计算区域：按地质资料分高程、分区域模拟。两岸自左右坝肩向外延伸 200m，上下游方向自坝脚向外延伸 200m，垂直向向下取至相对不透水层（或帷幕底部）以下 100m。大坝渗流计算模型与坐标系见图 1。计算中采用八面体等参数单元网格，整个模型共划分出节点数 198352 个，单元数为 210625 个。

2.4 三维渗流计算参数

坝基、坝体岩石及覆盖层的渗透系数采用地质勘察报告中提供的有关成果。各主要材

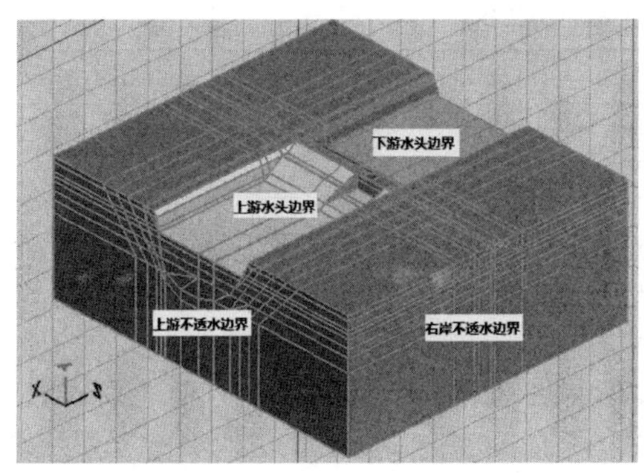

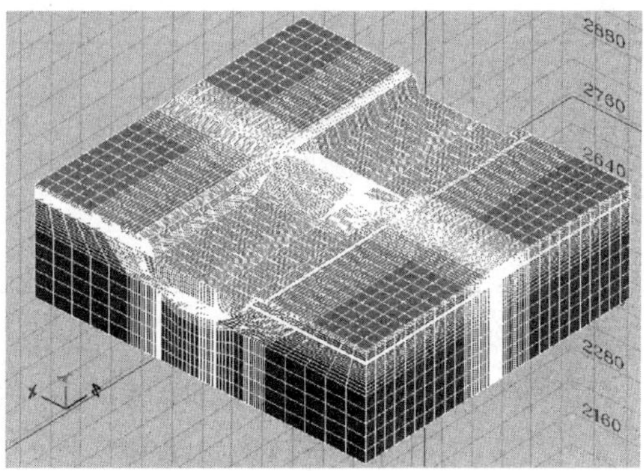

图1 大坝渗流计算模型与坐标系

料的渗透系数见表1。

表1 主要材料的渗透系数

位置	材料	渗透系数/(cm/s)
坝体	上部主体混凝土坝	1.0×10^{-8}
坝体基础	坝基砂砾石	5.51×10^{-3}
	坝基砂层透镜体	3.07×10^{-5}
	基岩	1.0×10^{-6}
坝肩	强化风岩石	1.0×10^{-5}
	弱化风岩石	1.0×10^{-6}
	微风化岩石	1.0×10^{-7}
坝基及坝肩防渗	混凝土防渗墙	1.0×10^{-8}
	帷幕灌浆体	1.0×10^{-6}

3 三维渗流数值分析

3.1 计算内容

三维渗流数值分析内容主要包括：①对首部枢纽防渗方案比选计算研究，根据计算结果初步拟订防渗设计方案；②对选定的防渗设计方案在不同运行状态下进行三维渗流模拟，通过定性分析与定量计算，研究坝基、坝肩渗透稳定性及渗流量变化估算，从而确定最终的防渗设计方案；③对各材料参数进行敏感性分析，评价各材料的敏感性，并对渗透性差异较大且不利于工程安全运行的材料区应加强防渗处理方案，确保工程的安全运行。

3.2 计算结果

3.2.1 首部枢纽防渗方案比选计算研究

首部枢纽防渗方案比选计算研究，主要从表2中的8种情况下分别计算，从而确定通过坝基、两岸的总渗透流量；大坝、泄洪闸和排漂闸坝段中心纵轴线的浸润线、渗透坡降、等水头线及流网剖面图；确定两岸坝肩的等水位线和渗透坡降剖面图；论证坝基覆盖层、坝肩岩体的渗透稳定性以及评价该方案的防渗效果。

表 2　　首部枢纽防渗方案比选工况

项目	工况 1	工况 2	工况 3	工况 4	工况 5	工况 6	工况 7	工况 8
防渗墙深入基岩	不设	悬挂 1 倍坝高防渗墙	悬挂 1.5 倍坝高防渗墙	悬挂 2 倍坝高防渗墙	深入基岩 1m	深入基岩 1m	深入基岩 1m	深入基岩 1m
左右岸防渗水平深度/m	不设	25	25	25	25	50	75	100

通过计算表明：

(1) 由于本工程河床砂砾石覆盖层和左右两岸弱风化、微风化基岩的渗透系数较大，因此，坝基和左右两岸不设防渗墙和帷幕的工况下总渗透流量很大。4 种深度（为坝高 1 倍、1.5 倍、2 倍和封闭）的混凝土防渗墙渗流量计算结果分别为 137.42L/s、97.87L/s、73.41L/s 和 16.98L/s。总渗流量与防渗墙深度的关系如图 2 所示。由此可见，悬挂式混凝土防渗墙的总体渗流量均较大，原因是悬挂式混凝土防渗墙只能延长渗透路径，没有达到截渗的目的，且本工程河床砂砾石覆盖层的渗透系数大，有效阻渗路径短。说明悬挂式混凝土防渗墙防渗方案不尽合理，坝基需采用封闭式防渗墙。

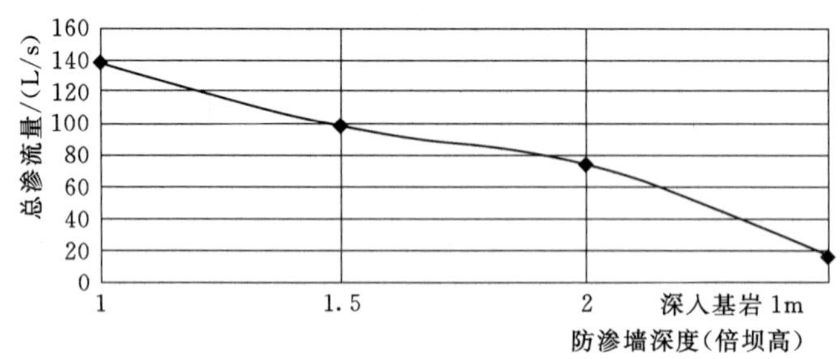

图 2　总渗流量与防渗墙深度的关系

混凝土防渗墙取设计深度（入岩 1m），左右岸防渗帷幕入岩深度分别为 25m、50m、75m 和 100m 时，计算的总体渗流量结果分别为 17.45L/s、16.98L/s、16.82L/s 和 16.41L/s。总渗流量与防渗帷幕长度的关系如图 3 所示。由此可见，入岩深度为 25m 时的渗流量有所增大，入岩深度分别为 75m 和 100m 时的渗流量与 50m 时相比，减小幅度不大，因此，左右岸防渗帷幕入岩深度确定为 50m 比较合适。说明本工程采取的防渗措施，混凝土防渗墙取设计深度（入岩 1m），左右岸防渗帷幕入岩深度分别为 50m，从渗流量分析设计方案是合理。

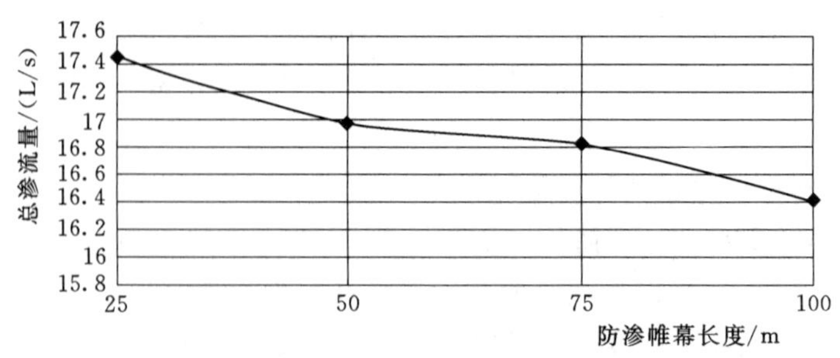

图 3　总渗流量与防渗帷幕长度的关系

（2）水力坡降线的分布规律。坝基和左右两岸不设防渗墙和帷幕时，河床砂砾石覆盖层的渗透系数大，有效阻渗路径短等原因，坝后左岸及右岸边坡与主堆石交接处以及河床中心渗流的水力坡降较大，分别达到0.749、0.736和0.707，超过坝体基础的允许坡降，说明必须在坝基和左右两岸设置防渗墙和帷幕灌浆。

采用坝高1倍、1.5倍和2倍深的悬挂式防渗墙时，由于河床覆盖层防渗深度较小，河床砂砾石覆盖层的渗透系数大，有效阻渗路径短等原因，坝体基础的水力坡降的最大值分别为0.37、0.25和0.1，同比封闭式防渗墙同位置处的水力坡降较大。

左右岸防渗帷幕范围为弱透水带（水平深度25m）时，防渗帷幕范围基本覆盖弱风化层，未防渗的微风化基岩的渗透性远小于砂砾石覆盖层，这一区域防渗帷幕上下游的水头差也较小，左右岸坡脚处的水力坡降的最大值较小，分别为0.0038和0.0036，小于基础覆盖层的允许坡降，渗流出口处满足渗透稳定性要求。左右岸防渗帷幕范围为进入微风化岩体50m（水平防渗深度为75m）及左右岸防渗帷幕范围为进入微风化岩体75m（水平防渗深度为100m）时，超过根据平衡防渗原理解析计算的防渗帷幕的恰当长度50m，坝下游坡脚处的水力坡降的最大值很小，分别为0.00298和0.0029，小于基础覆盖层的允许坡降，渗流出口处满足渗透稳定性要求。大坝其他部位的水力坡降值均较小，其工作环境受到周围岩土体的约束，均在允许坡降范围之内。

（3）渗流速度的分布规律。坝体防渗体系及关键部位的渗流速度，由计算成果可以看出：设计工况时，在帷幕和帷幕控制的深度范围内，帷幕上游距帷幕越远，渗流速度越小，接近帷幕时渗流速度最大，帷幕中的渗流速度最小；坝基下游距渗流出口越近，渗流速度越大，渗流出口处渗流速度最大。在帷幕下方的基岩内，上游距帷幕越远，渗流速度越小，下游距帷幕越远，渗流速度也越小，帷幕正下方的渗流速度最大，帷幕正下方水平线上渗流速度分布呈山峰状。左右两岸山体中的渗流速度有以下规律：上下游方向距离大坝轴线越远，渗流速度越小，大坝轴线处帷幕正下方的渗流速度最大；大坝轴线方向总体来说距离坝体越远，渗流速度越小。左右两岸山体中的渗流速度最大值一般小于2.40^{-6}m/s。

坝基和左右两岸不设防渗墙和帷幕时，左、右岸防渗帷幕处以及坝后堆石体渗流出口处的渗流速度有较大增加，坝后堆石体右岸、左岸以及河床中心渗流出口处的渗流速度分别达到3.68^{-3}m/s、3.75^{-3}m/s、3.54^{-3}m/s，是所有计算工况中最大的，这对坝后的渗透稳定性不利。

采用坝高1倍、1.5倍和2倍深的悬挂式防渗墙时，由于河床覆盖层防渗深度较小，河床砂砾石覆盖层的渗透系数大，有效阻渗路径短等原因，防渗墙处的渗流速度有所减小而坝后右岸及左岸边坡处以及河床中心渗流出口附近的水力坡降有较大幅度的增加，渗透稳定性降低。

左右岸防渗帷幕范围为弱透水带（水平深度25m）时，坝左右岸坝肩处以及河床中心渗流出口附近的渗流速度有较大幅度的增加，但绝对值较小；左右岸防渗帷幕范围为进入微风化岩体50m（水平防渗深度为75m）及左右岸防渗帷幕范围为进入微风化岩体75m（水平防渗深度为100m）时，超过根据平衡防渗原理解析计算的防渗帷幕的恰当长度50m，坝后堆石体中的渗流速度减小，对渗透稳定更加有利。

（4）等水头线变化规律。河床中心坝基中顺河方向垂直剖面的等水头线呈以防渗帷幕底端为中心的扇形分布，越靠近上游水头越高。河床覆盖层中顺河方向水平层中的等水头线呈上游高下游低形式，在防渗帷幕处水头线有陡降，越靠近坝基高程水头线陡降处的差值越大，随着深度的增加水头线陡降处的差值越小，直到帷幕底端以下等水头线呈缓变的S形分布，设计工况时大坝上下游最大水头差为20.14m，其中防渗墙上下游面处的最大水头差为20.05m。闸后底板下的扬压力水头为0.97m，扬压力较小，水平剖面处的水头等值线呈以防渗帷幕为柄的扇形分布。

坝基和左右两岸不设防渗墙和帷幕时，防渗墙上下游面处的最大水头差减小到1.02m，闸后底板下的扬压力水头达12.82m，扬压力很大。说明必须在坝基和左右两岸设置防渗墙和帷幕。

采用坝高1倍、1.5倍和2倍深的悬挂式防渗墙时，由于河床覆盖层防渗深度较小，河床砂砾石覆盖层的渗透系数大，有效阻渗路径短等原因，防渗墙上下游面处的水头差有所减小，而坝体内的最大水头差有所增加，这三个工况坝体内的最大水头差分别为0.67m、0.44m和0.31m；闸后底板下的扬压力水头分别是5.48m、3.87m和2.57m，扬压力较大。

左右岸防渗帷幕范围为弱透水带（水平深度25m）时，防渗墙上下游面处的水头差有所减小，而坝体内的最大水头差有所增加，但总体变化幅度不大；左右岸防渗帷幕范围为进入微风化岩体50m（水平防渗深度为75m）及左右岸防渗帷幕范围为进入微风化岩体75m（水平防渗深度为100m）时，防渗墙上下游面处的水头差有所增加，而坝体内的最大水头差有所减小，但总体变化幅度也不大。

以上分析表明，河床防渗墙的深度比左右岸防渗帷幕范围更为敏感，本工程应加强河床覆盖层的防渗设计。

3.2.2 选定的防渗设计方案在不同运行状态下渗流场的研究

采用枢纽区整体三维优化渗流计算模型，计算首部枢纽建筑物在2年一遇洪水位，5年一遇洪水位，放生态流量水位，校核洪水位和设计洪水位时坝基及坝肩的渗流量，坝体防渗体系及关键部位的水力坡降，渗流速度及坝后闸室底板的扬压力，论证大坝不同运行状态时防渗方案设计的有效性、合理性。

经过计算分析主要计算结论如下：①首部枢纽防渗设计方案在2年一遇洪水位，5年一遇洪水位，放生态流量水位，校核洪水位和设计洪水位时，由于坝后水位在这4种工况下，大坝上下游的水头差依次减小，因此，这四个工况时计算的各分区渗流量及总渗流量较设计工况相比也依次下降，总渗漏量最大值0.0762m^3/s，小于坝址多年平均流量（114m^3/s）的0.1%（0.114m^3/s），满足正常运行电站的渗漏量要求；②坝体防渗体系及关键部位的水力坡降、渗流速度在这四个工况时计算的各材料分区的最大水力坡降和流速较设计工况依次减小，最大水力坡降均小于各材料的允许水力坡降；③各材料分区内的最大水头差以及闸板底部的扬压力水头差与设计工况相比也是依次减小。

由此可见，坝后水位为2年一遇洪水、5年一遇洪水、校核洪水位和设计洪水位时计算的各分区渗流量，各关键部位的水力坡降、渗流速度、水头差以及闸板底部的扬压力水头与设计工况相比依次减小，均在安全稳定范围内，大坝在不同运行状态时是安全的，说明防渗设计方案是合理的。

3.2.3 选定的防渗设计方案材料参数敏感性分析研究

通过采用首部枢纽三维渗流有限元计算模型，研究了混凝土防渗墙、左右岸防渗帷幕、砂砾石覆盖层、左右岸弱透水带及微风化岩体渗透系数敏感性分析时的渗流场。

（1）混凝土防渗墙4种渗透系数（设计工况 1.0×10^{-6} cm/s、增2倍、增5倍和增10倍）时总体渗流量的计算结果分别为16.98L/s、19.16L/s、24.90L/s和44.63L/s，总体渗流量随防渗墙渗透系数的变化曲线如图4所示。防渗墙渗透系数增2倍、增5倍和增10倍时，总体渗流量较设计工况分别增加了1.13倍、1.47倍和2.63倍。可见，河床覆盖层中采用封闭式防渗墙和悬挂式防渗墙有很大的差别，但采用封闭式防渗墙时防渗墙渗透系数小幅增加（增2倍和增5倍）对渗流计算结果影响不大，防渗墙渗透系数大幅增加（增10倍）对渗流计算结果影响较大，原因是防渗墙的渗透系数与河床覆盖层的渗透系数相差5500多倍。采用封闭式防渗墙时防渗墙渗透系数是较敏感参数。

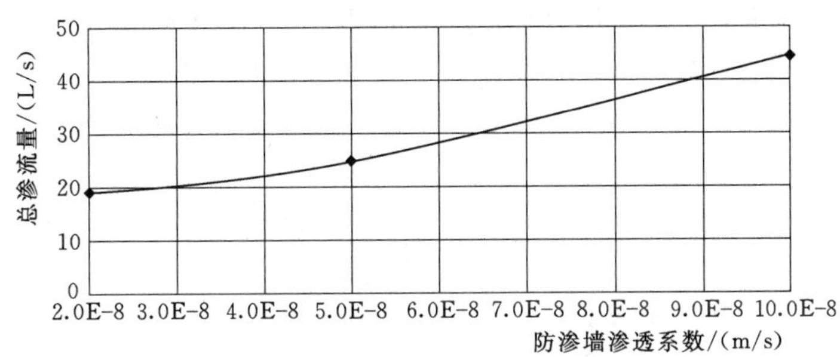

图4 总渗流量与防渗墙渗透系数的关系

（2）左、右岸坝肩帷幕渗透系数增2倍和增5倍时总体渗流量的计算结果分别为18.09L/s和19.88L/s，总体渗流量随帷幕渗透系数的变化曲线如图5所示。较设计工况分别增加了1.06倍和1.17倍。可见，左右岸防渗帷幕的渗透系数变化对渗流量的计算结果影响小于防渗墙的影响。左右岸防渗帷幕渗透系数增大5倍时，仍比弱风化层的渗透系数小10倍，仍有一定的抗渗作用，总渗流量、水力坡降及大坝各部位的水头与设计工况相差不大。左右岸防渗帷幕渗透系数是较敏感参数。

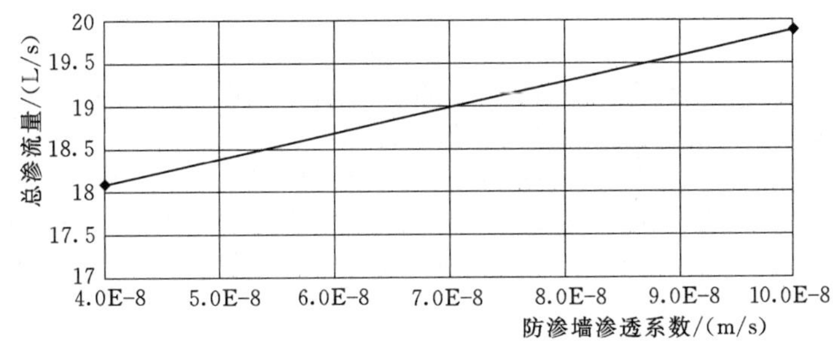

图5 总渗流量与防渗帷幕渗透系数的关系

（3）河床砂砾石覆盖层渗透系数增大5倍时，总渗流量是设计工况的1.09倍，与设计工况相差不大。由于采用了封闭式混凝土防渗墙，因此，砂砾石覆盖层的渗透系数变化对总渗流量、水力坡降及大坝各部位的水头计算结果的影响不大。砂砾石覆盖层的渗透系数是不敏感参数。

(4) 左右岸弱透水带及微风化岩体渗透系数增大5倍时，总渗流量是设计工况的2.06倍，闸后底板处的扬压力较大，坝坡脚处的水力坡降也较大。说明左右岸弱透水带及微风化岩体的渗透系数对总渗流量影响很大，是一个敏感性参数。

因此，河床封闭式防渗墙、左、右岸坝肩帷幕是防渗设计至关重要，是保证首部枢纽建筑物基础渗透稳定、满足首部枢纽建筑物蓄水的功能要求，确保工程安全稳定运行的重要因素。

4 结语

采用金桥水电站工程首部枢纽三维渗流有限元计算模型，研究了防渗方案比选，各种材料渗透系数敏感性分析，以及不同运行状态时的渗流场，通过以上分析可得以下结论：

(1) 采用悬挂式混凝土防渗墙时总体渗流量均较大，悬挂式混凝土防渗墙只能延长渗透路径，没有达到截渗的目的，且本工程河床砂砾石、砂层透镜体覆盖层的渗透系数大，有效阻渗路径短。坝基采用封闭式防渗墙，各项渗流指标可以满足渗控要求，防渗方案的设计合理。

(2) 左右岸的防渗重点是弱风化基岩区以及断层区，防渗帷幕进入微风化岩体25m（向岸里延伸50m），经过计算验证，防渗方案设计合理。

(3) 河床覆盖层中的防渗深度比左右岸防渗帷幕的长度更为敏感，左右岸弱透水带及微风化岩体渗透系数、封闭式防渗墙时防渗墙渗透系数是较敏感参数。因此，合理地选择计算防渗体系、计算参数的选择以及后期封闭式防渗墙、左右岸防渗帷幕是本次设计的关键。

(4) 目前选定的防渗体系经过三维渗流计算，首部枢纽主要建筑物在各个工况下的渗流量、水力坡降、渗流速度、水头差以及闸板底部的扬压力水头均在安全稳定范围内，大坝在不同运行状态时是安全的，说明防渗方案的设计是合理的，满足首部枢纽建筑物蓄水的功能要求，保证工程安全稳定运行。

参考文献

[1] 中国电建集团西北勘测设计研究院有限公司. 西藏易贡藏布金桥水电站工程可行性研究报告（审定本）[R]. 西安：中国电建集团西北勘测设计研究院有限公司，2016.

[2] 白勇，柴军端，曹境英，等. 深厚覆盖层地基渗流场数值分析 [J]. 岩土力学，2008，29 (S1)：94-98.

[3] 谢兴华，王国庆. 深厚覆盖层坝基防渗墙深度研究 [J]. 岩土力学，2009，30 (9)：1526-1538.

[4] 温立锋，范亦农，柴军瑞，等. 深厚覆盖层地基渗流控制措施数值分析 [J]. 水资源与水工程学报，2014，25 (1)：127-132.

自密实堆石混凝土重力坝在施工中的应用研究

——以西藏金桥水电站为例

温家兴　甄　燕　吕　琦

（中国电建集团西北勘测设计研究院有限公司水利水电工程院，西安　710000）

摘　要： 本文以西藏金桥水电站重力坝实际应用为例，通过试验研究，验证了自密实混凝土良好的力学性能、耐久性能和变形性能；堆石混凝土良好的密实性和高强度的优点。证明了自密实堆石混凝土在本工程应用的合理性，同时为其他工程建设提供参考。

关键词： 自密实堆石混凝土；力学性能；耐久性能；变形性能

1　引言

自密实混凝土（Self－Compacting Concrete，SCC）[1]是近年来混凝土研究领域的一个热点，该混凝土本身具有高流动性，无须振捣，良好的力学性能、耐久性能和变形性能。但自密实混凝土本身胶材用量、水化热高，单价高，并不适合大坝类的大体积混凝土施工，为充分发挥自密实混凝土施工简单、质量控制好的优点，利用自密实混凝土和预填堆石体相结合，以实现一种新的大体积混凝土施工方式，在越来越多的筑坝工程中得到应用，简称堆石混凝土坝（Rock－fill Concrete，RFC Dam）[2]。

2　研究背景

自密实混凝土在1986—1989年被日本东京大学冈村甫教授首次提出并开发。很快以优于普通混凝土的良好性能优势被世界各国所关注，自20世纪90年代以来，国内外开展了大量的自密实混凝土研究与应用工作，取得了可喜的成绩。在日本、瑞典、丹麦、英国、法国等国家，自密实混凝土也得到了广泛关注，其在工程中的应用也逐年增加。例如：1998年通车的日本的明石海峡大桥——目前世界上跨度最大的悬索桥；1996年清华大学与北京城建集团公司联合研制自密实混凝土，并成功应用于北京西单北大街热力通道工程中。近年来，随着混凝土外加剂技术的进步，我国不少省份的自密实混凝土配制技术从试验室研究快速发展到实际工程中。自密实混凝土的各项特性研究与优化得到了进一步地深入与发展[3]。

堆石混凝土就是对自密实混凝土的一种新的研究与应用，2003年由清华大学的金峰教授和安雪晖教授首先提出，并申请了国家专利[4]。堆石混凝土（RFC）是利用自密实混

第一作者简介： 温家兴（1991—　），男，吉林洮南人，工程师，主要从事水利水电工程设计工作。Email：421101321@qq.com

凝土高流动性、抗分离性能好的特点充填粒径较大的块石堆石体的空隙，形成的完整混凝土。根据清华大学以往的研究试验表明，自密实混凝土在堆石体中有良好的流动性能，是一种密实且高强度的混凝土。同时堆石混凝土也具有水泥用量少，绝热温升小，单价低，施工速度快等优点。因此越来越多的水利水电工程开始运用此项技术，例如：围滩水电站自密实堆石混凝土重力坝；口上水库堆石混凝土重力坝等，在国外，Celik K 等[5]研究了自密实波特兰水泥混凝土的力学性能、耐久性和生命周期评估及其在大体积混凝土结构物中的应用；Ivedal M 等[6]利用有限元法对自密实堆石混凝土重力坝的应力和滑动稳定性进行了分析。

3 自密实混凝土在堆石混凝土坝中的应用实例

3.1 工程概况

金桥水电站工程位于西藏自治区嘉黎县境内。上距嘉黎县城 100km，下距忠玉乡 10km，工程开发的主要任务是发电，兼顾生态放水。水库总库容为 38.17 万 m^3，年发电量为 3.57 亿 kW·h。

金桥水电站工程枢纽主要建筑物包括左岸堆石混凝土坝、泄洪冲沙闸、排漂闸、右岸电站进水口、引水隧洞、调压井、压力管道、地下发电厂房及开关站等[7]。首部枢纽左岸挡水坝段为大体积混凝土重力坝，结构简单，断面大，具备堆石混凝土应用条件，能为该工程减少造价、加快施工进度创造良好条件。左岸堆石混凝土坝典型结构断面见图 1。

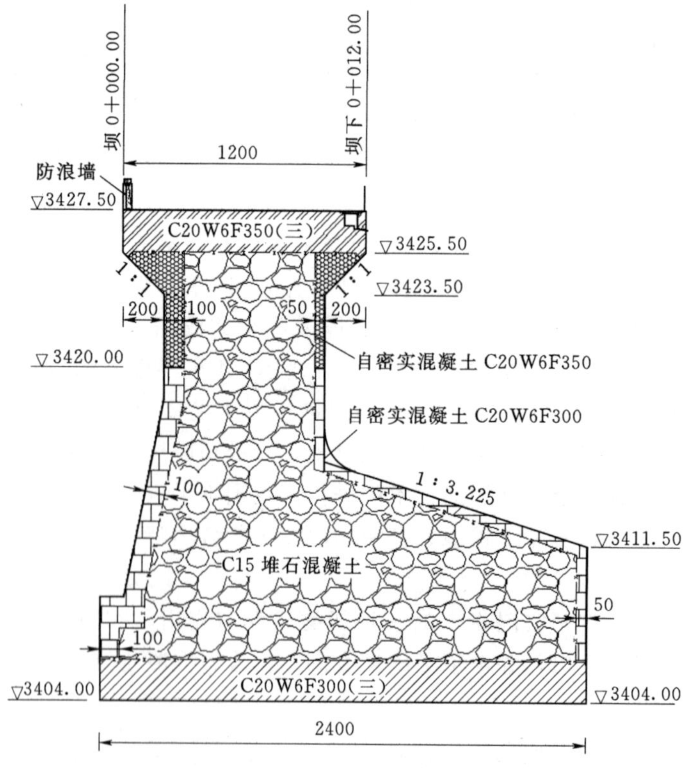

图 1 左岸堆石混凝土坝典型结构断面图（单位：尺度为 cm，高程为 m）

3.2 技术控制指标

自密实堆石混凝土技术控制指标主要是针对堆石、自密实混凝土原材料和自密实混凝土配合比的要求。

（1）堆石要求。自密实堆石混凝土的堆石宜使用新鲜、完整、质地坚硬、不易风化、不易崩解的石料。其饱和抗压强度应满足表1的规定。

表1　　堆石体要求

堆石混凝土强度等级	堆石料饱和抗压强度要求/MPa	含泥量	泥块含量
$C_{90}10$	≥30	≤0.5%	不允许
$C_{90}15$			
$C_{90}20$	≥40		
$C_{90}25$	≥50		
$C_{90}30$	≥60		
$C_{90}35$	≥70		

注　根据《工程岩体试验方法标准》（GB/T 50266—2003）的要求，堆石料饱和抗压强度采用 ϕ50mm×100mm 圆柱体或 50mm×50mm×100mm 棱柱体岩石试件确定。

（2）自密实混凝土原材料要求。

水泥：金桥水电站所采用的水泥为强度等级不低于 42.5 级的新鲜普通硅酸盐水泥，水泥质量应符合《通用硅酸盐水泥》（GB 175—2007）的规定。

骨料：粗、细骨料各项性能指标应符合《水工混凝土施工规范》（DL/T 5144—2015）中的相关规定。

粉煤灰：用于高自密实性能混凝土的粉煤灰不宜低于现行国家标准Ⅱ级粉煤灰的技术性能指标要求。

外加剂：高自密实性能混凝土宜使用以聚羧酸盐高分子为主要原料的高性能减水剂。

（3）金桥水电站首部枢纽自密实堆石混凝土配合比要求见表2。

表2　　金桥水电站首部枢纽自密实堆石混凝土配合比要求

指标 \ 部位	坝体堆石混凝土		
	3420.00m 以下坝体周围自密实混凝土	3420.00m 以上坝体周围自密实混凝土	坝体内部堆石混凝土
抗压强度标准值	C20	C20	C15
抗渗等级	W6	W6	W4
抗冻等级	F300	F350	F200
极限拉伸值（ε_p）	0.80×10^{-4}	0.80×10^{-4}	0.80×10^{-4}

3.3 试验原材料和自密实混凝土的配合比

现场试验所用原材料见表3，结合现场搅拌机搅拌情况确定最终使用自密实混凝土浇筑坝体的配合比及工作性能见表4。在最终确定自密实混凝土配合比后，制作 150mm×150mm×150mm 立方体试块，分别试验自密实混凝土的力学性能、耐久性能及变形性能。浇筑坝体后，取芯检测堆石混凝土芯样抗压强度。

表 3　　现场试验原材料表

原材料	品牌原材料（种类）	原材料性能	
		表观密度/(g/cm³)	含水率/%
水泥	青海昆仑山 P·O42.5 普通硅酸盐水泥	3.12	
粉煤灰	盐湖集团的 F 类Ⅱ级粉煤灰	2.20	0.2
砂	工地砂石料场河流天然砂	2.61	
石子	工地料场卵碎石	2.62	
堆石	工地料场超径、质地坚硬卵石，粒径 300mm 以上，不宜大于 1000mm	2.66	
外加剂	石家庄长安育才建材有限公司的 GK－3000 复合型缓凝高效减水剂		

表 4　　自密实混凝土实际工作配合比及工作性能

配合比指标	级配	水胶比	单位混凝土材料用量/(kg/m³)						工作性能		
			水泥	粉煤灰	水	砂	石子	减水剂	坍落度/mm	扩展度 mm	V 漏斗/s
C15F200W4	Ⅰ	0.45	234	233	210	799	866	7.467	270	700	15
C20F300W6	Ⅰ	0.43	279	186	200	805	872	7.442	270	700	16
C20F350W6	Ⅰ	0.43	279	186	200	805	872	7.442	275	700	16

3.4 自密实混凝土试件力学性能试验

混凝土强度试验参照《水工混凝土试验规程》（DL/T 5150—2017）中相关方法进行，采用昆仑山 P·O42.5 普通硅酸盐水泥的自密实混凝土力学性能试验结果见表 5。试验结果满足技术控制指标要求。

表 5　　自密实混凝土力学性能试验结果

序号	混凝土类型	级配	抗压强度/MPa		劈裂抗拉强度/MPa
			7d	28d	28d
1	C15F200W4	Ⅰ	15.7	23.5	1.96
2	C20F300W6	Ⅰ	20.5	27.7	2.10
3	C20F350W6	Ⅰ	20.5	27.7	2.10

混凝土抗压强度按式（1）计算，计算结果保留至 0.1MPa：

$$f_{cc}=F/A \tag{1}$$

式中：f_{cc}为抗压强度，MPa；F 为破坏荷载，N；A 为试件承压面积，mm^2。

混凝土劈裂抗拉强度按式（2）计算，计算结果保留至0.1MPa：

$$f_{cc}=2F/(\pi A)=0.637F/A \tag{2}$$

式中：f_{cc}为劈裂抗拉强度强度，MPa；F 为破坏荷载，N；A 为试件劈裂面面积，mm^2。

3.5 自密实混凝土试件耐久性能试验

混凝土抗冻性能、抗渗性能是评价混凝土耐久性的重要指标。试验按照《水工混凝土试验规程》（DL/T 5150—2017）中相关方法进行。采用昆仑山 P·O42.5 普通硅酸盐水泥的自密实混凝土抗冻性、抗渗性能试验结果见表 6。试验结果满足技术控制指标要求。

表 6　　自密实混凝土耐久性能试验结果

序号	混凝土类型	级配	水胶比	粉煤灰/%	28d 抗冻性能			28d 抗渗等级
					抗冻循环次数	相对动弹模数/%	质量损失/%	
1	C15F200W4	Ⅰ	0.45	50	200	80.4	1.3	>5
2	C20F300W6	Ⅰ	0.43	40	350	85.7	1.5	>7
3	C20F350W6	Ⅰ	0.43	40	350	85.7	1.5	>7

混凝土抗渗等级按式（3）计算：

$$W=10H-1 \tag{3}$$

式中：W 为混凝土的抗渗等级；H 为 6 个试件中有 3 个顶面渗水时的水压力，MPa。

相对动弹性模量按式（4）计算：

$$P_n=\frac{f_n^2}{f_0^2}\times 100 \tag{4}$$

式中：P_n为 n 次冻融循环后试件相对动弹模量，%；f_0 为试件冻融循环前的自振频率，Hz；f_n 为试件冻融 n 次循环后的自振频率，Hz。

质量损失率按式（5）计算：

$$W_n=\frac{G_0-G_n}{G_0}\times 100 \tag{5}$$

式中：W_n 为 n 次冻融循环后试件质量损失率，%；G_0 为冻融前的试件质量，g；G_n 为 n 次冻融循环后的试件质量，g。

3.6 自密实混凝土试件变形性能试验

混凝土的极限拉伸和弹性模量主要反应混凝土的变形性能，也是衡量混凝土抗裂性能的重要指标。一般为提高混凝土的抗裂性能，要求混凝土具有较高的极限拉伸值和较低的弹性模量。极限拉伸和弹性模量试验参照《水工混凝土试验规程》（DL/T 5150—2017）中“混凝土轴心抗拉强度和极限拉伸值试验”和“混凝土轴心抗压强度和静力抗压弹性模量试验”方法进行。采用昆仑山 P·O42.5 普通硅酸盐水泥的自密实混凝土变形性能试验结果见表 7。试验结果满足技术控制指标要求。

表 7　　　　自密实混凝土变形性能试验结果

序号	混凝土类型	级配	28d 轴心抗拉强度/MPa	28d 极限拉伸值/$\times 10^{-4}$	28d 轴心抗压强度/MPa	28d. 静力抗压弹模/GPa
1	C15F200W4	Ⅰ	1.81	0.83	23.4	25.8
2	C20F300W6	Ⅰ	2.42	0.86	27.7	27.9
3	C20F350W6	Ⅰ	2.42	0.86	27.7	27.9

注　极限拉伸值的确定：采用位移传感器测定应变时，荷载-位移曲线数据由自动采集系统给出。破坏荷载所对应的应变即为该试件的极限拉伸值。

混凝土轴向抗拉强度按式（6）计算，计算结果保留至 0.01MPa：

$$f_t = F/A \tag{6}$$

式中：f_t 为轴向抗拉强度，MPa；F 为破坏荷载，N；A 为试件截面面积，mm^2。

静力抗压弹性模量按式（7）计算，计算结果保留至 0.1MPa：

$$E_c = \frac{F_2 - F_1}{A} \times \frac{L}{\Delta L} \tag{7}$$

式中：E_c 为静力抗压弹性模量，MPa；F_2 为 40%的极限破坏荷载，N；F_1 为应力为 0.5MPa 时的荷载，N；A 为试件承压面积，mm^2；L 为测量变形的标距，mm；ΔL 为应力从 0.5MPa 增加到 40%破坏应力时的试件变形值的平均值，mm。

3.7　堆石混凝土芯样抗压强度检测

根据《钻芯法检测混凝土强度技术规程》（JGJ/T 384—2016）中的规定，进行坝体钻孔取芯，芯样直径为 150mm，钻孔数量为 12 个，按照技术规程的规定加工芯样，对所得试件进行 28d 龄期的抗压强度检测，在加载前对试样进行了编号、拍照和外形扫描。按照 JGJ/T 384—2016 试验抗压强度，抗压强度按式（1）计算，计算结果保留至 0.1MPa，最后根据《混凝土强度检测评定标准》（GB/T 50107—2010）中的相关规定进行评定。

堆石混凝土的强度应同时满足式（8）、式（9）的要求：

$$m_{f_{cu}} - \lambda_1 S_{f_{cu}} \geqslant 0.9 f_{cu,k} \tag{8}$$

$$f_{cu,\min} \geqslant \lambda_2 f_{cu,k} \tag{9}$$

$$S_{f_{cu}} = \sqrt{\frac{\sum_{i=1}^{n} f_{cu,i}^2 - n m_{f_{cu}}^2}{n-1}} \tag{10}$$

式中：$m_{f_{cu}}$ 为同一验收批混凝土立方体抗压强度平均值，MPa；$f_{cu,k}$ 为混凝土立方体抗压强度标准值，MPa；$f_{cu,\min}$ 为同一验收批混凝土立方体抗压强度的最小值，MPa；$S_{f_{cu}}$ 为同一验收批混凝土立方体抗压强度的标准差，MPa；当检验批混凝土强度标准差 $S_{f_{cu}}$ 计算值小于 2.5MPa 时，应取 $S_{f_{cu}} = 2.5$MPa；λ_1、λ_2 为合格判定系数，按表 9 取用；n 为本检验期内的样本容量。

坝体堆石混凝土芯样（图 2）检测结果见表 8。

图 2 坝体钻孔取芯芯样

表 8 芯样强度统计分析表

编号	成型日期	抗压强度/MPa
1	3 月 25 日	26.8
2	3 月 25 日	27.1
3	3 月 25 日	28.0
4	3 月 25 日	29.3
5	3 月 25 日	28.2
6	3 月 25 日	30.2
7	3 月 25 日	27.4
8	3 月 25 日	25.3
9	3 月 25 日	25.7
10	3 月 25 日	32.6
11	3 月 25 日	29.7
12	3 月 25 日	26.3
均值		27.9
标准差		2.10，取 2.5

表 9 混凝土强度的合格评定系数

试件组数	10～14	15～19	≥20
λ_1	1.15	1.05	0.95
λ_2	0.90	0.85	

芯样评定结果：

$$27.9-1.15\times 2.5\geqslant 0.9f_{cu,k}\rightarrow f_{cu,k}\leqslant 27.8$$

$$25.3 \geqslant 0.9 f_{cu,k} \rightarrow f_{cu,k} \leqslant 28.1$$

因此，坝体取芯芯样强度等级可评定为C25。

结果分析：根据表8中的试验结果和计算分析，可知取芯芯样强度等级为C25，远超了设计要求的C15堆石混凝土强度等级。

从图3混凝土坝体取芯芯样外观分析：自密实混凝土可以很好地充填堆石体，与堆石料黏结良好，密实度高。

4 结语

（1）堆石混凝土的工艺要求是自密实混凝土填充堆石体空隙，形成完整的混凝土。成型后的堆石混凝土具有良好密实性和高强度的特点，同时它具有低碳环保、低水化热、工艺简便、造价低廉、施工速度快等优点。

（2）从自密实混凝土力学性能试验结果得知，自密实混凝土试块抗压强度达到了C20强度等级；从对堆石混凝土取芯芯样进行抗压强度检测结果分析，堆石混凝土达到了C15强度等级，均满足技术控制指标要求。

（3）从自密实混凝土耐久性能、变形性能试验结果得知，自密实混凝土试块的抗渗性、抗冻性及极限拉伸值均满足技术控制指标要求，保证了工程长期安全可靠的运行。

（4）根据本文工程实例证明，自密实堆石混凝土在金桥水电站左岸堆石混凝土重力坝中的应用是合理、可靠的。今后在大体型混凝土施工中应得到更为广泛的应用。

参考文献

[1] Ouchi M. Current conditions of self-compecting concrete in Japan [C] //The 2nd International RILEM Symposium on Self-Compacting Concrete. Ozawa K, Ouchi M, editors. 2001: 63-68.

[2] 金峰，安雪晖，石建军，等. 堆石混凝土及堆石混凝土大坝 [J]. 水利学报，2005，36（11）：1347-1352.

[3] 郑建岚，罗素蓉，王国杰，等. 自密实混凝土技术的研究与应用 [M]. 北京：清华大学出版社，2016.

[4] 龚洛书. 混凝土实用手册 [M]. 2版. 北京：中国建筑工业出版社，1995.

[5] Celik K, Meral C, Gursel A P, et al. Mechanical properties, durability, and life-cycle assessment of self-consolidating concrete mixtures made with blended portland cements containing fly ash and limestone powder [J]. Cement and Concrete Composites, 2015, 56: 59-72.

[6] Sundstrom M, Ivedal M. Stress and Sliding Stability Analysis of Songlin Rock-filled Concrete Gravity Dam [DB]. (2016). diva-portal. org.

[7] 盛登强，贺元鑫. 堆石混凝土在金桥水电站中的应用 [J]. 水力发电，2018，44（8）：68-69，86.

西藏易贡藏布金桥水电站水文设计浅析

武金慧[1]　戴　荣[1]　段　云[2]

（1. 中国电建集团西北勘测设计研究院，西安　710065；
2. 西藏开发投资集团有限公司，拉萨　850000）

摘　要： 金桥水电站是易贡藏布玉五谷至河口河段规划的十个梯级电站中的第3级电站，流域内水系发育，支流众多，但水文资料十分匮乏。为此，采用本流域忠玉水文站和邻近尼洋河流域更张水文站实测资料，进行了金桥水电站水文分析。首次较为系统地分析了金桥水电站坝址水文情况，为金桥水电站设计提供技术依据。其分析研究的思路、方法和成果可供其他类似工程参考。

关键词： 金桥水电站；水文设计；设计洪水

西藏自治区河流众多，蕴藏着丰富的水能资源，本着在保护生态环境的前提下合理开发水能资源的方针，西藏自治区列入重点开发区的河流及河段共15条（段），总长度为3760km，分别占全区河流总量的0.4%、2.6%，涉及河流11条[1]。做好重点开发区河流的水文设计，不仅关系着流域或地区水资源规划的战略布局，还关系着具体工程的安全与工程建成后所发挥的经济效益、社会效益和环境生态效益[2]。本文在易贡藏布流域水文资料十分匮乏的情况下通过与邻近尼洋河流域的对比分析，对易贡藏布金桥水电站进行了水文设计，为金桥水电站设计提供技术依据。

1　流域概况

易贡藏布位于西藏自治区东部，是帕隆藏布右岸一级支流，雅鲁藏布江的二级支流。它发源于那曲地区嘉黎县西北念青唐古拉山脉南麓，河源段称雄曲，由北向南流，在哈瓦加达附近，河道折向东南，至阿扎村后改称徐达曲。徐达曲穿行于高山深谷之中，蜿蜒曲折，流向与山脉走向大体一致，在接纳从西北流入的松曲以后称哈曲。哈曲由西向东流，沿途山体高大，河谷狭窄，在岗嘎附近汇入尼都藏布后，始称易贡藏布，经由嘉黎县流入林芝地区波密县境内，于通麦镇附近汇入帕隆藏布，然后折向南流，一并汇入雅鲁藏布江。易贡藏布干流全长286km，流域面积13787km^2，天然落差3070m，平均比降10.7‰。流域内人烟稀少，河流保持着天然状态。

易贡藏布流域水系发育，支流众多，大的支流有普曲、松曲、尼都藏布、夏曲、龙普曲、麻果龙藏布和磨龙曲，其中金桥坝址以上有普曲和松曲。流域内高程4200m以上为高山草甸和灌丛，以下为森林。高程5000m以上为高山寒冷带和高山冰雪带。冰川主要

第一作者简介： 武金慧（1984—　），女，甘肃兰州人，高级工程师，主要从事水文水资源研究工作。Email：wujinhui@nwh.cn

分布在金桥坝址以上流域，沿干、支流高程 5000m 以上有大片冰川分布，是径流补给重要来源。

金桥水电站是易贡藏布玉五谷至河口河段规划的十个梯级电站中的第三级电站，坝址位于西藏自治区嘉黎县忠玉乡上游的易贡藏布干流，坝址处河面高程约 3400m。

2 水文站基本资料

易贡藏布流域曾于 1966 年在易贡湖上游约 3km 处的贡德村附近设立易贡（贡德）水文站，同年 4 月 1 日开始观测水位，1970 年 7 月撤销。该站作为易贡藏布汇入易贡湖的控制站，测验项目有水位和流量。

中国电建集团西北勘测设计研究院有限公司于 2012 年年底在原易贡（贡德）水文站附近河段建立易贡水文站，并于 2013 年开始正式测验工作，测验项目有水位、流量、泥沙、气温、降水等要素。2015 年 7 月在易贡藏布中游河段嘉黎县忠玉乡二村吊桥附近设立忠玉水文站，同年 7 月开始观测，测验项目有降水量、水位和流量。

由于易贡藏布流域水文站资料很少，水文资料年限很短，设计中以邻近尼洋河流域的更张站作为设计依据站，以帕隆藏布流域波密站和尼洋河工布江达站作为设计参证站。各水文测站基本情况见表 1。

表 1　易贡藏布、尼洋河流域主要水文测站的建站时间和测量年限表

流 域	站名	站别	建站时间	降水量、水位、流量资料年限
易贡藏布	忠玉	水文站	2015 年 7 月	2015 年 8 月—2018 年 6 月
易贡藏布	易贡（贡德）	水文站	1966 年 4 月	1967 年 1 月—1969 年 12 月
易贡藏布	易贡	水文站	2012 年 12 月	2013 年 1 月—2018 年 6 月
帕隆藏布	波密	水文站	2002 年 6 月	2003 年 1 月—2016 年 12 月
尼洋河	更张	水文站	1978 年 6 月	1978 年 6 月—2018 年 6 月
尼洋河	工布江达	水文站	1978 年 6 月	1978 年 6 月—2016 年 12 月

金桥水电站水文设计过程中易贡水文站、更张水文站、忠玉水文站资料截止年限均为 2018 年，波密水文站、工布江达水文站资料截止年限为 2016 年。

3 设计径流

3.1 径流特性

雅鲁藏布江流域的降水主要来源于印度洋孟加拉湾的暖湿气流[3]。印度洋的暖湿气流受到流域南部喜马拉雅山脉的阻隔，沿着雅鲁藏布江干流河谷上溯运动形成降水。每年 4—5 月间，暖湿气流沿雅鲁藏布江河谷北上西移，降水也由下游向上游逐渐推移，降水量则向上游迅速递减，林芝降为 635mm，拉萨为 443mm，江孜仅 280mm，再向上游则更少，上、下游降水相差 4000mm 以上。降水的年际变化不大，但年内分配很不均匀，尤以中、下游为明显。降雨主要集中在 6—9 月，一般占 90%左右，12 月至翌年 4 月只占 1%～4%。多数地区极少出现暴雨。与降水特性相似，径流季节分配不均，年际变化小。

易贡藏布流域径流由降雨、融冰融雪和地下水补给，以降雨补给为主。该地区冰川属海洋型冰川，冰川消融主要在雨季，春末和秋初也有些消融。根据易贡（贡德）水文站资料分析：每年 4 月底至 5 月初开始涨水，7 月来水量最大，10 月开始退水，枯水期一般出现在 11 月下旬至翌年 4 月下旬。

3.2 径流系列的插补延长

易贡藏布流域的两个水文站资料年限均较短，需要采用邻近尼洋河流域更张水文站资料进行插补延长。

忠玉水文站位于金桥水电站坝址下游约 4.5km，区间仅有大支流尼都藏布汇入。易贡水文站位于贡湖上游约 3km 处贡德村附近，距离金桥水电站坝址下游约 105km，区间有尼都藏布、霞曲、龙谱曲等大支流汇入，两者流域面积差别较大。从流域水汽输送角度分析，易贡藏布流域水汽来源主要为印度洋暖湿气团，每年夏秋季节，其东部盛行的偏南气流携带孟加拉湾大量暖湿气流沿雅鲁藏布江河谷北上抵达本流域。由于念青唐古拉山脉横亘于帕隆藏布北部，形成与怒江流域的分水岭，阻挡了水汽继续北上之路，使水汽改变方向，从帕隆藏布和易贡藏布交汇口通麦一带沿两条河谷分别向东、西上游继续上溯，为帕隆和易贡流域带来大量降水。处于水汽输送通道上的通麦和易贡藏布下游一带为一降雨中心，年降水量在 2000mm 左右，向上游水汽逐渐减少，嘉黎的年降水量在 800mm 左右。由此分析可知，金桥水电站坝址水文成因与忠玉水文站更为相似，因此采用忠玉水文站径流资料更为合理。

分别采用水文站流量资料和降雨资料两种途径插补延长忠玉站径流系列。根据忠玉站与更张站 2015 年 8 月至 2018 年 6 月同期资料，建立两站月平均流量相关关系，相关系数为 0.94，相关性较好。通过该相关关系延长忠玉站 1978 年至 2015 年 7 月的月径流系列，加入 2015 年 8 月至 2018 年 6 月实测径流系列后得到忠玉站 1978—2018 年的月径流系列，据此计算的忠玉站多年平均流量为 173m^3/s。

通过忠玉站 2015 年 8 月至 2017 年 12 月实测月平均流量与同期嘉黎站、林芝站两者月平均降雨量的均值建立相关关系，其相关系数仅为 0.78，相关性不好，不宜采用。

3.3 径流计算

根据插补延长后忠玉站 1978—2018 年共 40 年（水文年）径流系列，进行年（6 月至翌年 5 月）平均流量和枯水期（12 月至翌年 4 月）平均流量频率分析计算。经 P-Ⅲ型曲线适线确定统计参数，得到水文站年平均流量和枯水期平均流量设计成果。

金桥坝址设计径流利用忠玉站径流设计成果，通过面积和雨量双重修正的水文比拟法推求，成果见表 2。

表 2 金桥坝址设计年径流计算表

时 段	均值	$P=10\%$	$P=25\%$	$P=50\%$	$P=75\%$	$P=90\%$
年平均流量/(m^3/s)	114	135	124	113	103	94.1
枯水期平均流量/(m^3/s)	22.2	29.5	25.6	21.7	18.2	15.4

3.4 径流成果合理性分析

尼洋河位于本流域南侧，为相邻流域，河流流向与易贡藏布平行，与本流域同处藏东南地区，尼洋河径流补给来源主要为冰雪融水，其次为地下水和降水[4]，与易贡藏布流域径流成因相似。从易贡藏布、尼洋河的水汽来源分析，其水汽来源主要为印度洋暖湿气团，每年夏秋季节，其东部盛行的偏南气流携带孟加拉湾大量暖湿气流沿雅鲁藏布江河谷北上抵达本流域。由于念青唐古拉山脉横亘于帕隆藏布北部，形成与怒江流域的分水岭，阻挡了水汽继续北上之路，使水汽改变方向，从帕隆藏布和易贡藏布交汇口通麦一带沿两条河谷分别向东、西上游继续上溯，为易贡藏布流域带来大量降水。处于水汽输送通道上的易贡藏布下游一带为一降雨中心，年降水量在2000mm左右，上中游年降水量在1000mm左右。而水汽通道西部的尼洋河流域与水汽通道有一定距离，年降水量约为1000mm。

从各水文站实测降水和径流资料也实际反映了上述分析结论。各站1979—2016年同期年降雨量资料分析，易贡藏布上游的嘉黎为737.1mm，尼洋河更张站为824mm，尼洋河中游的工布江达站为647mm。从径流模数对比，易贡站为0.0357m³/(s·km²)，更张站为0.0306m³/(s·km²)，工布江达站为0.0189m³/(s·km²)。金桥水电站降雨量、植被条件等与更张站更为接近，综上所述采用更张站实测径流系列插补延长忠玉站径流系列是合适的。

忠玉站、易贡站与邻近流域的尼洋河工布江达站、更张站径流参数比较见表3。

表3　　各水文站1979—2016年资料分析径流成果对比表

流域	站名	年降雨量/mm	测站海拔/m	时段	均值	C_v	C_s/C_v	年径流模数/[L/(s·km²)]
易贡藏布	忠玉站	908	3140	年径流	173	0.14	2.0	30.8
				枯水期	36.9	0.15	2.0	
	易贡站	1139	2220	年径流	367	0.12	2.0	34.0
				枯水期	88.2	0.10	2.0	
尼洋河	工布江达站	793	3421	年径流	122	0.21	2.0	19.1
				枯水期	26.5	0.19	2.0	
	更张站	911	3085	年径流	480	0.15	2.0	30.8
				枯水期	91.2	0.15	2.0	

分析表3可知，从上游至下游，易贡藏布、尼洋河上游测站年径流C_v值均大于下游测站；易贡站流域以上冰川分布较广，年径流较稳定使得C_v值较小；而忠玉站枯水期径流C_v值比年径流C_v值略大，是由于忠玉站上游除尼都藏布外，其他地区冰川覆盖率不及易贡站；易贡站枯水期径流C_v值略小于年径流，是由于易贡站—忠玉站区间内大部分地区被冰川覆盖，支流上有湖泊分布，枯期径流相对更加稳定。各站径流C_s/C_v倍比均为2，也是符合地区规律的。综合以上因素，依据站径流成果参数符合地区规律，成果是合理的，以此推求的金桥水电站坝址径流成果也是合理的。

4　设计洪水

4.1　洪水特性

易贡藏布流域洪水为混合型洪水，汛期的降水和融水是形成洪水的最主要因素。降水和融水均在夏季最为活跃，在一次洪水过程中，变化较大的流量过程主要是降水直接形成的雨洪过程，而其过程线起涨前后的缓慢变化过程则主要是融水和季节性地下水形成的洪水过程。

从地理位置和天气系统分析，每年5—10月，受印度洋热低压和西太平洋副热带高压影响，使印度洋暖湿气流沿雅鲁藏布江上溯，受地形抬升形成降雨。全年降雨主要集中在6—9月，为易贡藏布的汛期。通过本地区有关水文观测资料分析，年最大洪水多发生在7月、8月，6月和9月出现年最大洪峰的次数较少。

本流域年内洪水次数多，这与降水的特性有关。一般每年较集中的降水少则2～3次，多则5～6次。由于每次降水的持续时间不同，洪水历时也相差较大，短的15d左右，长的可达1个月左右，洪水过程以复峰型居多。每年9月，流域气温开始下降，融水补给减少，底水过程线逐渐回落。

4.2　历史洪水及其重现期

由于本流域水文资料缺乏，忠玉站实测资料仅3年，实测系列太短，而邻近流域尼洋河更张站实测资料为系列41年，且尼洋河流域洪水主要为降雨、融水混合型洪水[5]，与易贡藏布流域洪水成因相似，故依据邻近流域尼洋河更张站资料推算金桥水电站设计洪水。

2010年5月中国电建集团西北勘测设计研究院有限公司对尼洋河工布江达至更张站以下河段进行历史洪水调查工作。从上游至下游沿岸共调查13座村庄，被调查人员17人，平均年龄65岁以上，年龄最长者85岁。据文献资料调查及现场洪水调查可以看出，1954年洪水是调查河段的最大洪水，目前所能确定的重现期约60年。1998年洪水是实测最大洪水，可作为近60年来发生的第二大洪水。

由于调查河段人口迁移、道路建设致使地形变化较大，无法确定历史洪水流量，使调查到的历史洪水成果仅有年份，无量级，对提高设计洪水精度帮助不大。因此，更张站洪水资料仍按实测系列进行设计。

4.3　设计洪水计算

根据更张站1978—2018年41年洪峰流量系列，经频率计算，P-Ⅲ型频率曲线适线，确定洪峰流量设计参数。更张站多年平均洪峰流量为2310m^3/s。

金桥水电站坝址洪水计算，依据更张站，按面积比的1.0次方推算。考虑到易贡藏布与尼洋河下垫面条件复杂多变，在无历史洪水资料，对校核标准的洪峰流量增加一定的安全修正值，金桥水电站设计洪峰流量具体成果见表4。

表4　　金桥水电站设计洪峰流量成果表

均值/(m^3/s)	各频率设计值/(m^3/s)							
	0.05%	0.1%	0.2%	0.5%	1%	3.33%	5%	10%
616	1380	1330	1270	1200	953	863	831	774

4.4 设计洪水成果合理性分析

由于本流域水文实测资料系列太短，金桥水电站与邻近流域尼洋河更张站下垫面条件、水汽来源、降雨特点上有一定的相似性，故借用更张站洪水成果用水文比拟法计算金桥水电站设计洪峰流量。计算中不但考虑了面积差异，也考虑了因缺乏历史洪水资料可能造成的洪水成果偏小的可能性，对校核洪水增加了一定的安全保证值，计算方法合理可行。

尼洋河更张站洪峰适线成果与上游工布江达站相比（表5），随着流域面积的增加，洪峰均值增大，C_v 减小，符合流域水文变化一般规律。从洪峰模数看，工布江达站洪峰模数为0.11$m^3/(s \cdot km^2)$，更张站为0.15$m^3/(s \cdot km^2)$，这是由于尼洋河流域降水自上游向下游逐渐增大，使洪峰模数随着流域面积增加而增大。通过以上分析可知统计参数符合地区洪水变化规律，洪水设计成果是合理的。

表5　尼洋河水文站洪峰统计参数表

站　名	洪峰模数 /[$m^3/(s \cdot km^2)$]	Q_m		
		洪峰/(m^3/s)	C_v	C_s/C_v
工布江达	0.11	726	0.22	4.0
更张	0.15	2270	0.19	4.0

5 结语

本文针对西藏易贡藏布流域特点、水文站点布设情况及水文资料情况，选用本流域忠玉水文站和邻近尼洋河流域更张水文站水文资料，进行了水文分析。通过分析表明，更张水文站资料满足金桥水电站设计使用要求；通过径流插补延长，得到了可供设计使用的易贡藏布流域忠玉水文站径流还原资料，并以此为基础得到了可用于设计的径流计算成果；通过暴雨洪水特性分析及设计洪水计算得到了较合理的金桥水电站设计洪水成果。本文研究成果可为金桥水电站设计提供技术支撑，研究方法可为国内同类型水电站设计提供参考。

参考文献

[1] 钱钢粮. 西藏水电开发与生态环境保护 [J]. 水力发电，2019，45（2）：6-10.
[2] 王国安，李文家. 水文设计成果合理性评价 [M]. 郑州：黄河水利出版社，2002.
[3] 刘国纬. 西藏高原的水文特征 [J]. 水利学报，1992（5）：1-8.
[4] 达瓦次仁，巴桑赤烈，白玛，等. 尼洋河流域水文特性分析 [J]. 水文，2008，28（4）：92-94.
[5] 段元胜，杨昕，刘书宝. 尼洋河流域洪水特性 [J]. 东北水利水电，2000（3）：30-32.

金桥水电站尾水岔洞衬砌结构三维有限元分析

蔡　超　李　超　胡兴伟

（中国电建集团西北勘测设计研究院有限公司，西安　710065）

摘　要： 金桥水电站尾水系统深埋地下，最突出的问题就是大跨度尾水岔洞的安全性。针对上述问题，采用Ansys软件开展金桥水电站尾水岔洞衬砌结构三维有限元分析，并根据分析结果对岔洞截面进行配筋计算，定量化地指导和优化工程设计。

关键词： 尾水岔洞；衬砌结构；三维有限元分析；金桥水电站

1　引言

随着高山峡谷地区大型水电工程的兴建，深埋地下的水工隧洞衬砌结构应力已渐渐成为重点关注问题。在水电工程的地下施工中，在尾水支洞和主洞结合相交处往往形成了复杂的大跨径非规则三维空间结构，即尾水岔洞，此部位在施工期、运行期及检修期的稳定问题是工程设计中重点关注的对象[1]。

对于衬砌结构的配筋计算，目前一般采用解析法[2]和数值计算法[3-6]。前者包括弹性力学法和结构力学法，一般适用于结构简单、受力明确且尺寸不大的衬砌结构；后者包括有限元法、有限差分法等，可针对边界复杂、大跨径岔洞衬砌结构进行计算分析。本文基于Ansys三维有限元软件平台，对金桥水电站尾水岔洞（最大净跨16.7m）衬砌结构开展计算分析，并依据应力计算结果对岔洞截面进行配筋计算。

2　工程概况

金桥水电站是易贡藏布干流上规划的第5个梯级电站，为引水式电站，工程的主要任务是发电，电站布置三台装机容量为22MW的水轮发电机，年发电量3.57亿kW·h，保证出力6MW，年利用小时5407h。

金桥水电站主要由首部枢纽、引水发电系统和地下厂房以及开关站等组成，工程属三等中型工程。地下厂房尾水系统布置于前奥陶系变质石英砂岩中，尾水岔洞上游接3条尾水支洞（城门洞形，1号、3号支洞进口断面净尺寸为2.95m×6.00m，2号支洞进口断面净尺寸为4.50m×6.00m），下游接1条尾水洞（城门洞形，出口断面净尺寸为4.50m×6.00m），顺水流方向长度为13.63m，底坡5.571%，最大净跨16.7m，尾水岔洞内1号、3号尾水支洞与2号尾水支洞夹角均为30°。尾水岔洞衬砌厚0.8m，采用的混凝土强度等级为C25，钢筋采用Ⅲ级钢，岔洞段围岩为Ⅳ类围岩，岔洞衬砌结构布置见

第一作者简介： 蔡超（1987—　），男，山东威海人，工程师，主要从事水利水电工程设计工作。

图 1和图 2。

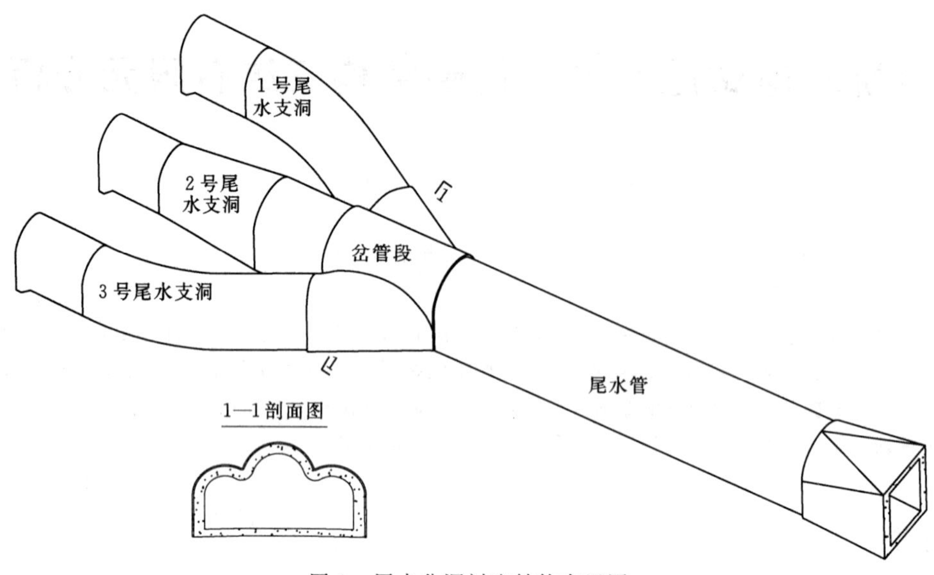

图 1　尾水岔洞衬砌结构布置图

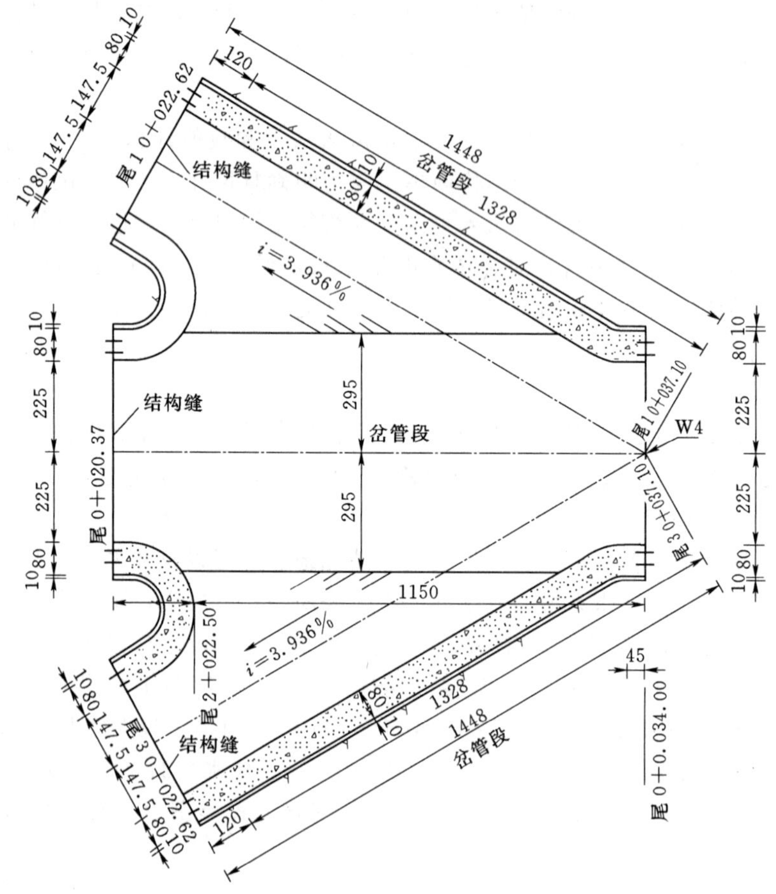

图 2　尾水岔洞衬砌结构平面图（单位：cm）

3　岔洞空间有限元模型

3.1　基本假定和边界条件

尾水岔洞混凝土衬砌结构及围岩假定为各向同性、均质连续的弹性体，模型在顺水流方向、垂直水流方向及竖向均取法向约束。

3.2　有限元模型

尾水岔洞衬砌厚度0.8m，沿衬砌法向延伸两倍洞径厚度取为围岩，衬砌和围岩选取SOLID65单元划分网格，考虑围岩对衬砌的约束作用，尾水岔洞和围岩之间采用面-面接触单元模拟，衬砌单元边长0.3m，围岩单元边长1m，共划分69050个单元，74540个节点。尾水岔洞几何及有限元模型见图3。

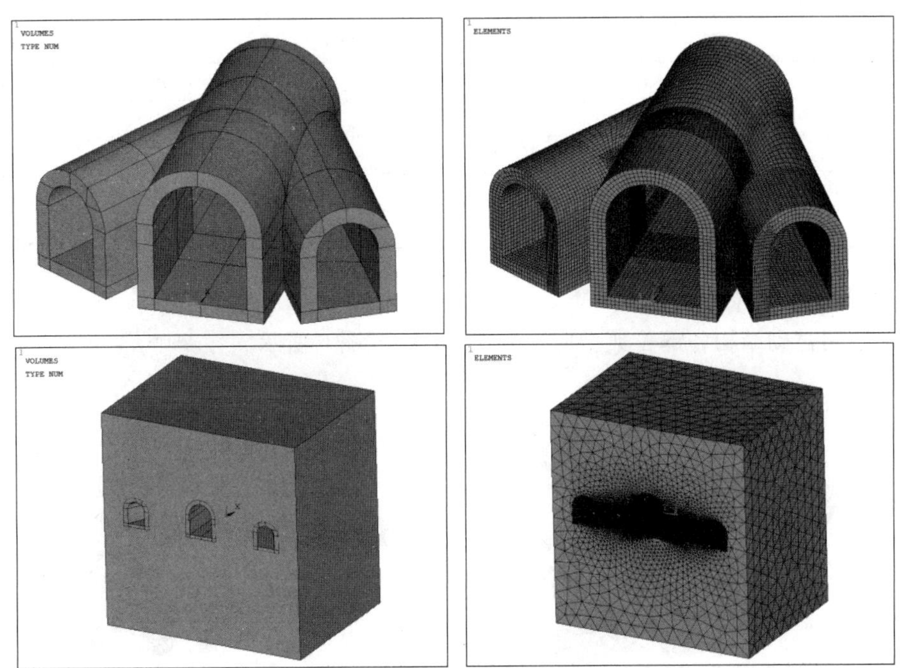

图3　尾水岔洞几何及有限元模型

模型坐标系原点位于尾水中间支管底板顶面中心，X轴沿水流向指向下游，Y轴沿左右岸方向指向左岸，Z轴竖直向上。

4　有限元计算结果分析

4.1　计算荷载

（1）结构自重。

（2）围岩压力：依据《水工建筑物荷载设计规范》（DL 5077—1997）第10.3.3条计算，尾水岔洞围岩类别为Ⅳ类，围岩垂直均布压力标准值为102kN/m^2，水平均布压力标准值为21kN/m^2。

（3）静水压力：尾水岔洞底板高程为 3263m，下游正常尾水位为 3275.68m，下游校核尾水位为 3278.52m，正常水位持久状况底板静水压力按 12.68m 计算，校核洪水位偶然状况底板静水压力按 15.52m 计算。

（4）水击压力：下游尾闸室最高涌浪为 3281.51m，正常水位持久状况水击压力按 5.83m 计算，校核洪水位偶然状况水击压力按 2.99m 计算。

（5）外水压力：尾水岔洞底板高程为 3263m，下游正常尾水位为 3275.68m，外水压力按 12.68m 计算，不考虑折减。

（6）灌浆压力：取 0.3MPa。

4.2 工况组合

根据金桥水电站运行情况，给出以下四种荷载组合，见表 1。

表 1　各工况荷载组合表

工况		内水压力	外水压力	水锤压力	自重	围岩压力	灌浆压力
工况一	正常运行	√	√	√	√	√	
工况二	检修期		√		√	√	
工况三	施工期		√		√	√	√
工况四	校核洪水运行	√	√	√	√	√	

4.3 各工况计算结果分析

尾水岔洞衬砌结构各部位典型应力云图如图 4～图 6 所示。

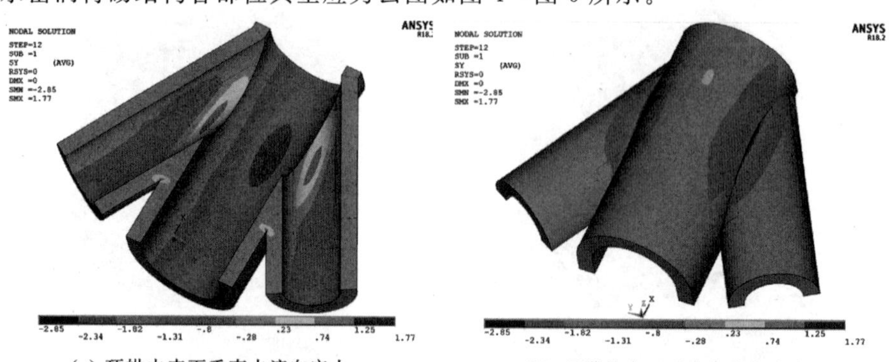

(a) 顶拱内表面垂直水流向应力　　(b) 顶拱外表面垂直水流向应力

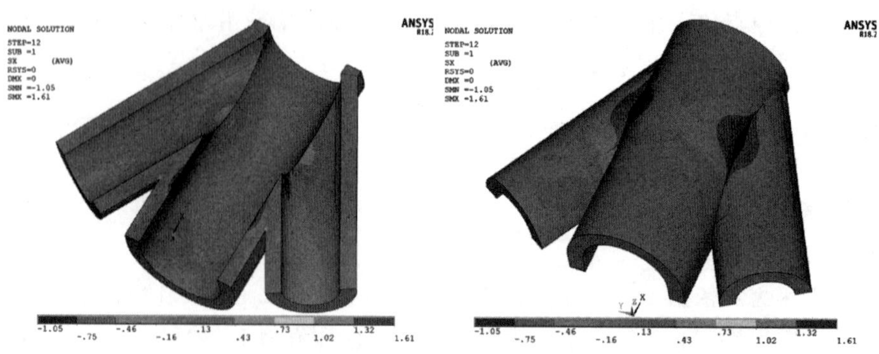

(c) 顶拱内表面顺水流向应力　　(d) 顶拱外表面顺水流向应力

图 4　尾水岔洞衬砌结构顶拱典型应力云图

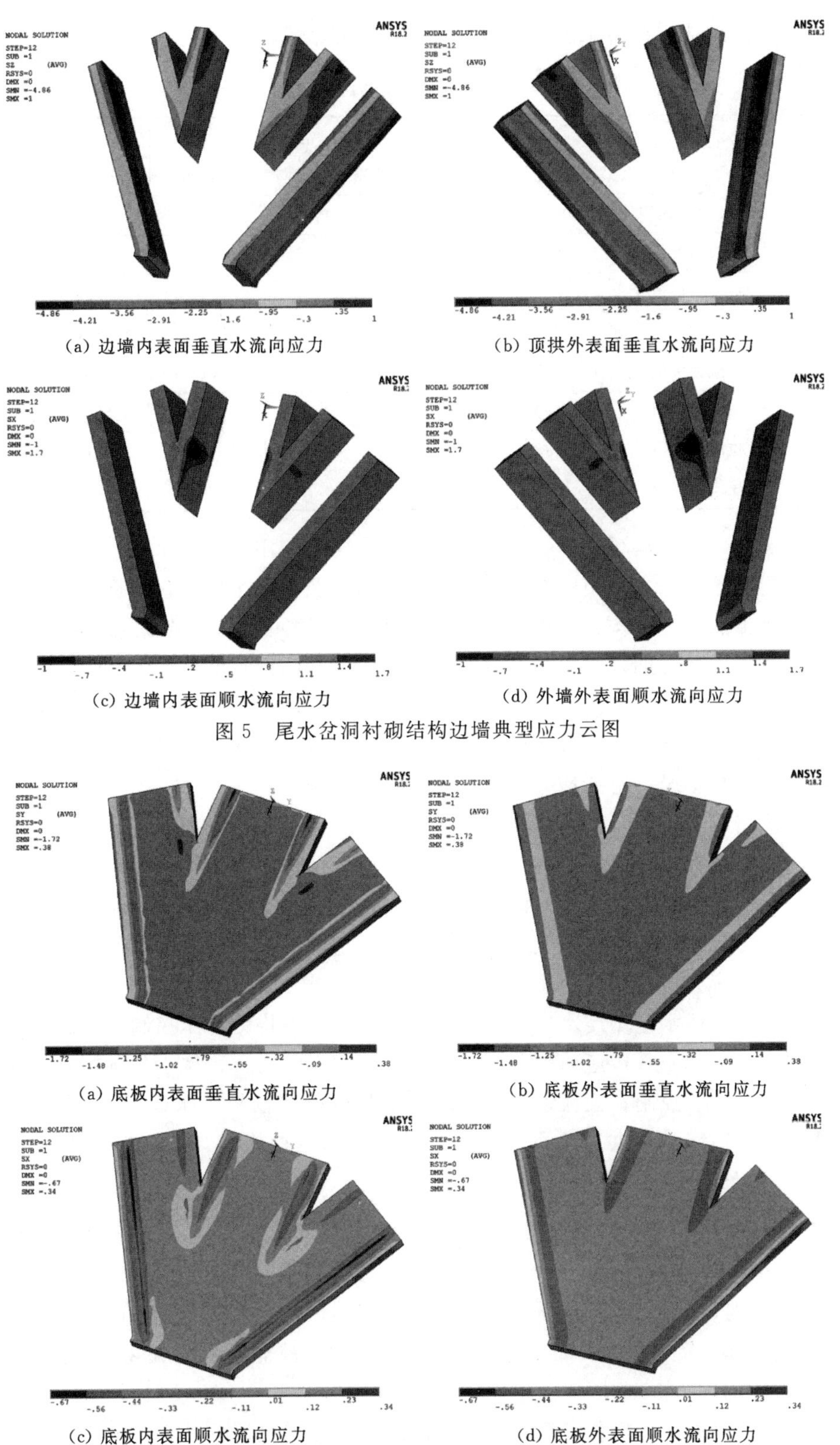

(a) 边墙内表面垂直水流向应力　　(b) 顶拱外表面垂直水流向应力

(c) 边墙内表面顺水流向应力　　(d) 外墙外表面顺水流向应力

图 5　尾水岔洞衬砌结构边墙典型应力云图

(a) 底板内表面垂直水流向应力　　(b) 底板外表面垂直水流向应力

(c) 底板内表面顺水流向应力　　(d) 底板外表面顺水流向应力

图 6　尾水岔洞衬砌结构底板典型应力云图

尾水岔洞衬砌结构在各工况下的应力计算结果见表2。

表2　岔洞衬砌结构应力极值　单位：MPa

工　况	项　目	岔洞顶拱		岔洞边墙		岔洞底板	
		垂直水流向	顺水流向	垂直水流向	顺水流向	垂直水流向	顺水流向
工况一	拉应力极值	0.84	0.33	0.99	0.31	0.14	0.22
	压应力极值	−0.71	−0.28	−0.15	−0.34	−0.07	−0.11
工况二	拉应力极值	1.77	1.61	1.00	1.70	0.38	0.34
	压应力极值	−2.85	−1.05	−4.86	−1.00	−1.72	−0.67
工况三	拉应力极值	3.10	2.82	1.74	2.98	0.67	0.60
	压应力极值	−4.99	−1.84	−8.51	−1.76	−3.01	−1.17
工况四	拉应力极值	0.83	0.36	1.11	0.33	0.14	0.21
	压应力极值	−0.68	−0.27	−0.13	−0.33	−0.07	−0.09

(1) 工况一：正常运行期。在正常运行期内水压力作用下，外水压力被抵消，围岩压力起控制作用，拉应力主要集中在岔洞顶拱跨中下部及岔洞边墙与顶拱交汇区域外侧，但均未超过《水工混凝土结构设计规范》(DL/T 5057—2009) 中的强度设计值。

(2) 工况二：检修期。随着内水压力消失，外水压力与围岩压力共同作用于衬砌结构，拉应力区范围基本和工况一一致，但拉应力值显著增大，局部超过《水工混凝土结构设计规范》(DL/T 5057—2009) 中的强度设计值，需要进行结构配筋。

压应力值也较工况一有所增大，但未超过规范限制。

(3) 工况三：施工期。岔洞衬砌结构浇筑完成后，由于附加灌浆压力作用，拉应力区范围显著增大，拉应力、压应力值均有所增大，衬砌结构需要进行结构配筋。

(4) 工况四：校核洪水运行。内水压力较工况一进一步增大，可抵消部分衬砌外压，但仍由外部压力起控制作用，拉应力仍主要集中在岔洞顶拱跨中下部及岔洞边墙与顶拱交汇区域外侧，拉应力值有所减小，但减小幅度不大。

由此可见，金桥水电站尾水岔洞衬砌结构在各工况下均为外压控制，随着外部压力的增大，内水压力的减小，拉应力区范围、拉应力值均不断增大；尾水岔洞控制工况为施工期工况，由岔洞外压控制；当流道内冲水时（正常运行、校核洪水运行），最大拉应力出现在边墙顶部（边墙与顶拱交汇处），当流道内无水时（检修期、施工期），最大拉应力出现在支管顶拱相交处。

4.4 配筋分析

根据上述计算结果，依据《水工混凝土结构设计规范》(DL/T 5057—2009) 附录D及第10.3条，对尾水岔洞混凝土衬砌结构进行配筋计算。岔洞衬砌配筋方案为：主筋采用 Φ28 的Ⅲ级钢，间距20cm布置（配筋率为0.38%）；辅筋采用 Φ22 的Ⅲ级钢，间距20cm布置（配筋率为0.24%）。

通过上述配筋方案，可保证尾水岔洞衬砌结构在各工况下均处于稳定状态；并有效地控制衬砌结构裂缝的开展。

5 结语

(1) 岔洞属于复杂的空间结构，应采用数值计算法（如有限元法）对其应力状态展开分析。本文基于 Ansys 三维有限元软件平台，对金桥水电站尾水岔洞衬砌结构开展计算分析，分析结果表明，通过适量的配筋，可保证尾水岔洞在各工况下的安全性。

(2) 金桥水电站尾水岔洞衬砌结构在各工况下均为外压控制，控制工况为施工期工况。

(3) 金桥水电站尾水岔洞在流道内冲水时（正常运行、校核洪水运行），最大拉应力出现在边墙顶部，在流道内无水时（检修期、施工期），最大拉应力出现在支管顶拱相交处。

参考文献

[1] 林鹏，周维恒，等. 官地工程尾水岔洞开挖与衬砌三维有限元分析 [R]. 北京：清华大学水利系，2007.

[2] 李卫国，段小华，黄仁兴. 茗洋关电站发电隧洞结构分析 [J]. 水利与建筑工程学报，2003，1 (1)：34-36.

[3] 钟建文，谷兆祺，彭守拙. 高压隧洞衬砌设计配筋研究 [J]. 水力发电学报，2007，26 (2)：42-46.

[4] 陈卫忠，朱维申，杨海燕. 引黄工程高压出水岔管钢筋混凝土衬砌计算 [J]. 岩石力学与工程学报，2002，21 (2)：242-246.

[5] 韩前龙，伍鹤皋，苏凯. 地下钢筋混凝土岔管应力分析 [J]. 武汉大学学报（工学版），2005，38 (3)：31-35.

[6] 李旻，伍鹤皋. 埋藏式钢岔管与围岩联合承载有限元分析 [J]. 武汉大学学报，2004，37 (1)：24-26.

金桥水电站引水发电系统布置和结构优化

鲍呈苍　韩　斌　蔡　超　王　浪

（中国电建集团西北勘测设计研究院有限公司，西安　710065）

摘　要：金桥水电站引水发电系统地下洞室群交叉众多、地质条件复杂，为保证工程质量、节省工程投资、加快施工进度，在电站设计过程中，针对引水隧洞、调压井、地下厂房及尾水系统等布置特点，从系统布置、结构措施等方面进行了设计优化。通过优化，使引水发电系统中引水隧洞、调压井、地下厂房及尾水系统等结构受力特性得到显著改善，使得电站引水发电系统结构设计安全可靠、经济合理，同时也加快了工程建设进度，节省了工程投资。

关键词：引水发电系统；布置结构；设计优化；金桥水电站

1　工程概况

金桥水电站工程主要由首部枢纽工程（左岸堆石混凝土重力坝、泄洪冲沙闸、排漂闸、右岸挡水坝）、右岸引水发电系统（电站进水口、引水隧洞、调压井、压力管道、地下厂房及尾水隧洞）等主要建筑物组成。

坝址以上控制流域面积为 4230km^2，多年平均流量为 114m^3/s，水库正常蓄水位为 3425.00m，死水位为 3422.00m，水库总库容为 38.17 万 m^3，调节库容为 11.83 万 m^3。电站总装机容量为 66MW（3×22MW），年发电量为 3.57 亿 kW·h，保证出力为 6.0MW，年利用小时为 5407h。工程为三等中型工程。

首部枢纽左岸堆石混凝土重力坝最大坝高为 27.5m，引水系统总长 3.7km，采用“一洞三机”的联合供水布置型式。在引水隧洞竖井段同一轴线上设有阻抗式调压井，引水隧洞下平段设有两个“卜”形钢岔管与三条引水支管衔接进入地下厂房。三条尾水支洞分别经尾水闸门井后，通过尾水岔洞合并为一条有压尾水隧洞，采用“三机一洞”的布置形式，经出口的尾水闸室和尾水箱涵后接入下游河道。

电站额定流量为 55.5m^3/s，额定水头为 136.5m，具有额定水头大、输水线路长等特点，引水发电系统纵剖面如图 1 所示。

2　引水发电系统地质条件

金桥水电站引水隧洞穿越右岸山体，山体高大、陡峻，洞身最大埋深近 700m，过沟段最小埋深 120m，隧洞穿越 4 条大沟，所穿越的沟谷都有经常性流水。洞室围岩基本为

第一作者简介：鲍呈苍（1984—　），男，青海民和人，高级工程师，主要从事水利水电工程设计工作。

注：该文章发表于 2018 年 8 月《水力水电》第 44 卷第 8 期。

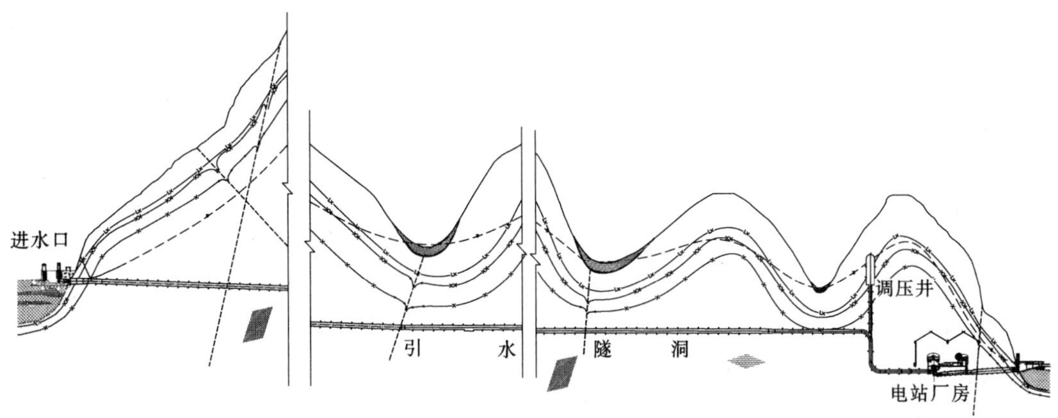

图1 引水发电系统纵剖面图

微风化岩体，主要岩性为白垩系灰白色花岗岩、奥陶系变质石英砂岩，岩体完整性中等，围岩以Ⅲ类及Ⅱ类为主；断层破碎带、影响带及节理密集带岩体均呈碎裂结构，围岩为Ⅳ类，基本满足成洞条件。

根据地形地质条件，地下埋藏式调压井所处位置围岩岩性为前奥陶系变质石英砂岩，断层构造不发育，裂隙中等发育，围岩完整性中等，为Ⅲ类围岩，围岩较稳定。根据引水发电系统的布置及洞室覆盖厚度要求，调压井布置于主厂房岸内约90m处，上覆山体为NWW向条形山脊，洞室顶部围岩厚度为154～238m，左侧有较大的泥石流冲沟，右侧侧向埋深较大，左侧顶部略小，厚度约为22.62m。

地下厂房横轴线方向为NE13°，长为83.8m，跨度为17.2m，上覆岩层厚度为220m，围岩岩性为前奥陶系变质石英砂岩；由于工程区构造格局受近EW向的嘉黎断层主干断裂F2及次级断裂F3控制，其均具有右旋平移逆冲性质，因而区域构造主应力应为垂直于断裂方向的近SN，角度为近水平向，略倾伏于S；由于厂房区地形上位于NWW条形山脊近易贡藏布河谷侧，有一定埋深，所处山体属于应力过渡带，而非坡脚及河谷的应力集中带，其河谷应力方向应垂直于河谷近水平，与区域构造应力方向相近，其最大水平主应力为7.6MPa。主裂隙面走向与厂房轴线夹角为50°～70°，围岩完整性中等，为Ⅲ类围岩，围岩较稳定，开挖后局部有掉块现象，不存在大的块体稳定问题，满足成洞室条件。

3 引水发电系统布置优化

金桥水电站坝址两岸山势陡峭，河谷狭窄，沿河岸平缓阶地较少，综合考虑两岸地形地质条件、引水发电系统线路布置、地下厂房布置、交通条件、施工条件及工程投资等因素，确定引水发电系统布置在右岸，由岸塔式进水口、引水隧洞、阻抗式调压井、压力管道、地下厂房、尾水系统（尾水隧洞、尾水闸室、尾水箱涵）等部分组成。

3.1 引水隧洞布置优化

电站进水口紧邻首部排漂闸右侧，其前缘与坝轴线呈107.3°夹角。取水口总长

8.5m，底板高程3412.00m，布置有两道5.0m×8.0m的主、副拦污栅。取水口经长26m的渐变段与引水隧洞进水闸相连，进水闸闸室长11.5m，宽8.5m，孔口设一道4.8m×6.0m的事故检修闸门，闸底板高程3408.00m。

引水隧洞布置采用“一洞三机”的联合供水方式，电站额定引用流量55.50m^3/s，内径为5.3m。引水隧洞自进水口至2号施工支洞（桩号引1+825.85m）坡度为4.11%，其后至调压井轴线（桩号引3+537.24m）坡度为0.5%。引水系统总长为3678.38m，其中引水隧洞长为3330m，在引水隧洞（桩号引3+330.00m）处接压力钢管段，在压力钢管上弯段末端与竖井段在同一轴线上设有阻抗式调压井，经压力钢管下弯段后接两个“卜”形月牙肋钢岔管接三条引水支管衔接进入地下厂房。压力钢管主管内径3.8m，支管内径2.2～1.8m，连接上、下平段的转弯段其转弯半径均为15m。借鉴国内外水工隧洞新的设计理论和方法，对金桥水电站引水隧洞进行了如下设计优化：

（1）根据引水隧洞的线路布置及工程地质条件，为便于开挖施工，将引水隧洞开挖断面型式优化为马蹄形断面。

（2）根据引水隧洞埋深及实际开挖揭露的地质条件，对于部分Ⅱ类、Ⅲ类围岩洞段取消钢筋混凝土衬砌，采用挂网喷C20混凝土，厚度为10cm。

（3）对于Ⅲ类、Ⅳ类、Ⅴ类围岩采用钢筋混凝土衬砌，厚度为55cm，并主要对围岩破碎洞段通过固结灌浆来改善围岩力学性能，利用围岩作为承载与防渗的主体。

3.2 调压井布置优化

根据引水发电系统的总体布置，电站厂房为尾部式地下厂房。根据现行《水电站调压室设计规范》（NB/T 35021—2014）中有关调压室的设置条件：当水流惯性时间常数$T_w>[T_w]$的允许值为2～4s时需设置调压室，经计算，引水发电系统$T_w=7.69s>[T_w]$，故为保证电站的运行稳定性，需设置上游调压室，调压室直径为12m，阻抗孔直径为2.25m，最高涌浪高程为3435.94m，最低涌浪高程为3412.56m。

结合引水发电系统调压井的地形地质及施工条件，调压井采用反井钻机进行开挖施工，考虑施工支洞及反井钻机的布置要求，对金桥水电站调压井的布置及结构进行了如下设计优化：

（1）将原可研阶段设计的调压井型式由气垫式调压室优化变更为阻抗式调压井，节省了设备费用及运行管理维护成本，减少了工程投资。

（2）为降低调压井的开挖施工难度，阻抗式调压井与引水隧洞竖井段布置在同一轴线上，以方便调压井及竖井段开挖施工出渣。

（3）根据调压井相关计算结果，考虑调压井顶部交通兼通气洞以及底部安全水深后确定调压井顶部高程为3438.50m，底部高程为3400.00m，调压井高度为38.5m，井壁钢筋混凝土衬砌厚度为0.9m，在阻抗孔3331.50m高程处设置直径为3.5m的小井上接到调压井底部，小井高度为68.5m，井壁混凝土衬砌厚度为0.6m。将调压井沿高度方向分为大井、小井布置，减小了调压井的开挖工程量。

（4）为方便调压井阻抗孔与压力钢管的连接，对小井段及阻抗孔均增加钢衬，与压力钢管上弯段采用贴边岔管型式连接。同时优化调压井小井段的混凝土衬砌结构，其井壁采用素混凝土衬砌，并将其钢衬兼做井壁混凝土衬砌的施工模板，以便加快施工进度。

3.3 压力钢管布置优化

在引水隧洞（桩号引 3+330.00m）处接压力钢管段，压力管道进口及过冲沟段岩体以Ⅴ类围岩为主，压力管道走向为 NW314°，岩层走向 NW310°NE∠65°～80°，岩层走向与洞向近平行，对洞壁稳定性不利，岩体整体稳定性差。

根据右岸引水发电系统的线路布置及地形地质条件，为保证引水隧洞在过冲沟段的施工质量，节省引水隧洞的开挖工程量和工程投资，对引水隧洞压力钢管设计进行了以下设计优化：

（1）引水隧洞压力钢衬段采用“一洞三机”的联合供水布置型式，在压力钢管下平段设有两个“卜”形钢岔管与三条引水支管衔接进入地下厂房，以减少引水隧洞的开挖。

（2）压力钢管岔管体型采用月牙肋式，通过计算优化调整主岔管的最大公切球直径及分叉角等，选择合适的月牙肋板型式和参数，降低了岔管的焊接和肋板的制作安装难度。

（3）为降低压力钢管的外水压力，减少钢板厚度，在厂房第二层排水廊道布置压力钢管排水洞，洞内设置系统排水孔，有效地降低了压力钢管的外水压力。同时优化压力钢管加劲环的厚度、高度及布置间距，通过计算分析，压力钢管段采用壁厚为 22～24mm 的 Q345C 级钢，节约了压力钢管的钢材用量。

（4）根据压力钢管的计算结果，经优化取消了压力钢管段混凝土衬砌的结构配筋，节约了工程投资。

3.4 地下厂房布置优化

金桥水电站厂房型式根据电站开发方式、总体枢纽布置要求、厂区地形地质条件、施工条件及工程投资等因素综合考虑。根据地质条件，厂址区地层岩性主要为中厚层状围岩，岩性为前奥陶系变质石英砂岩，洞室围岩分类为Ⅲ类围岩，满足修建地下洞室群的成洞条件，由此确定金桥水电站厂房采用地下厂房型式。

为减少地下厂房洞室的开挖跨度，提高洞室围岩的稳定性，节省开挖工程量和工程投资，使厂房内部布置紧凑，结构简单，对地下厂房结构布置采取了以下设计优化：

（1）主厂房、主变室（尾闸室）平行布置，洞室轴线 NE13°，洞室间距 30m。主厂房、副厂房和安装间呈“一”字形布置，安装间布置在主厂房右侧，副厂房布置在主厂房左侧，使得厂房布置紧凑，结构简单。

（2）主厂房桥机支撑型式采用岩锚吊车梁结构型式，以减少地下厂房的开挖跨度。

（3）根据岩锚梁轨顶高程，受安装间下游侧进厂交通洞的影响，在其范围内无法布置岩锚式吊车梁，设计采用在交通洞两侧布置结构柱，在其范围内采用梁式吊车梁，以减少地下厂房的开挖高度。

（4）根据主、副厂房各层的高度及平面尺寸，考虑交通及机电设备布置条件，优化调整了主、副厂房的结构布置。

（5）结合主变（尾闸）室的布置，将尾水管检修闸门平台布置在主变室下游侧，优化主变室内部布置，取消了尾闸洞室的布置，减少了地下洞室的数量，加快工程建设进度。

3.5 尾水系统布置优化

尾水系统包含尾水隧洞、尾水闸室及尾水箱涵等，其中尾水隧洞采用“三机一洞”的布置型式，尾水线路长77.85m。尾水系统部位围岩厚度173～200m，洞室围岩岩性为前奥陶系变质石英砂岩，断层构造较发育，根据厂区断层统计表，有两组断层较发育：①NW280°～310°NE（SW）∠72°～85°；②NE35°～40°SE∠38°～47°，以平移断层和逆断层为主；裂隙中等发育，岩体质量相对略差。

鉴于尾水隧洞断面尺寸相对较大，隧洞围岩质量及成洞条件较差，对尾水系统的布置及结构进行了以下设计优化：

（1）尾水隧洞由原设计的变顶高无压城门洞形优化为有压洞尾水隧洞，减小了尾水隧洞的断面尺寸。

（2）尾水隧洞采用“三机一洞”的布置型式，尾水管延伸段通过尾水闸门井后经尾水岔洞合并为一条尾水隧洞，减少了尾水隧洞的开挖及支护工程量。

（3）尾水隧洞内水压力主要由混凝土衬砌承担，围岩承担抗力较小，通过计算工况的合理选取，适当考虑固结灌浆对围岩抗力的提高，优化了尾水隧洞衬砌混凝土的结构配筋。

（4）尾水隧洞经尾水闸室后将尾水渠的分离式挡墙优化为箱涵结构，解决了尾水渠砂砾石基础的承载力低、沉降变形大等问题，同时也减少了混凝土工程量，节约了工程投资。

4 结语

金桥水电站引水发电系统地下洞室群交叉众多、地质条件复杂，为保证工程质量、节约工程投资、加快工程施工进度，在电站设计过程中，分别对引水隧洞、调压井、地下厂房布置及尾水系统等进行了设计优化，不仅解决了工程设计与施工的技术问题，也节约了工程投资，加快了工程建设进度，做到了引水发电系统布置及结构设计安全可靠、经济合理。

西藏易贡藏布金桥水电站泥沙设计

杜志水　刘　娜　王　盼　秦国民

（中国电建集团西北勘测设计研究院有限公司，西安　710065）

摘　要：本文通过对西藏易贡藏布金桥水电站的入库泥沙特性分析，结合本工程库小沙多、水头相对较高等特点，提出本工程主要泥沙问题，并针对其研究提出枢纽采取的防排沙措施及泥沙调度运行方式，进行不同正常蓄水位方案水库泥沙淤积和回水计算，为水库特征水位选择提供依据。

关键词：金桥水电站；泥沙淤积；水库回水

1　工程概况

金桥水电站是易贡藏布干流上规划的第5个梯级电站，位于西藏自治区那曲地区嘉黎县境内，工程的开发任务为在满足生态保护要求的前提下发电。金桥水电站已列入西藏自治区无电地区电力建设规划。

水库正常蓄水位为3425.00m，死水位为3422.00m，水库总库容38.17万m^3，调节库容11.83万m^3。电站总装机容量66MW（3×22MW），年发电量3.57亿kW·h，保证出力6.0MW，年利用小时5407h。

本枢纽工程为引水式电站，主要由首部枢纽、发电引水系统和地下电站厂房三部分组成，首部枢纽主要建筑物包括左岸挡水坝段、泄洪冲沙闸、排漂闸、右岸挡水坝段及右岸电站进水口。根据《水电枢纽工程等级划分及设计安全标准》（DL 5180—2003）的规定，结合本工程装机容量，确定本工程为三等中型工程。工程主要建筑物（挡水建筑物、泄洪排沙建筑物、引水发电系统建筑物等）级别为3级，次要建筑物（护坡、挡土墙等）级别为4级，临时建筑物为5级建筑物。

工程于2013年6月启动可研设计工作，2015年3月完成可研设计，2016年6月开工，2019年8月3台机组全部投产发电。

2　入库泥沙分析计算

2.1　流域产沙概况

易贡藏布位于西藏自治区东南部，是帕隆藏布右岸一级支流，雅鲁藏布江二级支流，发源于嘉黎县西北面念青唐古拉山脉南麓，流至通麦汇入帕隆藏布。易贡藏布干流全长

第一作者简介：杜志水（1981—　），男，湖北黄冈市人，正高级工程师，一级注册建造师，注册咨询工程师，注册土木工程师（水利水电-规划）。主要从事水文泥沙设计工作。E-mail：88341158@qq.com

286km，天然落差 3070m，河道平均比降 10.3‰。

流域上游河段即嘉黎以上河段为高山草甸区，平均海拔 4200m，中下游河段为高山峡谷森林区，平均海拔 3500m。流域内人类活动较少，流域植被较好，水流清澈，含沙量很小，河流泥沙主要由降水及融雪冲刷流域地表形成。

2.2 水文站泥沙分析

帕隆藏布流域仅西源易贡藏布曾于 1966 年在易贡湖上游约 3km 处贡德村附近设立易贡（贡德）水文站，同年 4 月 1 日开始观测水位，1970 年 7 月撤销。由于易贡站测验资料年限短且无泥沙资料，而尼洋河与易贡藏布流域相邻，流域植被较好，产沙条件与易贡藏布基本相似，因此设计时参考尼洋河流域泥沙资料设计金桥水电站入库沙量。

巴河桥站控制流域面积 4229km²，设立于 1996 年 8 月，9 月开始测流、测沙。巴河桥站有 1996 年 9 月至 2007 年 12 月实测水沙资料。在尼洋河多布水电站可行性研究设计时，西北勘测设计研究院根据尼洋河干流各水文站实测流量资料，将巴河桥站流量资料系列延长为 1979—2009 年，并建立巴河桥站逐月平均流量与逐月平均输沙率相关关系，相关系数为 0.9，相关性比较好，进一步将泥沙资料系列延长为 1979—2009 年，统计得巴河桥站多年平均悬移质输沙量为 20.6 万 t。

巴松湖位于巴河上游河段，是由冰川运动形成的天然冰碛湖泊，湖长约 15km，宽为 1.5～2km，深度达 60～100m，容积达 20 多亿 m³，基本拦截了上游的全部入湖沙量，故巴河桥站实测悬移质沙量实际来自巴松湖—巴河桥区间。巴松湖控制流域面积 1657km²，据此得巴河桥站（即巴松湖至巴松桥区间）悬移质输沙模数为 80.1t/km²。

2008 年以后，距离巴河桥站较近的雪卡、冲久、老虎嘴水库相继建成投入运行，尤其是冲久水库为年调节水库，对泥沙拦截作用较大，且年内径流发生明显变化，巴河桥实测泥沙已非天然；与此同时，巴河实测输沙量很少，含沙量很低，故不宜进一步延长还原巴河桥站泥沙资料系列。

根据插补延长后 1979—2009 年共计 31 年泥沙资料统计计算，巴河桥站多年平均悬移质输沙量 20.6 万 t，同期多年平均流量 191m³/s，年平均含沙量为 0.034kg/m³，主汛期 6—9 月平均流量 446m³/s，汛期平均含沙量 0.040kg/m³。巴河桥站悬移质输沙量、含沙量成果见表 1。

表 1　巴河桥站悬移质输沙量、含沙量成果表

项　目	1—4 月	5 月	6 月	7 月	8 月	9 月	10 月	11—12 月	全年
输沙量/万 t	0.374	0.568	3.56	7.43	5.46	2.44	0.439	0.319	20.6
月占年/%	1.82	2.76	17.3	36.1	26.5	11.8	2.13	1.55	100
流量/(m³/s)	33.3	118	403	530	485	364	140	55.7	191
含沙量/(kg/m³)	0.011	0.018	0.034	0.052	0.042	0.026	0.012	0.011	0.034

由表 1 可见，巴河桥站输沙量小、含沙量低，年内来沙不均匀，泥沙主要集中于主汛期 6—9 月，其间来沙约占年沙量的 91.7%，其集中程度大于水量，同期水量仅占年水量的 78.0%。巴河桥站输沙量年际变化较大，最大年输沙量 63.3 万 t（2003 年）为最小年输沙量 5.17 万 t（2002 年）的 12 倍。

2.3 入库泥沙分析

2.3.1 悬移质

易贡藏布流域植被较好，产沙条件与尼洋河基本相似，整个流域产沙量不大，金桥水电站坝址控制流域面积4230km^2，悬移质入库沙量直接采用巴河桥站输沙模数计算，由此计算金桥水电站坝址多年平均悬移质输沙量为33.9万t，坝址多年平均流量为114m^3/s，则多年平均含沙量为0.094kg/m^3。金桥水电站坝址悬移质输沙量年内分配采用巴河桥站年内分配成果，成果见表2。

表2 金桥水电站坝址悬移质输沙量成果表

项目	1—4月	5月	6月	7月	8月	9月	10月	11—12月	全年
输沙量/万t	0.61	0.94	5.9	12.2	9.0	4.00	0.72	0.52	33.9
月占年/%	1.82	2.76	17.3	36.1	26.5	11.8	2.13	1.55	100

由表2可见，金桥水库年内来沙不均匀，泥沙主要集中于主汛期6—9月，其间来沙约占年沙量的91.7%，其中7月和8月来沙相对较多，分别占年沙量的36.1%和26.5%。

2.3.2 推移质

易贡藏布流域无推移质实测资料，对于无实测资料又无床沙级配的河流，工程上常采用取推悬比的方法估算推移质入库沙量。

根据国内资料分析，在一般情况下，推悬比可取：平原地区河流为1%～5%，丘陵地区河流为5%～15%，山区河流为15%～30%。根据流域植被和现场踏勘情况，并参考尼洋河多布水电站推悬比取值成果，综合考虑，本阶段金桥水电站推悬比取15%。

金桥年入库悬移质沙量33.9万t，则年入库推移质沙量约为5.1万t。

3 主要工程泥沙问题

金桥水库正常蓄水位3425m时，相应库容38.2万m^3，库沙比仅为1.3，水库泥沙淤积速度相对较快，库区泥沙淤积严重。

金桥水电站为径流引水式电站，主要任务为发电，为满足非汛期发电需要，电站需保持一定调节库容，无其他控制性因素，因此，应研究制定合理的泥沙调度方式，以有效控制淤积床面，保持足够的调节库容。同时，电站利用水头相对较高，最大水头约150m，而电站入库沙量相对较多，水库淤积平衡年限短，因此，应设置必要的防排沙设施，防止粗沙过机，减轻过机泥沙对水轮机过流部件的磨损。

4 枢纽防排沙措施

金桥水电站为闸坝引水式，首部枢纽采用正向排沙和泄洪，侧向取水的布置形式。坝右岸布设取水口，为防止推移质和悬移质中的粗颗粒泥沙进入取水口，紧挨取水口的右坝段布设3孔泄洪闸，其中第2孔和第3孔泄洪闸之间布设一道束水墙，以便“束水攻沙”；泄洪闸底板高程3405m，较取水口栏污栅底板高程3412m低7m，可基本保证推移质泥沙不进入电站取水口。

3 孔泄洪闸底板高程较低，具有较大的泄流能力，排沙水位 3422m 时可使 50 年一遇洪水顺利下泄而不壅水，为水库排沙创造了有利条件。

5 水库泥沙调度运行方式

金桥入库泥沙主要集中于主汛期 6—9 月，其间沙量约占全年沙量的 91.7%；本电站水头较高，电站引用流量相对较小，主汛期弃水较多，降低水位运行对电站发电影响很小，因此，为有效控制库区淤积床面，保持足够的调节库容，拟主汛期 6—9 月降低至排沙水位 3422m 运行，电站弃水时，优先开启靠近取水口的泄洪闸排沙，必要时敞泄冲沙，洪水过后，再将水位蓄至排沙水位运行。

在实际运行中，应加强泥沙观测，及时总结，根据水库泥沙淤积情况进行水库泥沙优化调度。

6 水库泥沙淤积计算

金桥水库库容较小，入库沙量相对较多，库区将形成以推移质泥沙淤积为主的平衡床面。采用以推移质淤积为主的淤积平衡比降公式 $J_t=0.79J_0(HQJ_0)^{-0.17}$ 计算，淤积平衡比降 J_t 为 12‰。造床流量采用 2 年一遇洪峰流量为 603m^3/s。河相关系采用阿尔图宁河相关系式和曼宁公式计算，库区稳定河宽为 65.4m，稳定水深为 2.1m。

金桥入库沙量约 92%集中于主汛期 6—9 月，为有效控制库区淤积床面，保持足够的调节库容，主汛期 6—9 月坝前运行水位控制在排沙水位运行（同死水位），因此，采用排沙水位作为淤积计算控制水位。

在实测的水库纵横断面上，根据分析的淤积计算参数，采用西北院编制的水库泥沙淤积计算模型，计算库区不同正常蓄水位方案水库泥沙淤积，其中正常蓄水位 3425m 方案水库淤积纵剖面示意如图 1 所示。

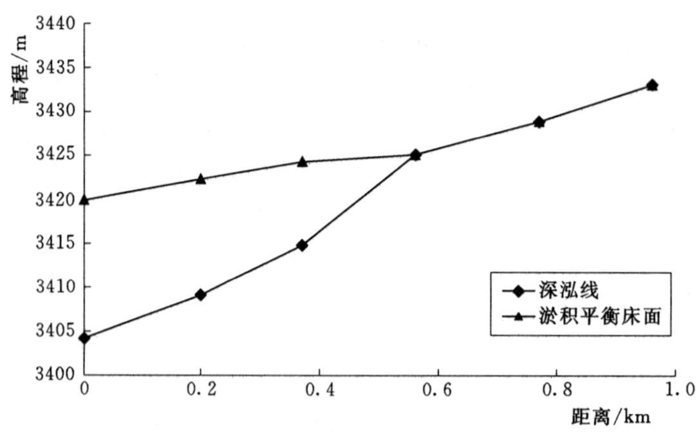

图 1 金桥水电站库区淤积纵剖面示意（正常蓄水位 3425m 方案）

计算结果表明：金桥水库不同正常蓄水位方案相应库沙比均较小，水库运用后将很快达到淤积平衡；库区淤积床面与坝前控制水位密切相关，随着正常蓄水位不断抬高，淤积床面相应不断抬高，调节库容损失越多。库区泥沙淤积达到平衡后，调节库容损失为7.3%～39.9%，其中正常蓄水位3425m排沙水位3422m方案，调节库容由11.8万m^3减小为9.0万m^3，调节库容损失23.7%。

7 水库回水计算

水库回水计算方法采用明渠恒定非均匀渐变流能量方程。

金桥水电站库沙比较小，水库运用后将很快达到淤积平衡，不同正常蓄水位方案水库回水计算均在泥沙淤积平衡床面上进行。

根据金桥库区调查的洪水水面线和2013年实测同时水面线，推算天然河道糙率为0.035～0.055。水库淤积后，考虑床面有所细化，综合糙率会有所下降，水库回水计算综合糙率采用0.032～0.05，无淤积河段采用天然河道糙率。

金桥水电站泄流能力较大，排沙水位时可下泄50年一遇洪水，因此，5年、20年和25年一遇洪水回水计算时，坝前起算水位均为排沙水位；多年平均流量坝前起算水位为正常蓄水位。

根据分析，采用明渠恒定非均匀渐变流能量方程进行。金桥水库不同正常蓄水位方案多年平均流量、5年、20年、25年和30年一遇洪水水库回水计算，正常蓄水位3425m方案水库回水纵剖面示意如图2所示。

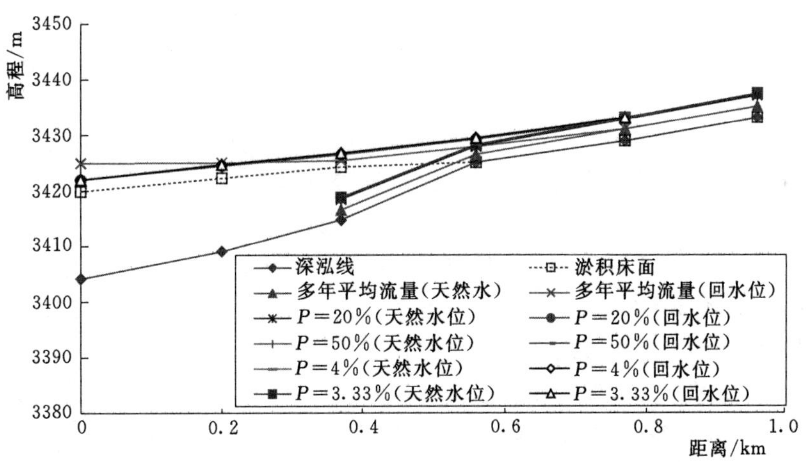

图2 金桥水电站水库回水示意（正常蓄水位3425m方案）

计算结果表明：正常蓄水位越高，回水尖灭点距坝越远，水库长度越长，其中正常蓄水位3425m排沙水位3422m方案，多年平均流量、5年、20年、25年和30年一遇洪水水库回水均在距坝765m处与天然水位一致，相应水位分别为3431.06m、3432.80m、3433.03m、3433.07m和3433.09m。

8 泥沙设计成果复核分析

金桥水电站2015年3月完成可研设计，2015年7月我公司在金桥坝址下游忠玉乡设立忠玉水文站，2015年8月起开展流量、泥沙等项目测验工作，收集有忠玉站2015年8

月至2017年水沙资料。

由于忠玉站连续泥沙资料系列不足20年，需进行插补延长。建立忠玉站月平均流量与月平均输沙率相关关系，插补延长得忠玉站1979—2017年共计39年泥沙资料系列，由此计算忠玉站多年平均悬移质输沙量为68.7万t，相应输沙模数为122t/km²。采用忠玉站输沙模数复核计算金桥水电站坝址多年平均悬移质输沙量为51.6万t，多年平均含沙量为0.142kg/m³。

采用本流域测站资料复核金桥入库沙量较可研阶段有所增加，但整体而言沙量不大，由于金桥水库库容较小，泥沙淤积计算按最终平衡床面计算，故沙量增加对水库泥沙淤积及回水计算成果无影响；金桥额定水头140m，入库含沙量虽有所增加，但仍很低，另外电站满发流量较小，来沙较多的月份弃水较多，通过开启电站进水口旁边的泄洪排沙闸，可保证进水口前形成较为稳定的漏斗，有效减少进入取水口的粗砂，电站过机泥沙对电站影响不大。

综合分析，采用本流域新增忠玉站泥沙资料复核金桥入库沙量较可研阶段有所增加，但整体而言沙量不大，对原设计成果影响不大。

9 结语

（1）经综合分析，金桥水电站入库悬移质沙量直接采用巴河桥站输沙模数计算，多年平均悬移质输沙量为33.9万t，多年平均含沙量为0.094kg/m³；根据流域植被和现场踏勘情况，并参考尼洋河多布水电站推悬比取值成果，取推悬比为15%，计算入库推移质沙量约5.1万t。

（2）金桥水电站库沙比很小，利用水头相对较高，工程泥沙问题主要是解决好枢纽防排沙，减轻粗颗粒泥沙对水轮机的磨损、保持足够的调节库容和配合正常蓄水位比选进行水库泥沙淤积和回水计算，为特征水位选择提供依据。

（3）为有效控制库区淤积床面，保持足够的调节库容，拟定的泥沙调度方式为：主汛期6—9月降低至排沙水位3422m运行，电站弃水时，优先开启靠近取水口的泄洪闸排沙，必要时敞泄冲沙，洪水过后，再将水位蓄至排沙水位运行。

（4）金桥水电站首部枢纽采用正向排沙和泄洪，侧向取水的布置形式。坝右岸布设取水口，为防止推移质和悬移质中的粗颗粒泥沙进入取水口，紧挨取水口的右坝段布设3孔泄洪闸；泄洪闸底板高程较取水口拦污栅底板高程低7m，可基本保证推移质泥沙不进入电站取水口，3孔泄洪闸具有较大的泄流能力，排沙水位3422m时可使50年一遇洪水顺利下泄而不壅水，为水库排沙创造了有利条件。

（5）配合正常蓄水位等特征数位比选，进行不同正常蓄水位及相应排沙水位的水库泥沙淤积和回水计算，其中推荐正常蓄水位3425m排沙水位3422m方案剩余调节库容满足设计要求，水库回水对库区淹没影响较小。

（6）采用本流域新增忠玉站泥沙资料复核金桥水电站入库沙量较可研阶段有所增加，但整体而言沙量不大，对原设计成果影响不大。

（7）鉴于泥沙问题的复杂性，在电站实际运用中，应加强库区及坝前泥沙观测，及时总结，并视水库泥沙淤积情况进行水库泥沙优化调度。

参考文献

[1] 中国电建集团西北勘测设计研究院有限公司. 西藏易贡藏布金桥水电站工程可行性研究报告（审定本）[R]. 西安：中国电建集团西北勘测设计研究院有限公司，2016.

[2] 中国电建集团西北勘测设计研究院有限公司. 西藏易贡藏布金桥水电站工程设计变更专题报告[R]. 西安：中国电建集团西北勘测设计研究院有限公司，2016.

[3] 张瑞瑾. 河流泥沙动力学 [M]. 北京：中国水利水电出版社，1998.

[4] 涂启华，杨赉斐. 泥沙设计手册 [M]. 北京：中国水利水电出版社，2006.

振冲碎石桩在西藏易贡藏布金桥水电站首部枢纽建筑物地基中的应用

齐景瑞　甄　燕　刘荣清

（中国电建集团西北勘测设计研究院有限公司，西安　710065）

摘　要： 结合具体的工程地质概况，介绍了本工程砂层透镜体的分布特征以及地质参数，从而选择基础振冲碎石桩处理方案，通过计算并经过现场试验确定振冲碎石桩设计及施工参数，从而达到消除砂土液化及提高地基承载力的目的。经过现场试验检测，振冲碎石桩复合地基基础满足设计要求。工程实践证明，其可行性与经济性效果显著。

关键词： 砂层透镜体；振冲碎石桩；复合地基

1　工程背景

1.1　工程布置

金桥水电站位于西藏那曲自治区嘉黎县境内易贡藏布干流上，是易贡藏布干流上规划的第 5 个梯级电站，距上游嘉黎县城 100km，距下游忠玉乡 10km，嘉（黎）—忠（玉）公路从枢纽及厂区通过，交通相对便利。金桥水电站是以发电为主要任务的引水式电站，正常蓄水位 3425m，水库总库容 38.17 万 m^3，调节库容 11.83 万 m^3。电站总装机容量 66MW（3×22MW），年发电量 3.57 亿 kW·h，保证出力 6MW，年利用小时 5407h，最大坝高 27.5m。

1.2　工程地质条件及分布特征

金桥水电站首部枢纽区地貌为峡谷地形特征，河流流向为 NE55°～60°，主流偏左岸，河谷呈 U 形，高程为 3408～4624m，表层为松散沉积层，结构疏松，厚 1.5～3.0m。中部砂卵石层，厚度均匀，一般厚 30～80m，根据其沉积时代及其工程地质特征，可分为 Q^4 与 Q^3 两层。多为密实状态，局部为致密状态，砂卵砾石层的承载力为 450～500kPa。砂卵砾石层中不均匀分布 4 个透镜体状砂层，沿顺河方向呈条带状展布，如图 1 所示，主要以细砂、粉细砂为主，局部为中砂，2 号砂层透镜层（体）分布在左岸 1 号挡水坝、泄洪闸、右岸挡水坝、电站进水口坝基下部，分布范围长约 186m，宽约 77m。该透镜体埋深为 2.5～23.8m，顶面高程 3403m，底面高程 3383.9m，透镜体埋深由上游向下游逐渐减薄，在坝轴线附近埋深 2.5～11.7m，层厚度在坝轴线附近最厚，向上下游变薄，坝线

第一作者简介： 齐景瑞（1987—　），男，甘肃武威人，工程师，主要从事水电勘察设计工作。Email：281976646@qq.com

附近层厚最大约 18.8m。该透镜体分布不均一，厚度变化大，且坝基面直接坐落在砂层透镜体上，其承载力较小，在上覆荷载作用下，坝基发生不均匀沉降的可能性较大，标贯复判存在地震液化问题。因此，对该透镜体砂层必须进行处理。

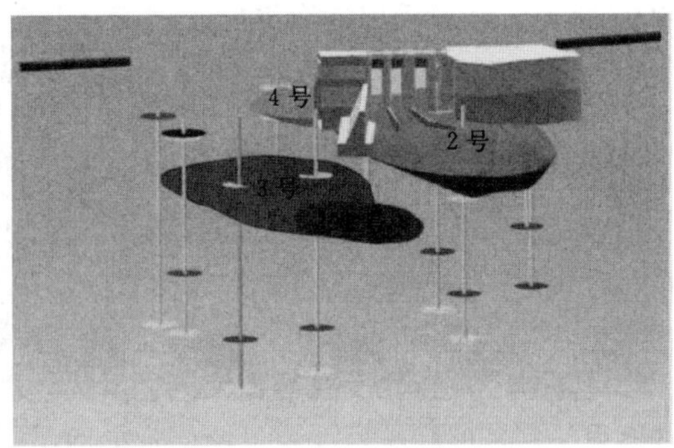

图 1　透镜体分布特征三维视图

2　基础处理

2.1　基础处理的选择

水闸地基处理常用方法有换填垫层法、强力夯实法、振动法、桩基础、沉井基础等。垫层法适用于厚度不大的软土底层，本工程闸室地基厚度较大，如果全部挖除换填，需要重新分层碾压回填，其压实标准高、施工要求高，工期相对较长，因此不宜采用，而按照一般处理深度 1.5～3m，处理后由于应力扩散，处理后安全裕度仍显不足，且不能解决地震液化问题；强力夯实法适用于较软地基，尤其是稍密的碎石土或松砂，根据工程经验，本工程闸室地基为中密的中粗砂，采用该法承载力提高效果难以保障；而振动水冲法、桩基础、沉井基础作为本工程基础处理方案，对提高地基承载力是可行的，但一般而言，沉井基础造价高。因此，对首部枢纽基础覆盖层采用振冲碎石桩处理，提高软弱地基承载力，使加固后的复合地基承载力标准达到特征值 550kPa、砂层透镜体基础复合地基承载力达到特征值 400kPa 的设计要求，同时在Ⅶ度地震地基设防条件下地基不发生液化。

2.2　振冲碎石桩设计

根据基础上部建筑物荷载大小和场地砂层分布情况，计算时选用 75kW 振冲器，布桩间距考虑采用 1.5m、2.0m、2.5m、3.0m，桩径选用 0.8m、1.0m、1.2m，布桩方式采用矩形、正三角形两种，分别利用式（1）对复合地基承载力特征值进行计算，桩体深度穿过中粗砂层，深入冲积含块石砂卵砾石层面以下 2m。

$$f_{spk}=mf_{pk}+(1-m)f_{sk} \tag{1}$$

式中：f_{spk} 为振冲桩复合地基承载力特征值；f_{pk} 为桩体承载力特征值。

经过计算，三角形布桩，桩径 d 为 0.8m、1.0m、1.2m，间距为 2m，砂砾石基础均可满足承载力要求，且间距越小，复合地基承载力越大。砂层基础采用桩径 1m、间距 2m、三角形布置形式的振冲碎石桩处理，在施工过程中采用“一边推向另一边的顺序”进行使填料逐段振密，形成碎石桩体，与周围砂层构成复合地基，同时在桩顶和基础之间置换一层 2m 厚的碎石垫层，并做碾压实处理，从而提高地基承载力，减小沉降量，达到加固的目的。地基承载力试验检测结果显示满足设计要求。

桩体材料为硬质新鲜无风化碎石、卵石，含泥量≤5%，其粒径控制在 2～8cm，最大控制在 10cm。填料采用连续级配的碎石，中、小碎石比为 1∶1。碎石垫层粒径宜为 20～40mm，最大粒径不大于 50mm 的连续级配的碎石料。

3 振冲碎石桩试验及检测结果

考虑本工程复杂地层情况和设计要求，选用了大功率的 ZCQ132kW 型振冲器，并配置了相应的配套设备以满足施工。根据配置的振冲设备，结合地质资料，确定合理的水压、水量、密实电流、留振时间及填料量等关键施工参数，为工程振冲碎石桩备料提供依据。

为论证施工可行性及取得相关工艺参数，更好地确定振冲施工工艺和技术参数，摸清处理效果、制桩的难易程度及可能出现的问题，先后在试验区进行了振冲成孔、填料的试验。试验区布置 28 根桩，按初步确定的造孔水压、水量、成孔速度、填料级配与填料方法以及达到密实度的密实电流值、留振时间等施工控制参数进行制桩见表 1。

表 1　　振冲桩施工技术参数

工作类别	造孔压水 /MPa	造孔电流 /A	加密水压 /MPa	加密电流 /A	振留时间 /m	填料粒径 /m	级配配比
技术指标	0.3～0.8	110～180	0.8	180～210	5～10	20～80	1∶2

为了解地基处理效果，对试验区已施工完成的振冲碎石桩进行了单桩及复合地基的堆载试验。根据检测可知，单桩截面尺寸为 1m，单桩竖向抗压极限承载力统计值满足其极差不超过平均值的 30%，本工程单桩竖向抗压承载力特征值为 850kN，见表 2。现场对 4 点复合地基承载力特征值满足其极差不超过平均值的 30%，本工程复合地基承载力特征值为 550kPa，见表 3。通过现场静载试验可知本工程单桩及复合地基承载力均满足设计要求。

表 2　　复合地基载荷试验结果表

试验点号	单桩竖向抗压极限承载力 /kN	取值依据 /kPa	极差 /kN	平均值 /kPa	极差/平均值 /%	单桩竖向抗压极限承载力统计值 /kN	单桩竖向抗压承载力特征值 /kN
273 号	1700	2、5、5（8）	0	1700	0	1700	850
269 号	1700	2、5、5（8）					
265 号	1700	2、5、5（8）					

表 3　　复合地基载荷试验结果表

试验点号	比例界限法 /kPa	相对变形法 /kPa	取最大加载压力的一半 /kPa	极差 /kPa	平均值 /kPa	极差/平均值	本工程复合地基承载力特征值 /kPa
ZC4－100	/	＞550	550	0	550	0	550
ZC4－104	/	＞550	550				
ZC4－106	/	＞550	550				
ZC4－108	/	＞550	550				

4 结语

（1）加固软土地基的方法很多，但对于本工程地下水位较高、砂层分布范围大、施工任务紧等特点，振冲碎石桩方案最优。振冲碎石桩具有施工简便、承载力高、使用灵活、工期短、经济等优点，是目前加固砂土地基的一种主要方法，可提高地基承载力，增大地基变形模量，提高地基剪切强度和水平抵抗力，减少不均匀沉降，消除液化砂土液化等优点。

（2）本工程砂层基础采用桩径 1m、间距 2m、三角形布桩形式，同时在桩顶和基础之间置换一层 2m 厚的碎石垫层，并做碾压实处理，经过现场试验检测，满足设计要求。

（3）振冲碎石桩施工确定合理的水压、水量、密实电流、留振时间及填料量等关键施工参数至关重要。因此，应根据试验区试验确定施工参数，施工过程中根据地层变化适当调整，从而达到最优效果。

第三篇　施 工 管 理

金桥水电站施工经验总结

盛登强　李　辉　余江深　王海云　蔡　瞳

（西藏开投金桥水电开发有限公司，西藏那曲　852400）

摘　要： 为克服金桥水电站地理位置偏僻、材料运输困难等因素对工期的影响，确保合同工期完工节点，金桥水电公司采取设计优化、专项施工方案等非常规措施在保证电站施工质量的同时加快了施工进度。本文主要对金桥水电站施工期有效、可推广的施工经验进行了总结。

关键词： 施工导流；振冲碎石桩；堆石混凝土；防冲墙；立体开挖；安全度汛

1　首部枢纽工程

1.1　施工导流优化

1.1.1　施工导流在水利水电工程建设中的作用

修建拦河大坝及枢纽其他永久建筑物，通常是在河道上先修筑围堰形成"基坑"，围护枢纽永久建筑物在干地施工，并将河道水流通过预定的泄水通道引向下游宣泄。施工导流是水利水电工程施工过程中，将原河道水流通过适当方式导向下游的工程措施。导流建筑物包括临时挡水建筑物（围堰）和泄水建筑物。水利水电工程在施工过程中，需通过导流建筑物对坝址河道水流进行控制，以解决工程施工与河道水流宣泄的矛盾，避免水流对工程施工造成不利影响，为永久建筑物创造干地施工条件，这是区别于其他工业及民用建筑工程施工的主要特点。

在河道上修筑围堰，必须截断河道水流而迫使河水改道，从已建的导流泄水建筑物或预留通道宣泄至下游，成为截流。截流方式可归纳为戗堤法截流和无戗堤法截流两大类。戗堤法截流是向河床抛填石渣及块石料或混凝土块体修筑截流戗堤，将河床过水断面逐渐缩小至全部断流；无戗堤截流包括定向爆破法截流、水力冲填法截流、下闸截流等。我国水利水电工程常用戗堤法截流，戗堤法截流分为立堵截流和平堵截流两种方式。截流戗堤是围堰堰体的一部分，截流是修建围堰的先决条件，也是围堰施工的一道工序。如果截流不能按时完成，将制约围堰施工，直接影响围堰度汛的安全，并将延误主体建筑物的施工工期。如果截流失败，失去了枯水期的良好截流时机，将拖延工程工期达一年。对通航河道，还可能造成断航的严重后果。例如湖南省酉水凤滩水电站主河道截流因施工进度滞后，为抢回工期，于1971年8月8—11日在汛期强行进行截流，遭遇洪水截流失败；9月5日再次截流，虽然合龙，但截流戗堤不能闭气，渗漏量很大，并再次遭遇洪水，将戗堤堆石体顶部5m高被洪水冲走；11月16日又进行截流，拦断河床后，因漏水严重，基坑积水无法施工，围堰防渗处

第一作者简介： 盛登强（1978—　），男，青海西宁人，工程师，主要从事水利水电工程建设管理工作。Email：shengdq@xzkt.net

理拖延了主体建筑物施工工期，经济上也造成了巨大损失。因此，截流在水利水电工程中是重要的关键项目之一，也是影响整个工程施工进度的一个控制项目。

围堰是在河道流水中建筑的挡水建筑物，也属于施工导流的组成部分。围堰一般为临时建筑物，也有与大坝导墙等永久建筑物相结合而成为主体建筑物的一部分。围堰的成败直接影响所维护的永久建筑物的施工安全、施工工期及工程造价；过河拦蓄的洪水容量较大，还关系到下游人民生命财产的安全。因此，在水利水电工程建设中，围堰具有举足轻重的作用。例如湖北省浠水白莲河水电站土石围堰因导流标准偏低，1959 年 2 月 11—15 日，浠水上游降雨达 120mm，2 月 15 日，土石围堰上游水位超过堰顶，堰顶漫水而溃决，填筑的土石围堰全部被冲走。由于围堰失事，是大坝施工延期，电站机组发电日期推迟 3 个季度。围堰溃决后，下游临时交通浮桥及护桥人员被冲走，基坑内 50 余台水泵及施工机械被冲走或水淹，140 艘木船及建筑物材料物资被冲走，损失巨大。

综上所述，导流与截流不仅影响水利水电工程的施工安全、施工工期及工程造价，还常涉及坝址下游地区的防洪安全。在水利水电工程建设中，导流、截流及围堰都是控制性的施工项目。因此，施工导流设计是水利水电工程枢纽总体设计的重要组成部分，是选定枢纽布置、枢纽建筑物型式、施工程序及施工总进度的重要因素之一，是枢纽工程施工组织设计的中心环节，也是编制施工总进度计划的主要依据。施工导流贯穿枢纽建筑物施工的全过程，导流设计要妥善解决施工全过程中挡水、泄水问题，实现对坝址河道水流进行全面控制。因此，应分析研究各期导流特点和相互关系，全面规划、统筹安排，运用风险分析的方法、处理洪水与施工的矛盾，务求导流方案经济合理，安全可靠，确保枢纽工程建设顺利进行。

1.1.2 金桥水电站首部枢纽施工导流规划

1.1.2.1 导流方式及导流标准

导流方式：首部枢纽采用河床分期导流的导流方式。

导流标准：首部枢纽选用 10 年一遇洪水标准，相应的导流流量为 $Q_{10\%}=774\text{m}^3/\text{s}$。

1.1.2.2 导流程序

（1）首部枢纽区一期导流。一期导流时段为 2016 年 11 月至 2018 年 10 月，分为枯水期导流和汛期导流。一期枯水导流时段为 2016 年 11 月至 2017 年 4 月，导流流量为 $Q_{10\%}=82\text{m}^3/\text{s}$。采用枯水期围堰挡水，由束窄后的左岸河床过流，施工泄洪闸左岸上游导墙及中游导墙。枯水期围堰下游段按汛期洪水标准一次建成。一期枯水围堰布置见图 1-1。

一期汛期导流时段为 2017 年 5 月至 2018 年 10 月，导流流量为 $Q_{10\%}=774\text{m}^3/\text{s}$。上游利用泄洪闸左导墙挡水，下游段采用一期汛期围堰挡水。水流由束窄后的左岸河床过流，进行右岸三孔泄洪闸及电站进水口的开挖、混凝土浇筑及闸门安装等施工。一期汛期围堰布置见图 1-2。

（2）首部枢纽区二期导流。二期导流从 2018 年 11 月至 2019 年 4 月，按照全年导流设计，导流流量为 $Q_{10\%}=774\text{m}^3/\text{s}$。

2018 年 10 月底进行主河床截流，11 月完成左岸上、下游横向土石围堰施工，在上、下游横向围堰与混凝土纵向导墙的围护下施工左岸混凝土坝施工，河水经右岸三孔泄洪闸过流，2019 年 3 月完成左岸混凝土重力坝的施工，2019 年 4 月 30 前完成下闸蓄水。二期围堰布置见图 1-3。

图 1-1 一期枯水围堰布置图

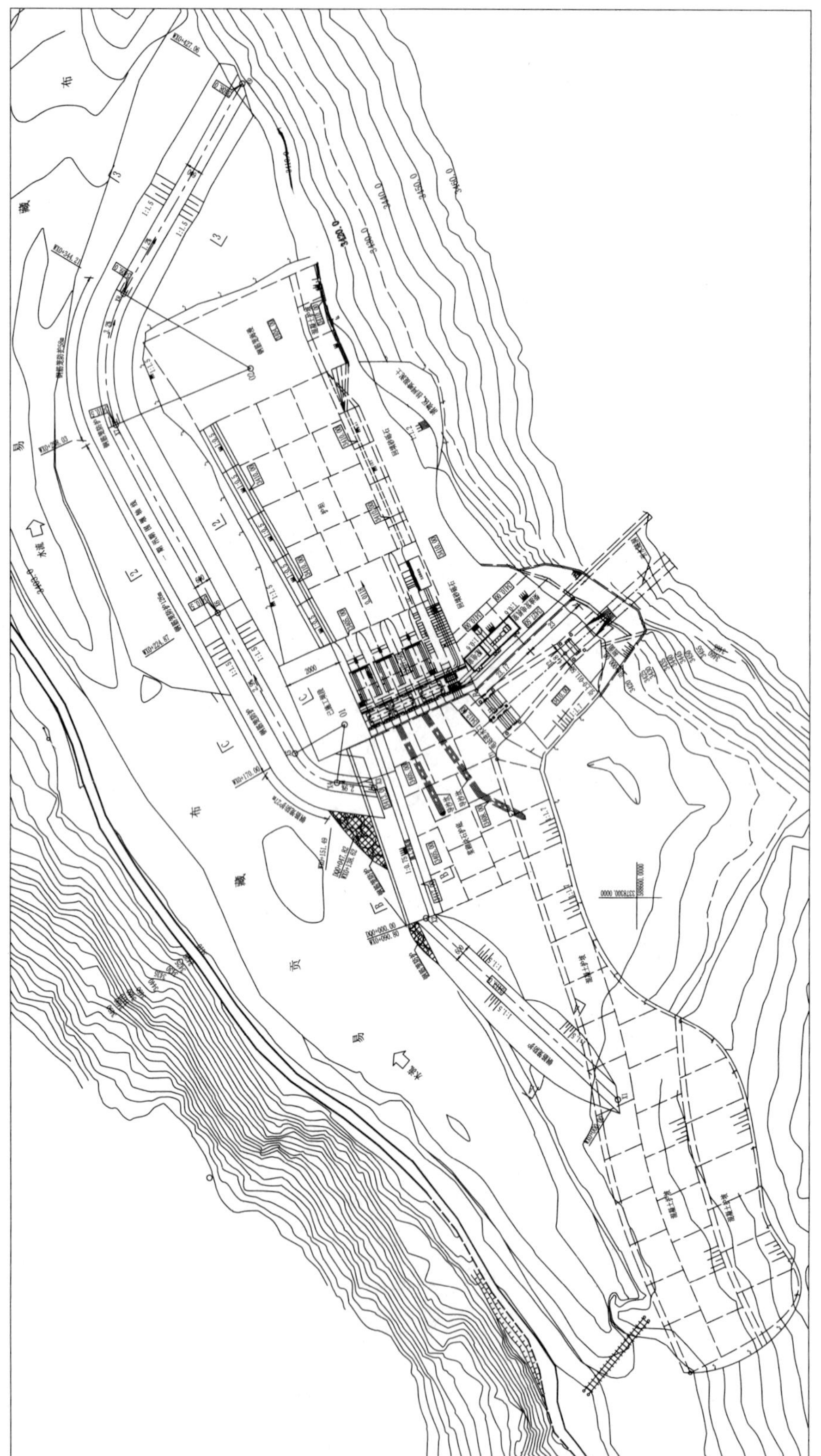

图 1-2　一期汛期围堰布置图

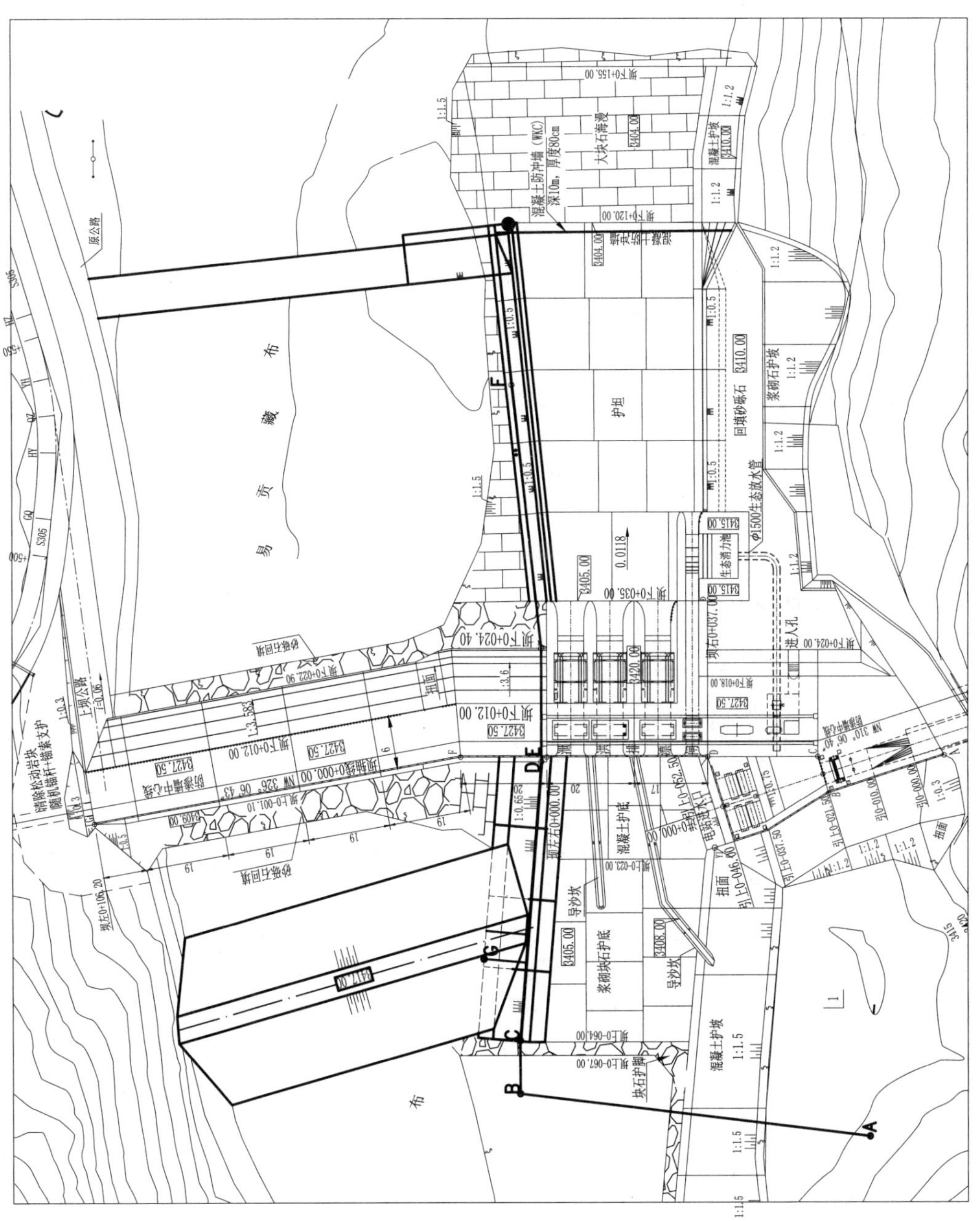

易贡藏布
护坦
回填砂砾石
浆砌石护坡
混凝土护坡
导砂坎
浆砌块石护底
大块石海漫
生态消力池
φ1500生态放水管
进人孔
电站进水口
上坝公路
原公路
块石护脚
砂砾石回填

图1-3 二期围堰布置图

(3) 首部枢纽区后期导流。从 2019 年 5 月开始，首部枢纽由泄洪闸及右岸挡水坝段挡水，按照电站永久设计洪水 $Q_{2\%}=901m^3/s$。

1.1.3 水文气象条件

易贡藏布流域地处西藏东南部，属温带湿润高原季风气候区。每年 4 月初，印度洋热带海洋季风即西南季风携带大量暖湿气流从孟加拉湾沿雅鲁藏布江一带进入高原，抵达本流域。由于暖湿气流及流域特殊地形的影响，形成了易贡藏布流域夏无酷热、多雨，冬无严寒、降水少和随着流域高程的变化，垂直气候带显著的特点。易贡藏布流域气温变化的特点是：年较差小，日较差大。

受季风气候影响，易贡藏布流域夏季降水总量大、降水日数多、降雨强度小、多夜雨，冬季降水较少。一般每年 5—9 月为雨季，雨量集中，占全年总降水量的 70%以上，10 月至翌年 4 月，降水量仅占全年的 10%～20%，被称为“干季”。年平均温度为－1～9℃，各月平均气温 7 月最大，1 月最小。

金桥水电站未设立专用气象站，本工程采用嘉黎站气象要素成果，多年平均降雨量为 838mm，多年平均气温－0.2℃，极端最高气温 21.1℃，极端最低气温－30.3℃，多年平均风速 2.1m/s。

金桥水电站坝址全年洪峰流量成果如下：5 年一遇洪水 $Q_{20\%}=709m^3/s$，10 年一遇洪水 $Q_{10\%}=774m^3/s$，30 年一遇洪水 $Q_{3.3\%}=863m^3/s$，100 年一遇洪水 $Q_{1\%}=953m^3/s$，1000 年一遇洪水为 $Q_{0.1\%}=1330m^3/s$。

金桥水电站坝址多年平均流量 $114m^3/s$，金桥水电站坝址分期设计洪水见表 1-1。

表 1-1　　分期设计洪水成果

断面	使　用　期	各种频率设计值/(m^3/s)		
		$P=5\%$	$P=10\%$	$P=20\%$
金桥坝址	11 月 1 日至翌年 4 月 30 日	88.5	81.7	74.1
	5 月 1—31 日	440	375	307
	6 月 1 日至 9 月 30 日	831	774	709
	10 月 1—31 日	285	258	229

1.1.4 首部枢纽施工导流方案调整原因分析

1.1.4.1 满足基坑上下游通行道路

根据西藏易贡藏布金桥水电站施工布置，首部枢纽坝轴线下游约 220m 处布置了一座连接左右岸的贝雷桥，基坑上游没有到达基坑的道路。根据一期汛期围堰布置，下游围堰与上游导墙相连接，两者高差达 3.5m，且上游导墙顶宽为 2.0m。无法利用下游围堰、上游导墙、上游围堰到达基坑上游。如在上游导墙外侧填筑道路，将束窄左侧河道过流断面，无法保证汛期安全度汛。

1.1.4.2 保证汛期 305 省道（嘉黎县至忠玉乡）畅通

首部枢纽区 305 省道高程为 3410.0～3411.0m，而一期汛期十年一遇洪水为 $774m^3/s$ 时，首部枢纽区水位将达到 3412.16m 高程。汛期可能将造成 305 省道被淹，影响当地村民对外交通，也影响金桥水电站主体工程施工。

1.1.4.3 降低左岸二期工程截流难度

(1) 截流时间选择。河道的枯水期按水文特性一般可分为讯后退水期（前段）、稳定枯水期（中断）和汛前迎水期（后段），截流时段尽可能在枯水期较小流量时进行。拟定截流时间时，必须全面考虑河道水文特性和截流前后应完成的各项控制性工程要求，综合权衡分流建筑物、截流及围堰施工困难度，合理使用枯水期，以期在总体上获得最合理的方案。

1）当枯水期较长，或截流后至汛前所需填筑的围堰工程量不大时，截流时间可选在枯水期中段，尽量利用稳定的枯水期截流。

2）当围堰工程量很大时，为了使围堰有足够的施工时间，可在枯水期前期（讯后退水期）截流。此时，应着重研究落实分流建筑物的施工方案（主要是分流建筑物的施工进度，前期围堰拆除、引水渠开挖以及进口处预留土石埂的水下爆破技术措施），并考虑若分流条件达不到预定要求时按期截流的可能性。

3）截流时间选择在枯水期后段，有利于分流建筑物的施工，但由于流量不断增大，不利于合龙闭气，对围堰施工所冒风险也很大，应慎重考虑。如果合龙后所需完成的工程量不大，也有可能在枯水期后段（汛前迎水期）截流。此时，应研究可能出现的问题（围堰闭气、围堰防渗墙施工等），并提出切实可行的措施。

（2）截流设计流量选择。截流设计流量，应根据河流水文特性及施工条件进行选择，一般可选用截流期 5～10 年一遇的月或旬平均流量。截流时间选在枯水期的不同时段，其设计流量的重现期应有所不同。选在讯后退水期或稳定期，其重现期可取短一些，如 5～10 年一遇；选在汛前迎水期，则应取长一些，如 10～20 年一遇。

（3）左岸二期工程截流规划。根据一、二期工程截流规划，左岸二期工程 2018 年 10 月截流，为枯水期前期（讯后退水期）截流。依据金桥水电站分期设计洪水成果，10 月 5 年一遇洪水为 $229m^3/s$。

金桥水电站左岸二期工程截流道路为嘉忠公路（305 省道），从料场至围堰道路狭窄，部分路段仅满足单车通行。由于截流流量较大，无法保证截流时龙口的抛投强度，截流难度大。

根据 3 孔泄洪闸泄洪能力，当河道流量为 $229m^3/s$ 时，上游水位达 3409.0m 高程（泄洪闸底板高程为 3405.0m）。左岸二期工程截流龙口水深达 4.0m，截流龙口上下游水位差最大将达到 4.0m（由于河道坡降较大，截流完成后，戗堤下游基本为干地）。由于龙口处水位落差较大，相应龙口流速也比较大，需要大量特殊材料，为后续的围堰闭气、防渗墙施工增加难度。

要满足 10 月下旬截流，10 月初就要开始右岸一期工程围堰消瘦、拆除，此时处于汛末，堰前水深较大，无法保证围堰及混凝土防渗墙拆除干净，影响分流，并且影响大坝运行期间冲沙要求。

为降低截流难度，确保一期围堰拆除彻底，满足泄洪闸排沙要求，将截流时间选择在枯水期中段，尽量利用稳定的枯水期截流。

1.1.4.4　均衡首部枢纽一、二期工程施工强度

根据首部枢纽施工导流规划，右岸一期工程施工期为 2017 年 5 月至 2018 年 10 月，共计 18 个月；左岸二期工程施工期为 2018 年 11 月至 2019 年 3 月，共计 5 个月。右岸一期工程工期比较长，施工强度非常低；左岸二期工程工期非常短，施工强度非常大。

左岸二期施工时段为 2018 年 11 月至 2019 年 3 月，均在低温季节施工，最低气温达 −20℃以下，施工难度大，且质量无法保证。在此期间，还要确保 305 省道畅通，施工干扰

大。另外，在短短5个月内完成基坑开挖、坝基防渗混凝土防渗墙（金桥水电站坝基覆盖层厚度一般50～90m，堆积中密—密实，岩性为砂卵砾石层夹细砂层透镜体，左岸挡水坝段混凝土防渗墙最大深度达86.4m）以及混凝土重力坝（最大坝高27.5m）施工，无法实现。

为均衡左右岸一、二期工程施工强度，将截流时间调整至2017年12月31日。右岸一期工程截流前施工至3416.0m高程以上（坝顶高程3427.5m），2018年汛前右岸一期工程全部施工完成。

1.1.4.5 右岸一期围堰防渗墙施工难度大

右岸一期围堰纵向围堰位于现代河床部位，上、下游横向围堰位于右岸Ⅰ级阶地及洪积扇地带。现代河床表层为易贡藏布江河床砂卵砾石层，卵砾石主要为花岗岩、砂岩等，卵砾石含量一般在60%～70%，其余为砂，厚度2～5m；右岸阶地表层为上游沟谷泥石流形成的洪积堆积物，岩性为含块石碎石土，厚度3～9m，堆积松散，块石中有架空结构，块石、碎石含量60%，砂含量23%，其余为泥质物，见图1-4和图1-5。

图1-4 现代河床表面

图1-5 右岸阶地

高压旋喷是以高压旋喷的喷嘴将水泥浆喷入土层与土体混合，形成连续搭接的水泥加固体。高压旋喷注浆法适用于处理淤泥、淤泥质土、黏土、粉土、砂土、黄土以及碎石土等地基；高压旋喷注浆法对基岩和碎石土中卵石、块石、漂石呈骨架结构的地层，应慎重使用。

右岸一期工程围堰基础2～9m范围主要以卵砾石、块石、碎石为主，其含量达60%以上，为卵砾石、块石、碎石骨架结构的地层，且有架空结构。在该类地层进行高压旋喷防渗墙施工，成墙难度非常大，成墙效果非常差。要想确保高压旋喷防渗墙成墙质量，需对表层卵砾石、块石、碎石进行置换。由于置换量较大，无法保证汛前完成围堰施工。另外，置换填筑大部分在水下填筑，无法确保填筑密实，对高压旋喷质量造成影响。

1.1.5 首部枢纽施工导流调整

原一期导流规划为：一期导流分为枯水期导流和汛期导流。一期枯水导流采用枯水期围堰挡水，由束窄后的左岸河床过流，施工泄洪闸左岸上游导墙及中游导墙；一期汛期导流上游利用泄洪闸左导墙挡水，下游段采用一期汛期围堰挡水。水流由束窄后的左岸河床过流，进行右岸三孔泄洪闸及电站进水口的开挖、混凝土浇筑及闸门安装等施工。

1.1.5.1 一期枯水期围堰调整

取消一期枯水期围堰，导流采用左侧河床开挖导流明渠进行导流。2016年11—12月对左侧河道进行疏浚，降低河道水位，为右岸一期工程基坑干地施工创造条件。

经过施工导流调整，右岸一期基坑在汛前施工项目有：右岸一期基坑防渗墙、右岸基坑开挖、泄洪闸上游导流墙、泄洪闸左边墩、泄洪闸护坦和护坦左挡墙、振冲碎石桩以及坝基混凝土防渗墙等。

右岸一期基坑汛前施工项目建基面高程基本都在 3403.00m 以上，只有泄洪闸护坦上、下游齿槽建基面高程为 3400.00m。为保证枯水期右岸基坑在干地施工，左侧河道疏浚底高程确定为 3402.00m，泄洪闸护坦上、下游齿槽施工渗水采用强排措施。

1.1.5.2 一期汛期围堰调整

取消一期汛期围堰，由泄洪闸上游右岸Ⅰ级阶地、泄洪闸上游导流墙、泄洪闸左边墩、泄洪闸下游护坦左挡墙以及泄洪闸护坦末端横向围堰挡水，水流由左侧疏浚河道下泄。一期汛期围堰调整布置见图 1-6。

(1) 水力计算。导流明渠水力计算根据首部枢纽导流流量，利用流量定义 $Q=\omega v$ 和明渠均匀流基本公式 $v=C\sqrt{Ri}$ 进行的，确定有关参数和断面尺寸。

1) 平均流速计算。平均流速可根据流量定义公式计算，即

$$Q=\omega v$$

$$\omega=(b+mh)h$$

式中：Q 为流量，根据导流规划，首部枢纽汛期导流流量为 $Q_{10\%}=774\text{m}^3/\text{s}$；$\omega$ 为过水断面面积，优化方案导流明渠采用梯形断面；b 为渠道底宽，m；m 为边坡坡比；h 为水深；v 为平均流速，m/s。

两侧边坡坡比为 1∶1，底宽 40m，底高程为 3402.00m，水深按照 4.0～5.0m 考虑：当渠道内水深为 4.0m 时，$\omega=180\text{m}^2$，$v=4.3\text{m/s}$；当渠道内水深为 4.5m 时，$\omega=205\text{m}^2$，$v=3.78\text{m/s}$；当渠道内水深为 5.0m 时，$\omega=230\text{m}^2$，$v=3.37\text{m/s}$。

根据计算，当渠道内水深为 4.0m 时，平均流速达到 4.3m/s，由于流速过大，对渠底及两侧边坡冲刷较严重，不予考虑。根据水深为 4.5m 和 5.0m 计算渠道水力坡降。

2) 水力坡降计算。渠底纵坡坡比利用明渠均匀流基本公式进行计算：

$$v=C\sqrt{Ri}, C=\frac{1}{n}R^{\frac{1}{6}}, R=\frac{(b+mh)h}{b+2h\sqrt{1+m^2}}$$

式中：v 为平均流速，m/s；C 为谢才系数，$\text{m}^{1/2}/\text{s}$；n 为渠底糙率（n 取 0.05）；R 为水力半径，m；i 为水力坡降，当流速为 3.78m/s 时需要的水力坡降 $i=0.6\%$，当流速为 3.37m/s 时需要的水力坡降 $i=0.42\%$。

由于以上计算按照明渠均匀流进行的演算，但根据现场河道实际情况无法达到均匀流条件，为增加过流量，水力坡降按 1%控制。

(2) 导流明渠。导流明渠两侧边坡坡比为 1∶1，底宽 40m，坝轴线处渠底高程为 3402.00m，渠底纵坡按 1%控制。

河道疏浚以坝轴线处渠底 3402.00m 高程控制，分别向上下游按 1%坡度进行疏浚，直至与原河床衔接为止。渠道上游端头以上游 20m 范围内河道中的大孤石进行解爆，并对河道进行平整处理，保证水流平顺进入导流明渠。渠道下游端头以下游河床高出渠底的部分全部清除，并对孤石进行解爆，保证水流流态平顺。

河道疏浚时对渠道右侧原河床较低处进行回填处理，保证渠底与渠顶高差不小于 5.0m，

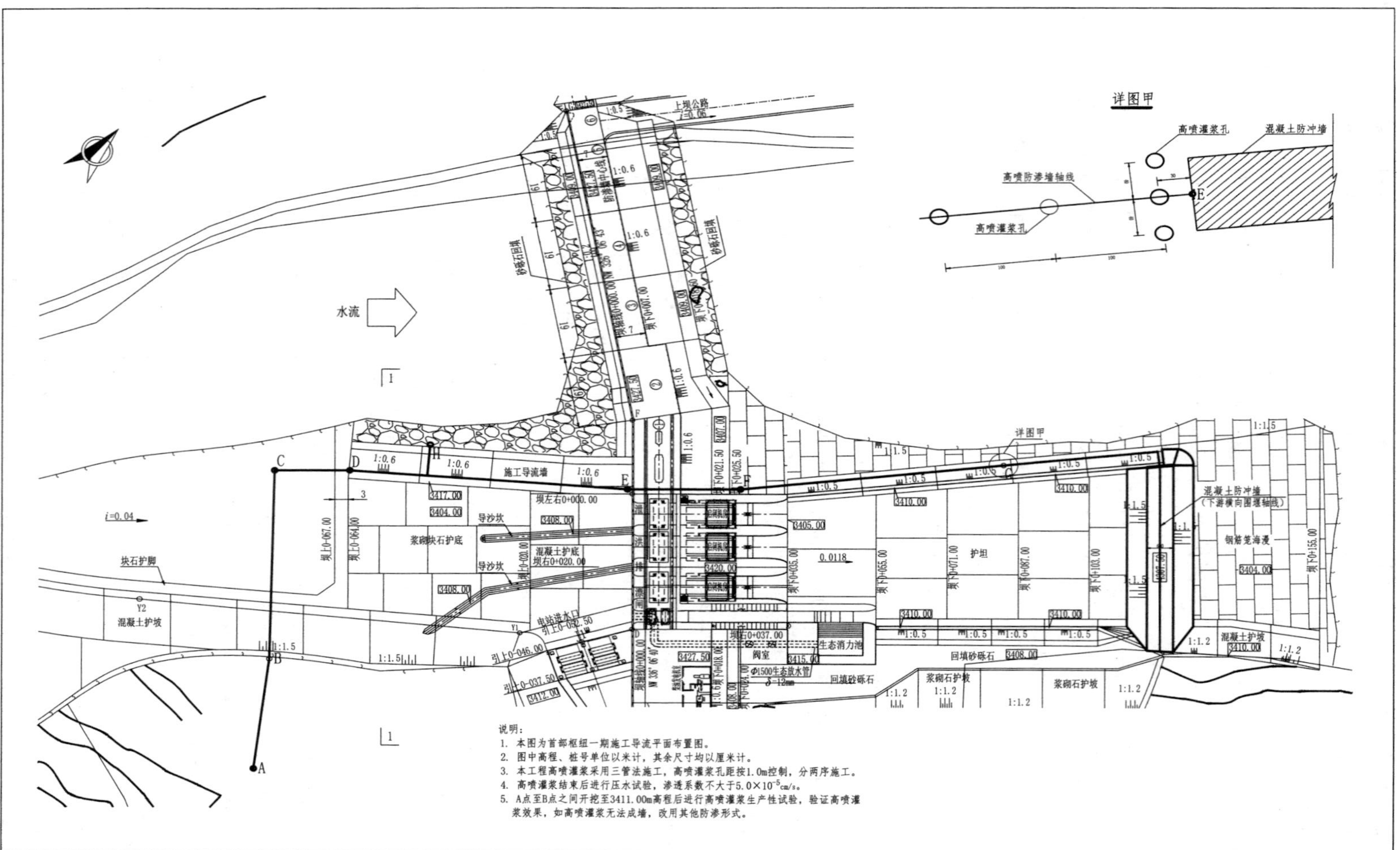

图 1-6　首部枢纽一期导流调整平面布置图

满足右岸一期工程基坑上下游通行要求。

（3）右岸基坑防渗墙布置。右岸一期工程基坑防渗采用混凝土防渗墙和高压旋喷灌浆防渗墙相结合的方式。

1）上游横向围堰。利用右岸阶地作为上游横向围堰，由于右岸阶地表层为上游沟谷泥石流形成的洪积堆积物，岩性为含块石碎石土，厚度3～9m，堆积松散，块石中有架空结构，块石、碎石含量为60%，砂含量为23%，其余为泥质物。不适合高压旋喷灌浆防渗墙，采用80cm厚C15混凝土防渗墙。

2）纵向围堰。利用泄洪闸上游导流墙、泄洪闸左边墩、泄洪闸下游护坦左挡墙作为纵向围堰。作为纵向围堰的主体结构建筑物均坐落在现代河床基础，现代河床表层为易贡藏布江河床砂卵砾石层，卵砾石主要为花岗岩、砂岩等，卵砾石含量一般为60%～70%，其余为砂，厚度为2～5m。经过对主体建筑物基础开挖，将现代河床表层易贡藏布江河床砂卵石层挖除，具备高压旋喷灌浆条件。①泄洪闸上游导流墙部位采用高压旋喷灌浆防渗墙，防渗墙顶部以上利用泄洪闸导流墙挡水。②泄洪闸左边墩。由于泄洪闸基础存在砂层透镜体，需进行振冲碎石桩对砂层透镜体进行处理，如采用高压旋喷灌浆防渗墙，由于高压旋喷灌浆防渗墙强度非常低，进行振冲碎石桩施工时，会对防渗墙造成挤压破坏。因此，泄洪闸坝段防渗墙采用80cm厚C15混凝土防渗墙，防渗墙顶部以上利用泄洪闸左边墩挡水。③泄洪闸下游护坦左挡墙。泄洪闸下游护坦左挡墙坝下0+035.00～坝下0+084.037采用高压旋喷灌浆防渗墙，坝下0+084.037～坝下0+120.00利用主体结构防冲墙作为防渗墙，顶部以上利用泄洪闸下游护坦左挡墙挡水。

3）下游横向围堰。下游横向围堰基础防渗利用主体结构防冲墙，防冲墙顶部为泄洪闸下游护坦底板混凝土，底板混凝土之上浇筑80cm厚C15混凝土防渗心墙，然后填筑下游横向围堰。

右岸一期导流围堰典型断面见图1-7。

1.1.5.3 二期围堰调整

根据首部枢纽施工导流规划，右岸一期工程施工期为2017年5月至2018年10月，共计18个月；左岸二期工程施工期为2018年11月至2019年3月，共计5个月。右岸一期工程工期比较长，施工强度非常低；左岸二期工程工期非常短，施工强度非常大。

左岸二期施工时段为2018年11月至2019年3月，均在低温季节施工，最低气温达-20℃以下，施工难度大，且质量无法保证。在此期间，还要确保305省道畅通，施工干扰大。另外，在短短5个月内完成基坑开挖、坝基防渗混凝土防渗墙（金桥水电站坝基覆盖层厚度一般为50～90m，堆积中密—密实，岩性为砂卵砾石层夹细砂层透镜体，左岸挡水坝段混凝土防渗墙最大深度达86.4m）以及混凝土重力坝（最大坝高27.5m）施工，无法实现。

为均衡左右岸一、二期工程施工强度，将二期截流由原来的2018年10月，调整至2017年12月31日，由已修建的泄洪闸泄流。

（1）二期上游围堰。二期上游围堰顶高程为3416.00m，截流戗堤顶高程为3409.00m，为实现二期基坑提前施工，将原高喷防渗墙顶高程由3416.00m调整为3409.00m。实现二期截流后，填筑防渗施工平台，进行高压旋喷灌浆施工。3409.00m高程以上防渗采用现浇80cm厚C15混凝土心墙，做到了围堰与二期基坑同步施工的条件。

（2）二期下游围堰。左岸二期工程主体结构建基面高程为3404.00m，由于右岸一期

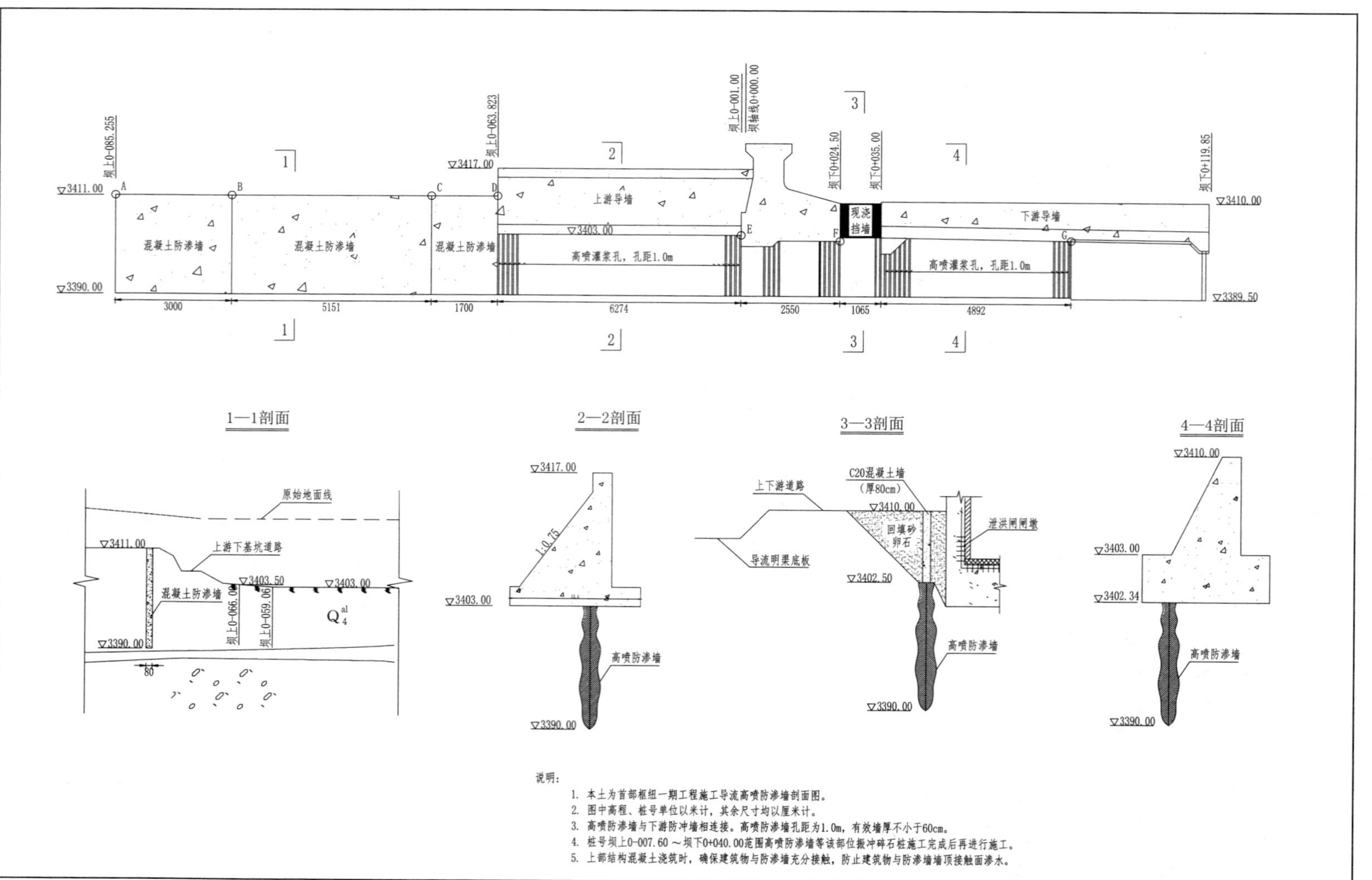

图1-7 一期调整围堰防渗体布置图

导流时对左侧河床进行了疏浚，泄洪闸护坦下游河床高程为 3399.50m，较左岸二期工程主体结构建基面低 4.5m。由于建基面高程较高，河道内水流反流不会淹没建基面。因此，取消了二期下游围堰及围堰防渗墙。

1.1.6　工期分析

金桥水电站位于西藏自治区那曲地区嘉黎县境内，上距嘉黎县 100km，下距忠玉乡 10km，嘉（黎）—忠（玉）公路从首部枢纽及厂区通过，交通尚便利。但由于嘉—忠公路等级低，自金桥水电站建设进场以来，即 2016—2019 年汛期 7—8 月，嘉—忠公路多处路段被洪水冲毁。另外，汛期进场道路发生边坡塌方、泥石流等，每年造成道路中断 20d 左右，严重影响物资材料的运输，对工程建设造成严重影响。

2017 年 7 月 5 日易贡藏布江发生超标洪水，2 号贝雷桥被冲毁。2 号贝雷桥为首部枢纽右岸一期工程施工唯一通道，造成首部枢纽右岸一期工程暂停施工 45d。

金桥水电站建设主要材料（钢筋、水泥、粉煤灰等）利用青藏公路运输，青藏公路唐古拉山路段每年 10 月至次年 4 月进行道路管制，对材料运输也造成很大困难。

首部枢纽通过施工导流调整，消除了因进场道路中断、2 号贝雷桥冲毁等因素对工程建设进度的影响，还提前了首部枢纽工程施工进度。

1.1.6.1　右岸一期工程

根据施工合同约定，右岸一期工程于 2017 年 6 月 1 日开始混凝土施工，2018 年 10 月 15 日施工完成。

通过施工导流调整，右岸一期工程 2017 年 3 月 14 日实现首块混凝土浇筑，2018 年 7 月中旬全部施工完成。

1.1.6.2　左岸二期工程

根据施工合同约定，左岸二期工程于 2018 年 10 月进行截流，2019 年 3 月浇筑至坝顶高程。

通过施工导流调整，左岸二期工程 2017 年 12 月 31 日截流成功，2018 年 11 月 17 日左岸挡水坝段全部浇筑至坝顶工程。

1.1.7　节省投资

经首部枢纽施工导流调整，取消右岸一期工程枯水期围堰和汛期围堰，利用主体结构挡水，取消左岸二期工程下游围堰，减少了施工导流工程量，节省了投资。

减少的主要工程量为：土石方填筑 76100m^3、围堰拆除 76100m^3、钢筋笼防护 7180m^3、高压旋喷灌浆 11200m。根据投标单价，减少投资 1743.5 万元。

增加的主要工程量为：混凝土防渗墙 2450m^2、河道疏浚 96000m^3、混凝土防渗心墙及防冲面板等混凝土 2270m^3。根据投标单价，增加投资 870.7 万元。

另外，因减少高压旋喷灌浆工程，从而减少甲供水泥 7000t，节省材料费 769.1 万元。

通过对首部枢纽施工导流调整，不但加快了施工进度，还节省投资 1641.9 万元。

1.2　碎石振冲桩设计优化

1.2.1　首部枢纽建筑物基础地质条件

1.2.1.1　河床坝基地质条件

首部枢纽建筑物基础主要分布在易贡藏布主河床段，地层岩性表层为易贡藏布河床砂卵砾石层，厚度为30～80m，结构中密—密实，岩性成分：卵砾石主要为花岗岩、砂岩等，卵砾石含量一般在60%～70%，其余为砂，根据钻孔动力触探试验及现场荷载试验，其允许承载力为450～500kPa，变形模量为40～45MPa，渗透系数为5.51×10^{-3}cm/s，为中等透水层，承载力及变形模量均能满足上部荷载的要求，工程地质条件良好。

右岸阶地及洪积扇坝基，上部建筑物主要为泄洪冲沙闸、排漂闸、右岸挡水坝、电站进水口等，该段地层岩性可分为3个岩组：1岩组分布在表层，为上游沟谷泥石流形成的洪积堆积物，岩性为含块石碎石土，厚度3～9m，堆积松散，块石中有架空结构，块石、碎石含量60%，砂含量23%，其余为泥质物，工程地质性能较差；2岩组为60～80m厚的河床砂卵砾石层，结构中密—密实，根据钻孔动力触探试验结果，其允许承载力为450～500kPa，变形模量为40～45MPa，渗透系数为5.51×10^{-3}cm/s，为中等透水层，承载力及变形模量均能满足上部荷载的要求，工程地质性状良好，存在渗透变形破坏问题；3岩组为②号透镜体，其承载力为250～280kPa，变形模量为20～25MPa，该透镜体距离建基面较浅，分布不均。由于砂层透镜体的存在，右岸坝基持力层承载力和变形模量相对较低，存在不均匀沉降变形和地震液化的问题，同时坝基持力层为中强透水层，易产生流土型或管涌型渗透破坏。

1.2.1.2 河床坝基砂层分布情况

根据《金桥水电站坝基砂层透镜体地震液化专题研究报告》，首部枢纽建筑物基础下存在4个砂层透镜体，其分布图及剖面图，见图1-8和图1-9。

图1-8 砂层透镜体平面布置图

1号透镜体在坝轴线上游，厚度为4.1m，相对较薄，上覆强透水的砂砾卵石层厚度较大，平面规模也较小，距离坝轴线远（大于92m），在Ⅶ度地震工况下砂层透镜层中内压水压力容易扩散，产生地震液化的可能性也很小，加之距离坝轴线较远，即使中心部分部位发生地震液化，其对枢纽建筑物的危害影响也很小，因此可不对其进行工程处理。

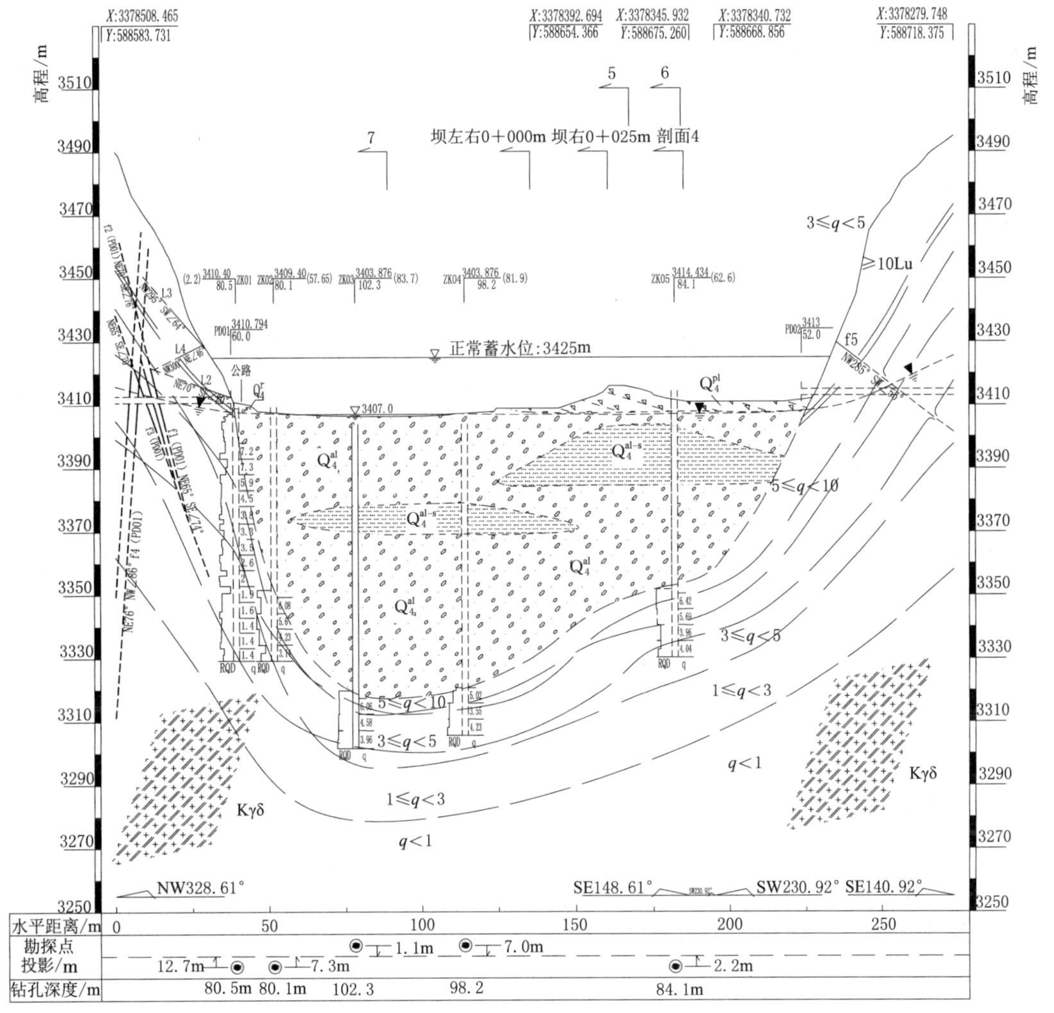

图 1-9 砂层透镜体剖面图

2 号砂层透镜层（体）位于右岸泄洪冲沙闸、排漂闸、右岸挡水坝、电站进水口等建筑物基础下部，该透镜层在坝线处最厚为 18.8m、埋藏较浅，其埋深为 2.5～11.7m，15m 以上部分经标贯复判在Ⅶ度地震工况下可能发生地震液化；另外该透镜体位于坝轴线上，分布不均一，厚度变化大，泄洪闸坝段基础坐落在砂砾石层上、部分坐落在细沙层透镜体上，因此有发生不均匀沉降的可能性，在考虑地震液化及不均匀沉降的情况下，为增加覆盖层基础的密实度，提高抗液化能力及地基承载力，减少压缩沉降变形，需要对建筑物基础进行处理。

3 号砂层透镜层位于左岸堆石混凝土重力坝基础下部，顶面埋藏深度达 25m，层厚为 9～11m，上覆强透水的砂卵砾石层厚度大，透镜体呈长条形展布，在Ⅶ度地震工况下砂层透镜层中内水压力容易扩散，产生地震液化的可能性就较小。但 1 号坝段地基承载力不满足要求，需要对坝基基础进行加固处理，其余坝段均满足要求。因此，左岸堆石混凝土重力坝 1 号坝段基础采用振冲法碎石桩处理，其余坝段基础不进行处理。

4号透镜体埋藏浅，规模小，经标贯法复判、地质综合判定在Ⅶ度地震工况下不会发生地震液化，且距离坝线较远，对其不予处理。

1.2.2 振冲碎石桩布置

泄洪闸、右岸挡水坝段及电站进水口等建筑物基础为冲积砂卵砾石层厚度50～80m（承载力为450～500kPa），存在2号砂层透镜体，透镜体在坝轴线处最厚18.8m，埋深较浅，其深度为1.7～2.5m，15m以上部分经标贯复判在Ⅶ度地震工况下可能发生地震液化，该层承载力为250～280kPa，不满足建筑物的基础承载力，因此在右岸建筑物基础部位进行振冲桩进行处理，提高抗液化能力及地基承载力。

振冲碎石桩为等边三角形布置，间距为2m；振冲桩的制桩顺序采用围打法，先外围、后中间，逐渐加密。振冲碎石桩布置典型断面见图1-10。

1.2.3 设计技术要求

1.2.3.1 施工设备

采用75kW振冲器，并应根据地基处理设计要求及土的性质通过现场试验确定。起吊设备可用起重机、自行井架式施工平车或其他合适的设备。起吊设备的起吊吨位和起吊高度应满足振冲器贯入设计深度的要求。填料设备宜选用轮式装载机，其容量根据填料强度确定。施工设备应配有电流、电压和留振时间自动信号仪表。供水泵扬程不宜小于80m，流量不宜小于15m^3/h。泥浆泵应满足排浆距离和排浆量的要求。

1.2.3.2 填充料

采用含泥料小于5%的碎石、角砾等硬质材料，不使用已风化及易腐蚀、软化的石料。填料粒径宜为20～80mm。最大粒径不大于100mm。填料应采用连续级配的碎石料，小、中碎石比为1∶1。

1.2.3.3 振冲桩工序及方法

各项准备工作就绪后，即可开始进行碎石振冲桩施工。制桩顺序可选用排打、跳打、围打法。

（1）钻机就位：

1）用吊车将ZCQ75kW振冲器吊起，匀速平移至桩位点，使振冲器对准桩位，其偏差应不大于100mm，造孔过程中应保持振冲器处于垂直状态，发现桩孔偏斜应立即纠正。

2）起吊振冲器不能过高，平移速度不能过快，确保人员及设备的安全。

（2）造孔：

1）振冲器检查完好，检验各项运行参数，成孔水压采用0.3～0.8MPa。

2）启动振冲器，空载运转正常后送水，待通水正常后开始造孔。

3）将振冲器徐徐沉入土中，造孔速度宜为0.5～2m/min，直至达到设计深度。记录振冲器经各深度的水压、电流和通过时间，记录的次数不应少于1次/m。造孔时振冲器出现上下颠动或电流大于电动机额定电流无法贯入时，应及时调整施工参数。

4）造孔后边提升振冲器边冲水直至孔口，再放至孔底，重复两三次扩大孔径并使孔内泥浆变稀，造孔时返出泥浆过稠或存在桩孔缩颈现象时宜进行清孔。清孔时间为5～20min。

5）造孔深度不应浅于设计处理深度以上0.3～0.5m，同时应满足穿过透镜体（Q_3^{al}－$Ⅳ_2$），进入砂卵砾石层（Q_4^{al}－sgr2）下不小于2m的设计要求。

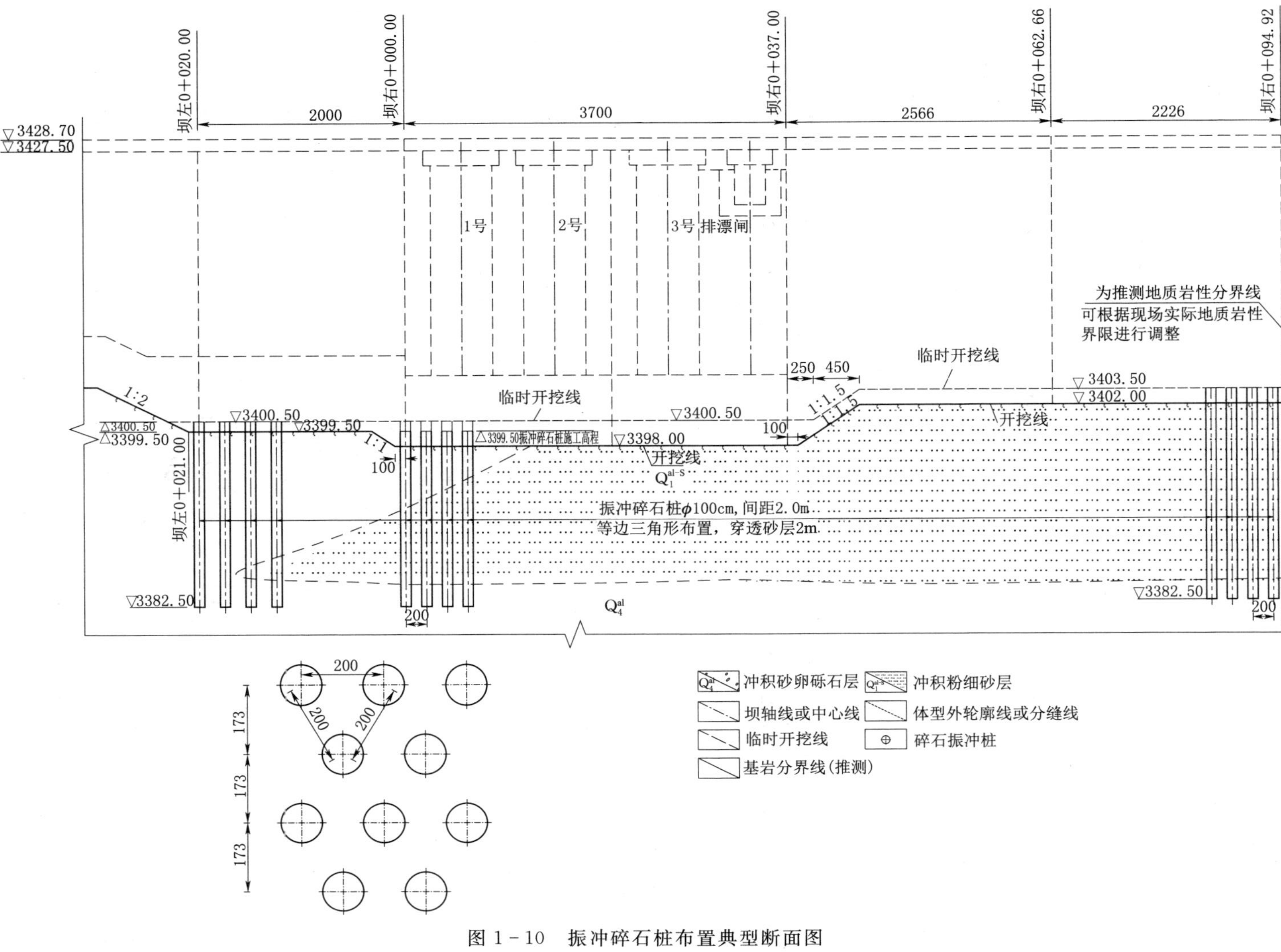

图1-10 振冲碎石桩布置典型断面图

（3）填料制桩。

1）制桩过程中，应保持振冲器处于悬垂状态；将振冲器沉入填料中进行振密制桩；加密水压采用0.3～0.4MPa。

2）投料采用连续填料法，每次填料厚度不宜大于50cm。回填料级配要合理，粒径3～10cm。连续填料过程中，每次填料不宜加填过猛、过多，应采用少填多复填的选择。

3）第一次填料后，将振冲器沉入填料中进行振密制桩，如电流值未能达到规定的密实电流，说明下面地层软弱，应继续填料振冲挤密；直至达到规定的密实电流值和规定的留振时间后，将振冲器提升30～50cm。

4）重复以上步骤，自下而上逐段制作桩体直至制桩桩顶高程，中间不得漏振，造孔时每贯入1～2m应记录电流、水压、时间；加密时每加密1～2m，应记录电流、水压、时间、填料量。加密过程中，电流超过振冲器额定电流时，宜暂停或减缓振冲器的贯入或填料速度。加密水压宜控制在0.1～0.5MPa。施工中发现串桩，可对被串桩重新加密或在其旁边补桩。

5）关闭振冲器和水泵，整理成桩记录，移至下一桩位继续施工。振密孔施工顺序宜沿直线逐点逐行的方式。

6）桩体施工完毕后应将顶部预留的松散桩体挖除，可按图示要求将振冲桩范围开挖至二次开挖线，并应将松散桩头压实，压实后地基相对密度不小于0.8。

1.2.4 现场施工调整

现场实际施工时，当75kW振冲器达到额定电流时，造孔无法达到设计孔深。为达到设计孔深，进场旋挖钻进行造孔，透镜层顶部覆盖有砂砾石层，由于含砾石较多，旋挖钻造孔效率非常低。如改用冲击钻造孔，受场地限制，冲击钻布置数量有限，要完成24615m振冲桩，将严重制约首部枢纽施工进度。

经过研究讨论，最终确定利用更大功率的振冲器进行造孔，采用130kW振冲器进行造孔，通过现场实际施工情况，当130kW振冲器电流达到200A时，造孔已穿过透镜层。最终现场已振冲器电流控制，作为造孔结束的标准，当130kW振冲器电流达到200A时，造孔结束，进行填料制桩施工。

1.2.5 质量检查

西藏易贡藏布金桥水电站首部枢纽建筑物土建工程，采用振冲碎石桩复合地基，复合地基布桩型式为三角形。单桩截面尺寸为1000mm，砂砾石基础复合地基承载力特征值为550kPa；砂层透镜体基础复合地基承载力特征值为400kPa；现场生产试验的单桩载荷试验承载力特征值为850kPa。

根据国家规范的规定和设计要求，本工程需进行单桩及复合地基承载力试验桩检测的试验。

1.2.5.1 试验目的

通过单桩及复合地基载荷试验，判定本工程地基承载力特征值是否满足设计要求。

1.2.5.2 试验依据

（1）《水电水利工程振冲法地基处理技术规范》（DL/T 5214—2005）。

（2）《建筑地基处理技术规范》（JGJ 79—2012）。

（3）《工程测量规范》（GB 50026—2007）。

(4)《建筑桩基技术规范》(JGJ 94—2008)。

(5)《建筑地基基础工程施工质量验收规范》(GB 50202—2002)。

(6)《建筑地基基础设计规范》(GB 50007—2011)。

(7)《建筑基桩检测技术规范》(JGJ 106—2014)。

(8)《水电水利工程施工通用安全技术规程》(DL/T 5370—2007)。

(9)《水电水利工程基本建设工程单元工程质量等级评定标准·第一部分：土建工程》(DL/T 5113.1—2005)。

(10)《水力发电工程地质勘察规范》(GB 50287—2006)。

其他在设计文件提出的需执行的规范和标准及设计图纸。

1.2.5.3 试验设备

加载设备：高压电动油泵、液压千斤顶。

荷载与沉降量测仪器仪表：JCQ-503B 静力载荷测试仪、容栅式位移传感器和测力传感器。

其他设备：钢梁、基准梁、堆重平台。

1.2.5.4 抽样检测依据、数量及测点布置

根据 JGJ 79—2012、GB 50007—2011 的有关规定和设计要求，本工程振冲碎石桩复合地基测点的抽检数量详见表 1-2。各被检桩位的具体位置应根据国家规范的规定、地质勘察报告和施工情况由建设单位和监理单位现场认定。

表 1-2　　振冲碎石桩复合地基设计参数及抽检数量

单桩设计参数					
编号	桩长/m	桩径/mm	承载力特征值/kN	—	压板面积/m^2
273	14.5	1000	≥850	—	1.0
269	14.5	1000	≥850	—	1.0
265	14.5	1000	≥850	—	1.0
复合地基设计参数					
编号	桩长/m	桩径/mm	承载力特征值/kPa	正三角形布置桩间距/m	压板面积/m^2
ZC4-100	14.5	1000	≥400	2.0×2.0	3.0
ZC4-102	14.5	1000	≥550	2.0×2.0	3.0
ZC4-104	14.5	1000	≥550	2.0×2.0	3.0
ZC4-106	14.5	1000	≥550	2.0×2.0	3.0
ZC4-108	14.5	1000	≥550	2.0×2.0	3.0

1.2.5.5 静载试验的反力方式和压板尺寸

采用堆重平台上配置重物的方式提供静载试验所需的反力。

(1) 加载和测量方法。通过一台液压千斤顶、一台电动油泵、一台 JCQ-503B 静力载荷测试仪和测力传感器进行荷载的施加和加荷量大小的控制；采用 4 个容栅式位移传感器进行承压板沉降量的测量，位移传感器安装固定在相对不动的基准梁上。

复合地基静载试验加载设备布置详见图 1-11。

(2) 加荷量的确定和荷载分级。依据 JGJ 79—2012 有关规定，地基静载试验的最大加荷量不应少于设计要求值的 2 倍，试验加荷等级拟按最大加载量分为 8 级逐级加载。具

体分级见表1－3。

表1－3　　地基静载荷试验分级表

编号	单位	承载力特征值	最大加载量	1	2	3	4	5	6	7	8
273	kN	≥850	1700	212	425	637	850	1062	1275	1487	1700
269	kN	≥850	1700	212	425	637	850	1062	1275	1487	1700
265	kN	≥850	1700	212	425	637	850	1062	1275	1487	1700
ZC4－100	kPa	≥400	800	100	200	300	400	500	600	700	800
ZC4－102	kPa	≥550	1100	137	275	412	550	687	825	962	1100
ZC4－104	kPa	≥550	1100	137	275	412	550	687	825	962	1100
ZC4－106	kPa	≥550	1100	137	275	412	550	687	825	962	1100
ZC4－108	kPa	≥550	1100	137	275	412	550	687	825	962	1100

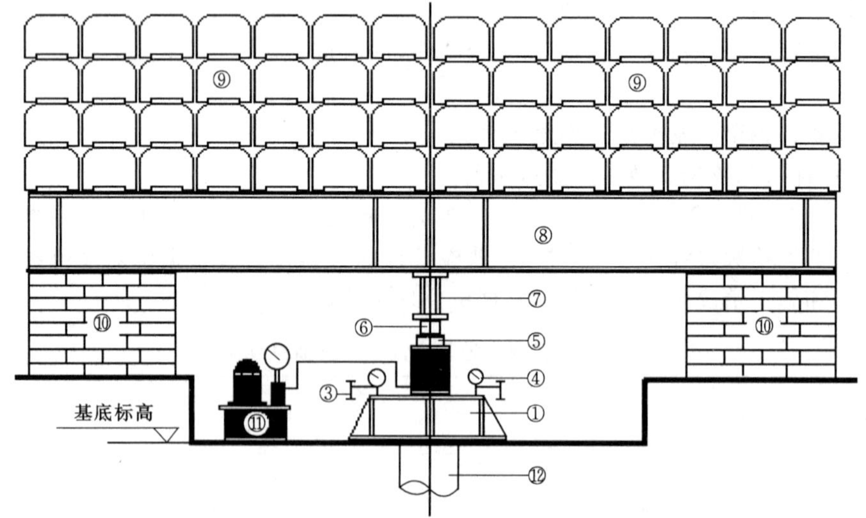

图1－11　复合地基静载试验加载设备布置图

①—承压板；②—基准点；③—基准梁；④—位移计；⑤—千斤顶；⑥—传感器；
⑦—土梁；⑧—次梁；⑨—配重；⑩—支座；⑪—油压泵；⑫—桩

（3）沉降测读时间和沉降稳定标准。每加一级荷载前后均应各读记承压板沉降量一次，以后每半个小时读记一次。当一个小时内沉降量小于0.1mm时，即可加下一级荷载。

（4）试验终止条件：①沉降急剧增大，土被挤出或承压板周围出现明显的隆起；②承压板的累计沉降量已大于其宽度或直径的6%；③当达不到极限荷载，而最大加载量已达到设计要求压力值的2倍。

（5）单桩地基承载力的确定。单桩竖向抗压极限承载力确定：依据《建筑地基基础设计规范》（GB 50007—2011）、《建筑地基处理技术规范》（JGJ 79—2012），单桩竖向抗压极限承载力 Q_u 可按下列方法综合分析确定：

1）作荷载-沉降（$Q-s$）曲线和其他辅助分析所需的曲线。

2）曲线陡降段明显时，取相应于陡降段起点的荷载值。

3）当出现本规范C.0.9条第二款的情况时，取前一级荷载值。

4）$Q-s$ 曲线呈缓变形时，取桩顶总沉降量 s 为40mm对应的荷载值。

5）按上述方法判断有困难时，可结合其他辅助分析方法综合判定。

6）当按上述五款判定桩的竖向抗压承载力未达到极限时，桩的竖向抗压极限承载力应取最大试验荷载值。

7）参加统计的试桩，当满足其极差不超过平均值的30%时，设计可取其平均值为单桩竖向抗压极限承载力；极差超过平均值的30%时，应分析极差过大的原因，结合工程具体情况综合确定，需要时可增加试桩数量；工程验收时应视建筑物结构、基础形式综合评价，对于桩数少于5根的独立基础或桩数少于3排的条形基础，应取最低值。

8）单桩竖向抗压承载力特征值确定：将单桩极限承载力除以安全系数2，为单桩承载力特征值。

（6）复合地基承载力的确定。

1）当压力-沉降曲线上极限荷载能确定，而其值不小于对应比例界限的2倍时，可取比例界限；当其值小于对应比例界限的2倍时，可取极限荷载的一半。

2）当压力-沉降曲线是平缓的光滑曲线时，可按相对变形值确定：对水泥粉煤灰碎石桩或夯实水泥土桩复合地基，当以卵石、圆砾、密实粗中砂为主的地基，可取 s/b 或 $s/d=0.008$ 所对应的压力；当以黏性土、粉土为主的地基，可取 s/b 或 $s/d=0.01$ 所对应的压力。

3）按相对变形值确定的承载力特征值不应大于最大加载压力的一半。

1.2.5.6　单桩及复合地基载荷试验沉降汇总

施工完成后，参建四方确定了试验桩，进行单桩静荷载和复合地基承载力试验。单桩承载力试验为273号、269号、265号桩，复合地基承载试验为ZC4-102、100号、104号、106号、108号桩。

（1）单桩静载试验结果。

1）273号桩。273号桩单桩竖向抗压静荷载试验数据见表1-4，单桩竖向抗压静荷载试验曲线图见表1-5。

表1-4　　单桩竖向抗压静载试验数据汇总表

工程名称：金桥水电站首部枢纽工程振冲碎石桩				编号：273号	
桩径：1000mm		桩长：14.5m		开始检测日期：2017-03-02	
级数	荷载/kN	本级位移/mm	累计位移/mm	本级历时/min	累计历时/min
1	212	0.88	0.88	120	120
2	425	0.88	1.76	120	240
3	637	1.00	2.76	210	450
4	850	1.14	3.90	120	570
5	1062	1.19	5.09	180	750
6	1275	1.89	6.98	300	1050
7	1487	2.22	9.20	180	1230
8	1700	3.78	12.98	300	1530
9	1275	−0.12	12.86	60	1590
10	850	−0.74	12.12	60	1650
11	425	−0.94	11.18	60	1710
12	0	−1.82	9.36	180	1890

表 1-5　　单桩竖向抗压静载试验曲线图

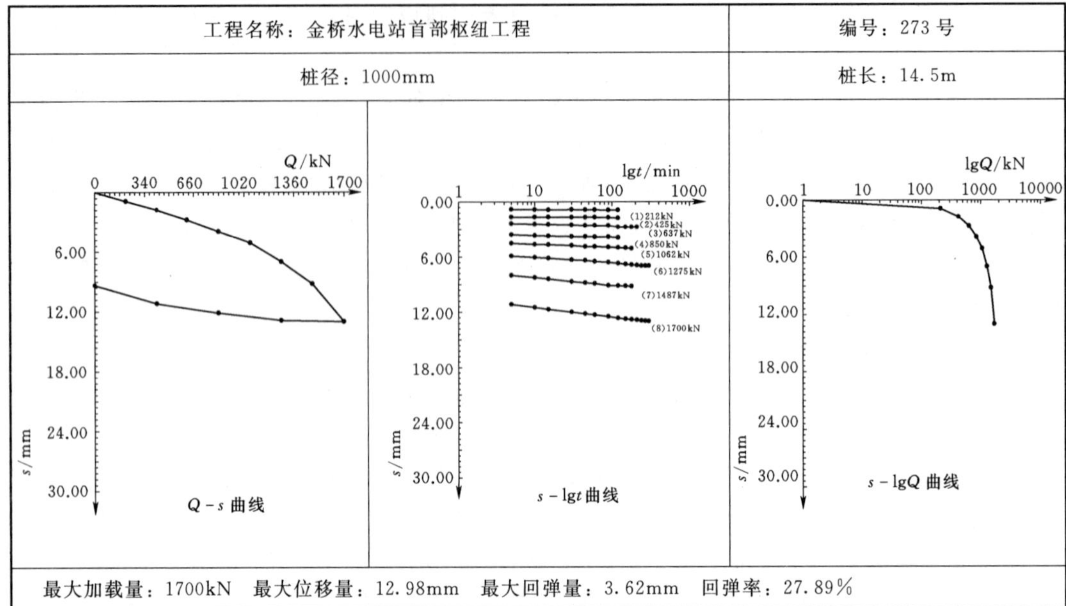

2）269 号桩。269 号桩单桩竖向抗压静荷载试验数据见表 1-6，单桩竖向抗压静荷载试验曲线图见表 1-7。

表 1-6　　单桩竖向抗压静载试验数据汇总表

工程名称：金桥水电站首部枢纽工程振冲碎石桩				编号：269 号	
桩径：1000mm		桩长：14.5m		开始检测日期：2017-03-03	
级数	荷载/kN	本级位移/mm	累计位移/mm	本级历时/min	累计历时/min
1	212	0.70	0.70	120	120
2	425	0.93	1.63	120	240
3	637	0.94	2.57	210	450
4	850	1.11	3.68	120	570
5	1062	1.56	5.24	150	720
6	1275	1.90	7.14	270	990
7	1487	3.58	10.72	180	1170
8	1700	5.12	15.84	270	1440
9	1275	−0.34	15.50	60	1500
10	850	−0.72	14.78	60	1560
11	425	−2.40	12.38	60	1620
12	0	−2.60	9.78	180	1800

表 1-7　　　　单桩竖向抗压静载试验曲线图

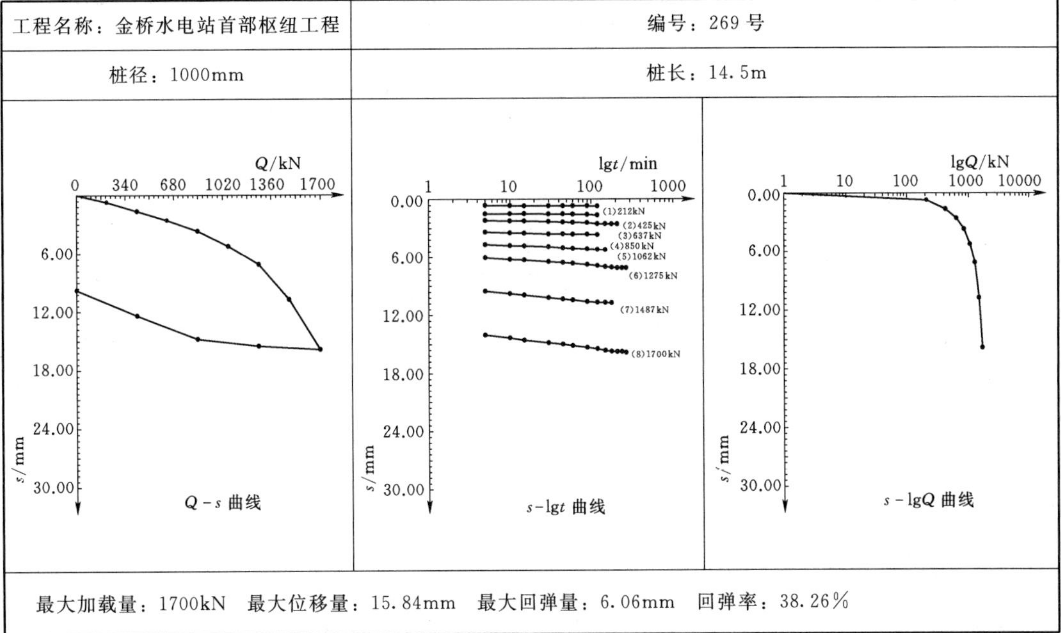

工程名称：金桥水电站首部枢纽工程	编号：269 号
桩径：1000mm	桩长：14.5m
最大加载量：1700kN　最大位移量：15.84mm　最大回弹量：6.06mm　回弹率：38.26%	

3）265 号桩。265 号桩单桩竖向抗压静荷载试验数据见表 1-8，单桩竖向抗压静荷载试验曲线图见表 1-9。

表 1-8　　　　单桩竖向抗压静载试验数据汇总表

工程名称：金桥水电站首部枢纽工程振冲碎石桩				编号：265 号	
桩径：1000mm		桩长：14.5m		开始检测日期：2017-05-05	
级数	荷载/kN	本级位移/mm	累计位移/mm	本级历时/min	累计历时/min
1	212	1.28	1.28	120	120
2	425	1.35	2.63	120	240
3	637	1.32	3.95	180	420
4	850	1.93	5.88	120	540
5	1062	2.22	8.10	180	720
6	1275	2.36	10.46	210	930
7	1487	3.88	14.34	180	1110
8	1700	6.40	20.74	210	1320
9	1275	-0.65	20.09	60	1380
10	850	-0.89	19.20	60	1440
11	425	-2.08	17.12	60	1500
12	0	-2.46	14.66	180	1680

表 1－9　　　　单桩竖向抗压静载试验曲线图

工程名称：金桥水电站首部枢纽工程	编号：265 号
桩径：1000mm	开始检测日期：2017－05－05

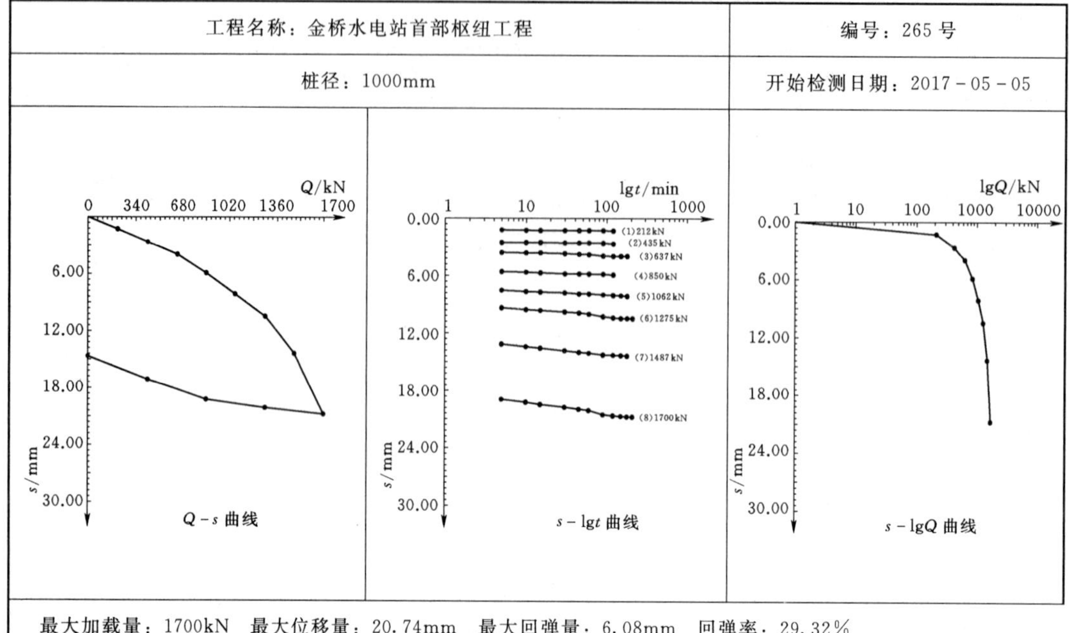

最大加载量：1700kN　最大位移量：20.74mm　最大回弹量：6.08mm　回弹率：29.32%

（2）复合地基载荷试验结果。

1）ZC4－100。100 号桩复合地基承载力试验数据见表 1－10，复合地基承载力试验曲线图见表 1－11。

表 1－10　　　　复合地基载荷试验数据汇总表

工程名称：金桥水电站首部枢纽工程振冲碎石桩				编号：ZC4－100	
设计荷载/kPa：		压板面积：3.0m²		开始检测日期：2017－03－01	
级数	荷载/kPa	本级位移/mm	累计位移/mm	本级历时/min	累计历时/min
1	100	1.02	1.02	90	90
2	200	0.78	1.80	90	180
3	300	1.02	2.82	90	270
4	400	2.05	4.87	90	360
5	500	2.24	7.11	120	480
6	600	3.20	10.31	120	600
7	700	4.81	15.12	120	720
8	800	6.53	21.65	120	840
9	600	－0.80	20.85	30	870
10	400	－0.70	20.15	30	900
11	200	－1.02	19.13	30	930
12	0	－1.61	17.52	180	1110

表 1-11　　　　复合地基载荷试验曲线图

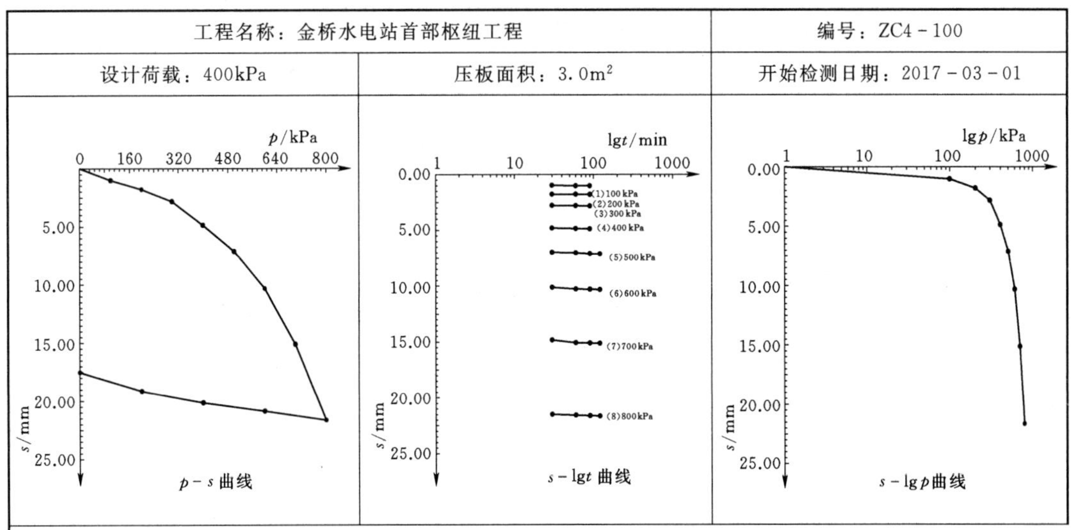

工程名称：金桥水电站首部枢纽工程		编号：ZC4-100
设计荷载：400kPa	压板面积：3.0m²	开始检测日期：2017-03-01
最大加载量：800kPa，最大位移量：21.65mm，最大回弹量：4.13mm，回弹率：19.08%		

2）ZC4-102。102 号桩复合地基承载力试验数据见表 1-12，复合地基承载力试验曲线图见表 1-13。

表 1-12　　　　复合地基抗压静载试验数据汇总表

工程名称：金桥水电站首部枢纽工程振冲碎石桩				编号：ZC4-102	
设计荷载：550kPa		压板面积：3.0m²		开始检测日期：2017-03-04	
级数	荷载/kPa	本级位移/mm	累计位移/mm	本级历时/min	累计历时/min
1	137	1.08	1.08	90	90
2	275	1.54	2.62	90	180
3	412	1.89	4.51	180	360
4	550	6.04	10.55	150	510
5	687	12.85	23.40	360	870
6	825	13.94	37.34	210	1080
7	962	18.57	55.91	240	1320
8	1100	21.81	77.72	510	1830
9	825	−0.25	77.47	30	1860
10	550	−0.69	76.78	30	1890
11	275	−3.98	72.80	30	1920
12	0	−4.34	68.46	180	2100

表 1-13　　复合地基载荷试验曲线图

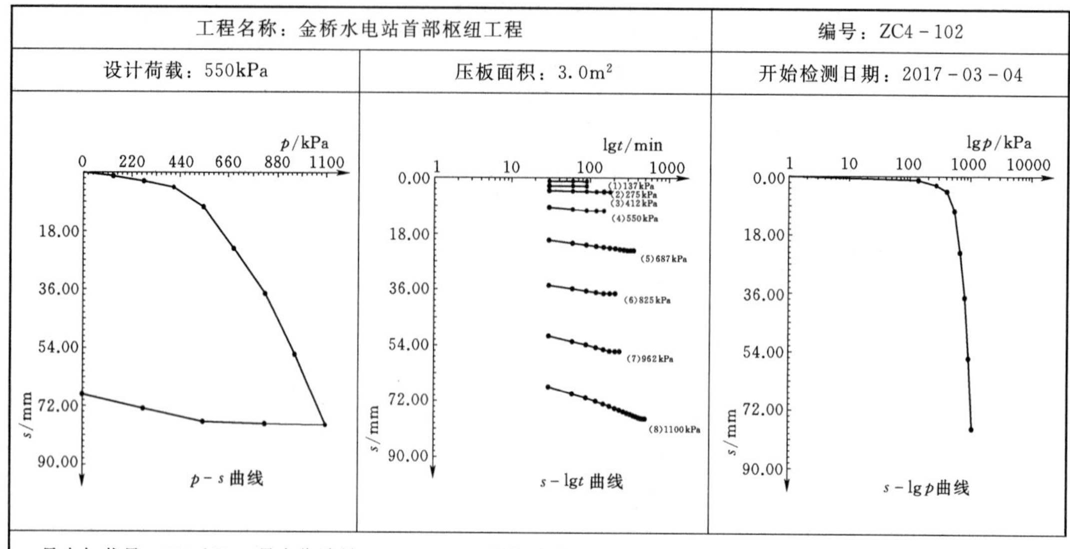

工程名称：金桥水电站首部枢纽工程		编号：ZC4-102
设计荷载：550kPa	压板面积：3.0m²	开始检测日期：2017-03-04
p-s 曲线	s-lgt 曲线	s-lgp 曲线
最大加载量：1100kPa，最大位移量：77.72mm，最大回弹量：9.26mm，回弹率：11.91%		

3）ZC4-104。104 号桩复合地基承载力试验数据见表 1-14，复合地基承载力试验曲线图见表 1-15。

表 1-14　　复合地基载荷试验数据汇总表

工程名称：金桥水电站首部枢纽工程振冲碎石桩				编号：ZC4-104	
设计荷载：550kPa		压板面积：3.0m²		开始检测日期：2017-03-05	
级数	荷载/kPa	本级位移/mm	累计位移/mm	本级历时/min	累计历时/min
1	137	1.70	1.70	90	90
2	275	1.75	3.45	90	180
3	412	2.52	5.97	90	270
4	550	4.27	10.24	90	360
5	687	5.63	15.87	120	480
6	825	7.77	23.64	150	630
7	962	12.62	36.26	150	780
8	1100	13.98	50.24	270	1050
9	825	0.58	50.82	30	1080
10	550	-2.34	48.48	30	1110
11	275	-4.65	43.83	30	1140
12	0	-7.96	35.87	180	1320

表 1－15　　　　复合地基载荷试验曲线图

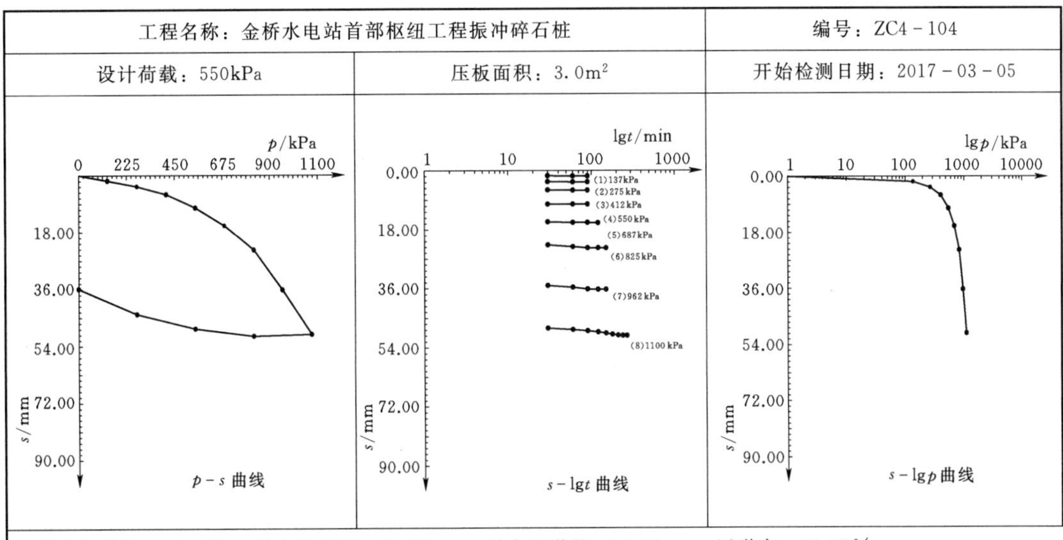

工程名称：金桥水电站首部枢纽工程振冲碎石桩		编号：ZC4－104
设计荷载：550kPa	压板面积：3.0m²	开始检测日期：2017－03－05
最大加载量：1100kPa，最大位移量：50.82mm，最大回弹量：14.95mm，回弹率：29.42%		

4）ZC4－106。106 号桩复合地基承载力试验数据见表 1－16，复合地基承载力试验曲线图见表 1－17。

表 1－16　　　　复合地基载荷试验数据汇总表

工程名称：金桥水电站首部枢纽工程振冲碎石桩				编号：ZC4－106	
设计荷载：550kPa		压板面积：3.0m²		开始检测日期：2017－05－02	
级数	荷载/kPa	本级位移/mm	累计位移/mm	本级历时/min	累计历时/min
1	137	2.67	2.67	90	90
2	275	4.27	6.94	90	180
3	412	5.25	12.19	150	330
4	550	6.79	14.98	120	450
5	687	7.38	26.36	180	630
6	825	7.56	33.92	150	780
7	962	12.63	46.55	180	960
8	1100	16.11	62.66	270	1230
9	825	−0.58	62.08	30	1260
10	550	−3.30	58.78	30	1290
11	275	−5.82	52.96	30	1320
12	0	−13.98	38.98	180	1500

表 1－17　　　　　　　　复合地基载荷试验曲线图

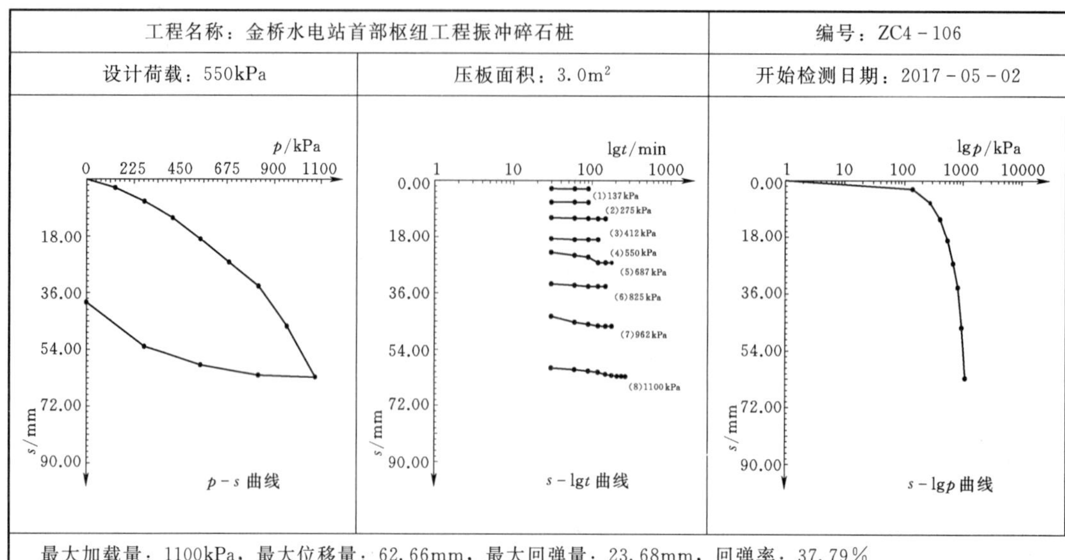

工程名称：金桥水电站首部枢纽工程振冲碎石桩		编号：ZC4－106
设计荷载：550kPa	压板面积：3.0m²	开始检测日期：2017－05－02
$p-s$ 曲线	$s-\lg t$ 曲线	$s-\lg p$ 曲线
最大加载量：1100kPa，最大位移量：62.66mm，最大回弹量：23.68mm，回弹率：37.79％		

5）ZC4－108。108 号桩复合地基承载力试验数据见表 1－18，复合地基承载力试验曲线图见表 1－19。

表 1－18　　　　　　　　复合地基载荷试验数据汇总表

工程名称：金桥水电站首部枢纽工程振冲碎石桩				编号：ZC4－108	
设计荷载：550kPa		压板面积：3.0m²		开始检测日期：2017－05－04	
级数	荷载/kPa	本级位移/mm	累计位移/mm	本级历时/min	累计历时/min
1	137	1.90	1.90	90	90
2	275	2.33	4.23	90	180
3	412	3.88	8.11	120	300
4	550	6.21	14.32	90	390
5	687	10.68	25.00	240	630
6	825	11.08	36.08	180	810
7	962	13.96	50.04	180	990
8	1100	14.76	64.80	360	1350
9	825	－2.53	62.27	30	1380
10	550	－4.85	57.42	30	1410
11	275	－5.24	52.18	30	1440
12	0	－6.99	45.19	180	1620

表 1-19　　　　**复合地基载荷试验曲线图**

工程名称：金桥水电站首部枢纽工程振冲碎石桩		编号：ZC4-108
设计荷载：550kPa	压板面积：3.0m^2	开始检测日期：2017-05-04

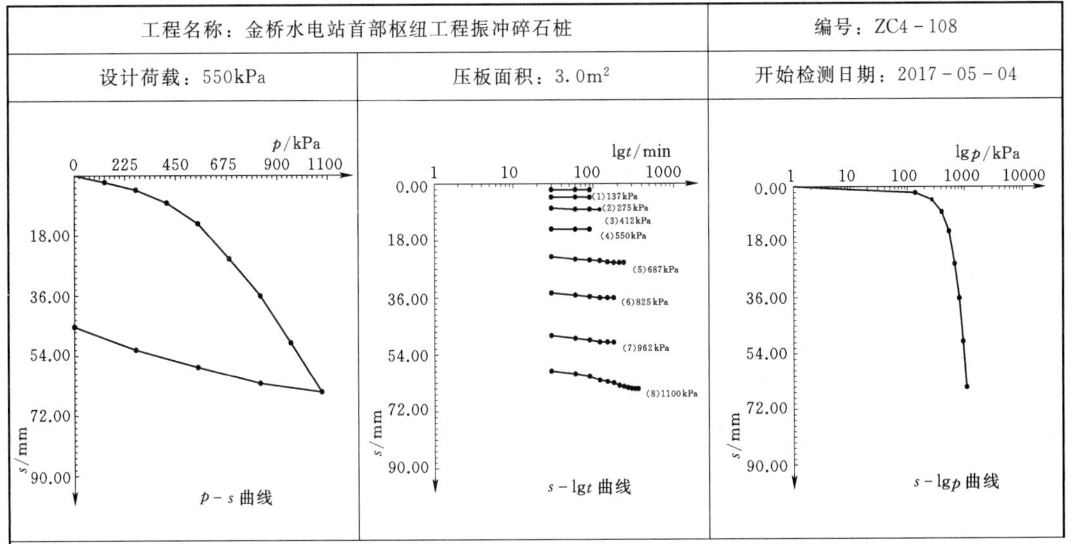

最大加载量：1100kPa，最大位移量：64.80mm，最大回弹量：19.61mm，回弹率：30.26%

1.2.5.7 载荷试验数据与资料

（1）试验数据与资料整理。经荷载试验，单桩承载力、复合地基承载力试验数据见表1-20。

表 1-20　　　　**单桩及复合地基载荷试验数据表**

编号	试验日期	试验历时 /min	最大加载量	最大沉降量 /mm	最大回弹量 /mm	终止加载条件
273号	2017-03-02	1890	1700kN	12.98	3.62	2.5.4（3）
269号	2017-03-03	1800	1700kN	15.84	6.06	2.5.4（3）
265号	2017-05-05	1680	1700kN	20.74	6.08	2.5.4（3）
ZC4-102	2017-03-01	1110	800kPa	21.65	4.13	2.5.4（3）
ZC4-100	2017-03-04	2100	1100kPa	77.72	9.26	2.5.4（3）
ZC4-104	2017-03-05	1320	1100kPa	50.82	14.95	2.5.4（3）
ZC4-106	2017-05-02	1500	1100kPa	62.66	23.68	2.5.4（3）
ZC4-108	2017-05-04	1620	1100kPa	64.80	19.61	2.5.4（3）

（2）承载力特征值试验结果。单桩承载力、复合地基承载力试验结果数据见表1-21和表1-22。

根据《建筑地基处理技术规范》（JGJ 79—2012）附录C的有关规定，本工程单桩竖向抗压极限承载力统计值满足其极差不超过平均值的30%，故本工程单桩竖向抗压极限承载力统计值为1700kN，根据2.5.5（8）条，本工程单桩竖向抗压承载力特征值为850kN，满足设计要求。

根据《建筑地基处理技术规范》（JGJ 79—2012）附录B.0.11条规定试验点的数量不

应少于 3 点，4 点复合地基承载力特征值满足其极差不超过平均值的 30%，根据 2.5.6（3）条，故其平均值 550kPa 为本工程复合地基承载力特征值，满足设计要求。

表 1－21　　　　单桩竖向抗压静载试验结果表

<table>
<tr><th>试验桩号</th><th>单桩竖向抗压极限承载力/kN</th><th>取值依据</th><th>极差/kN</th><th>平均值/kN</th><th>极差/平均值/%</th><th>单桩竖向抗压极限承载力统计值/kN</th><th>单桩竖向抗压承载力特征值/kN</th></tr>
<tr><td>273 号</td><td>1700</td><td>2.5.5（8）</td><td rowspan="3">0</td><td rowspan="3">1700</td><td rowspan="3">0</td><td rowspan="3">1700</td><td rowspan="3">850</td></tr>
<tr><td>269 号</td><td>1700</td><td>2.5.5（8）</td></tr>
<tr><td>265 号</td><td>1700</td><td>2.5.5（8）</td></tr>
</table>

表 1－22　　　　复合地基载荷试验结果表

<table>
<tr><th>试验桩号</th><th>相对变形法/kPa</th><th>取最大加载压力的一半/kPa</th><th>极差/kPa</th><th>平均值/kPa</th><th>极差/平均值</th><th>复合地基承载力特征值/kPa</th></tr>
<tr><td>ZC4－102</td><td>>400</td><td>400</td><td rowspan="5">0</td><td>400</td><td rowspan="5">0</td><td>400</td></tr>
<tr><td>ZC4－100</td><td rowspan="4">>550</td><td>550</td><td rowspan="4">550</td><td rowspan="4">550</td></tr>
<tr><td>ZC4－104</td><td>550</td></tr>
<tr><td>ZC4－106</td><td>550</td></tr>
<tr><td>ZC4－108</td><td>550</td></tr>
</table>

1.2.6　工期与投资

1.2.6.1　工期

金桥水电站首部枢纽坝基振冲碎石桩处理计划于 2017 年 3 月 1 日至 2017 年 7 月 31 日完成施工，总施工工期为 173 日历天。

经施工导流调整，以及振冲碎石桩现场施工调整，实际施工时间为 2017 年 12 月 29 日至 2018 年 5 月 7 日，130 日历天，提前 45d 完成该项工作施工。

1.2.6.2　投资

本工程设计振冲碎石桩分布在 1 号坝段、泄洪排漂闸、生态消力池、右岸挡水坝段及进水口段四个区域。设计振冲碎石桩根数 1323 根，总桩长 24615m。

现场实际制桩面积及桩数均按照设计范围施工，经现场实际调整造孔及制桩深度优化，实际施工总桩长为 17738.1m，参照振冲碎石桩合同单价 924.95 元/m。经优化后，该项工作节省投资 636.08 万元。

1.3　堆石混凝土应用

1.3.1　工程概况

金桥水电站工程枢纽主要建筑物由左岸堆石混凝土坝、泄洪冲沙闸、排漂闸、右岸岸边式电站进水口，引水发电隧洞、调压井、压力管道、地下发电厂房及开关站等建筑物组成。首部枢纽左岸挡水坝段采用堆石混凝土坝，坝段长 106m，坝顶宽度 12.0m，上游坝坡 1∶0.15，下游坝坡 1∶0.6，最大高度为 26m。左岸挡水坝段典型结构断面见

图 1-12。

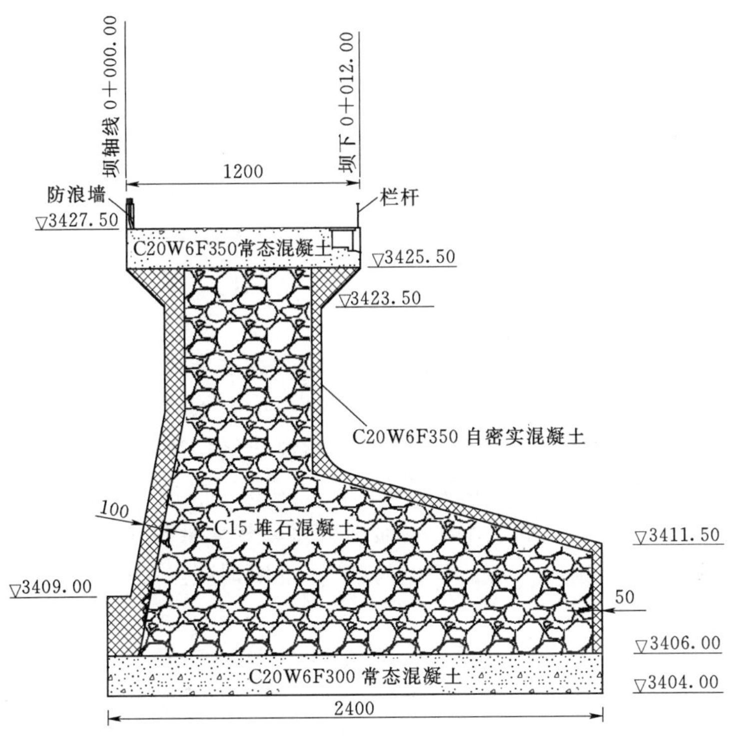

图 1-12 左岸挡水坝段典型结构断面图（单位：高程为 m，其余为 cm）

金桥水电站左岸挡水坝段为重力坝，结构简单、断面大，具备堆石混凝土施工条件。堆石混凝土其技术特征是利用自密实混凝土充填堆石空隙，形成完整密实的混凝土，具有低碳环保、低水化热、工艺简便、造价低廉、施工速度快等特点。混凝土坝由于施工、收缩变形、基础约束、温度应力等诸多因素，容易产生裂缝，其中温度应力是产生混凝土裂缝的重要因素之一。因堆石混凝土胶凝材料用量少、水化热低，有效地防止了混凝土温度裂缝的产生。

1.3.2 堆石混凝土优点

金桥水电站左岸挡水坝段为重力坝，重力坝是依靠自重克服外力以保持稳定的一种常规坝型。采用堆石混凝土建设的重力坝与用纯混凝土建设的重力坝在体型设计方面没有较大的差别，差别在于坝体浇筑材料的使用。一般混凝土重力坝是坝体全部采用纯混凝土建造，而堆石混凝土重力坝是用一定比例的块石替代混凝土，从而减少混凝土的浇筑量，达到节省投资的目的。

埋石混凝土重力坝的埋石量一般性规定不超过 25%，其施工是在混凝土浇筑过程中将块石投放到混凝土内。而堆石混凝土恰好与之相反，是先把块石堆放好，再浇筑自密实混凝土，让混凝土填充满块石之间的空隙。堆石混凝土中块石比例为 55%～60%，与埋石混凝土相比更加减少了水泥的用量。

1.3.2.1 堆石混凝土低碳环保

堆石混凝土中堆石的体积比一般可以达到55%～60%，能够充分利用初级开采的石料或者开挖料中的大块石，最大限度地降低了胶凝材料的用量，还在骨料破碎、混凝土生产浇筑等施工环节上大大地节约了资源，减少了二氧化碳的排放。因此，堆石混凝土技术是一种新型低碳环保的混凝土施工方法。

西藏地区生态环境比较脆弱，一旦破坏，再要恢复难度非常大，因此生态保护尤为重要。金桥水电站左岸挡水坝段采用堆石混凝土坝，降低了砂石骨料加工系统、混凝土生产系统的生产强度，从而降低了两大系统的建设规模，有效减少了辅企系统建设用地。另外，部分块石料用于建坝，减少了渣场占地，保护了当地生态环境。

1.3.2.2 有效抑制混凝土裂缝的产生

大体积混凝土产生裂缝的主要原因是收缩裂缝和温度裂缝。混凝土在逐渐散热和硬化过程引起的收缩，会产生很大的收缩应力，如果产生的收缩应力超过当时的混凝土极限抗拉强度，就会在混凝土中产生收缩裂缝；大体积混凝土结构一般要求一次性整体浇筑，浇筑后水泥因水化引起水化热，由于混凝土体积大，聚集在内部的水泥水化热不容易散发，混凝土内部温度将显著升高，而混凝土表面则散热较快。混凝土内外形成了较大的温度差，使混凝土内部产生压应力，表面产生拉应力。此时混凝土龄期短，抗拉强度很低，极易产生裂缝。

金桥水电站所在地多年平均气温－0.2℃，极端最高气温21.1℃，极端最低气温－30.3℃，昼夜温差达15℃左右，由于温差较大，极易产生混凝土裂缝。采用堆石混凝土有效防止了混凝土裂缝的产生，主要原因为：①堆石混凝土中堆石的体积比一般可以达到55%～60%，大大减少坝体内混凝土量。块石在入仓堆放过程中块与块之间的搭接堆砌而成，大块石稳定堆积构成的骨架，具有优良的体积稳定性，混凝土在散热和硬化过程引起的收缩，受到大块石的约束和抑制，使混凝土体积收缩小，从而抑制干缩裂缝的产生。②根据金桥水电站施工配合比，常规C15混凝土水泥用量为198kg，自密实C15混凝土水泥用量235kg，采用堆石混凝土后，坝体每1m^3中水泥用量约为105kg，比常规混凝土少用93kg，相应由水泥产生的水化热要减少约3/5。许多常规混凝土坝施工中，由于温控措施不到位，很难避免温度裂缝的产生。而用堆石混凝土坝，由于水泥用量减少，在同体积情况下产生的温度热效应就小，再加上块石的导热系数与热扩散系数均较混凝土小，在入仓前及浇筑后产生的热效应变化不大，故由自身产生的温度应力相对要小得多，避免了温度裂缝的产生。

由于水泥用量少，堆石混凝土内部最高水化热温升小，当堆石混凝土浇筑温度低于25℃，一般不需要采取温控措施。

堆石混凝土结构示意见图1-13。

1.3.2.3 工艺简便，施工快速

堆石混凝土施工主要包括两道工序，即堆石入仓和自密实混凝土的生产浇筑。通过合理的施工组织设计，两道工序均可以通过大规模的机械化施工来完成，减少了工人的参与，避免了人为的干扰。在完成一定堆石仓面后，堆石入仓和混凝土生产浇筑可以平行进行，工序间干扰小，生产效率成倍提升的同时还降低了混凝土生产强度的要求。简化消除

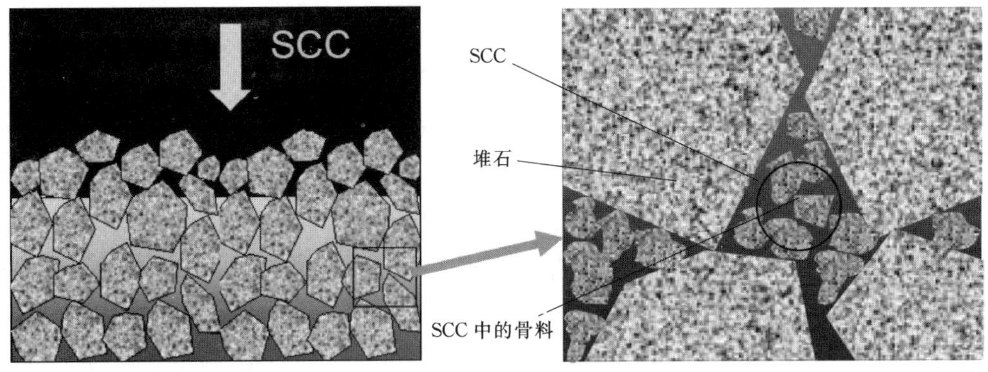

图 1-13 堆石混凝土结构示意

温控措施，混凝土生产、运输、浇筑量减半，自密实混凝土无须振捣等，为加快建设速度、缩短工期提供了强有力的保证。

1.3.2.4 显著降低施工成本

金桥水电站主要建筑材料水泥、钢材等从外省采购，运输道路主要为青藏线和川藏线。青藏线唐古拉山经常大雪封山，而川藏线雨季时常发生塌方，造成材料运输困难，影响工程建设正常进行，而且运输费用非常高。金桥水电站采用堆石混凝土，不但保证了工程正常施工，还降低工程造价。

堆石混凝土施工的综合成本在相同条件下较常态混凝土可降低 10%～20%，主要通过三个方面实现：①大量使用堆石，减少胶凝材料用量，堆石混凝土的材料成本较常态混凝土有所降低；②由于自密实混凝土的用量不高于 50%，所以在混凝土生产、浇筑等工序的施工成本显著降低；③堆石混凝土施工机械化程度高，简化或取消了温控措施，浇筑过程中免去了振捣工序，减少了人工成本的投入。

1.3.2.5 综合性能稳定，安全系数高

堆石混凝土是由相互搭接的堆石骨架和用于胶结堆石的自密实混凝土构成，堆石骨架在提高材料抗压、抗剪，抑制干缩变形，提高结构体积稳定性等方面都有着显著的效果。堆石混凝土容重通常可以达到 2500kg/m^3 以上，对于重力坝而言，更有利于坝体整体稳定。

1.3.3 堆石混凝土应用

1.3.3.1 原材料要求

堆石混凝土采用高流动度、不离析、均匀性和高稳定性的自密实混凝土，浇筑时依靠其自重流动，无须振捣而达到密实，充填堆石体空隙所形成堆石混凝土，反铲摊铺石块，模板附近块石采用人工配合反铲码放。自密实混凝土采用搅拌车运输至仓号，混凝土泵泵送入仓，模板采用组合钢模板，利用浇筑面埋设插筋拉杆加固模板。

堆石混凝土所用原材料除应符合本导则的规定之外，还应满足现行行业标准《水工混凝土施工规范》(DL/T 5144) 的有关规定。

1.3.3.2 堆石

堆石混凝土的堆石宜使用新鲜、完整、质地坚硬、不易风化、不易崩解的石料。其饱和抗压强度应满足表 1-23 的规定。

表 1-23　　抗压强度表

堆石混凝土强度等级	$C_{90}10$	$C_{90}15$	$C_{90}20$	$C_{90}25$	$C_{90}30$	$C_{90}35$
堆石饱和抗压/MPa	≥30		≥40	≥50	≥60	≥70

注　根据《工程岩体试验方法标准》(GB/T 50266) 的要求，堆石饱和抗压强度采用 ϕ50mm×100mm 圆柱体或 50mm×50mm×100mm 棱柱体岩石试件定。

堆石料可以使用毛石、块石、粗料石和卵石，堆石料应新鲜、完整、质地坚硬、不易风化、不易崩解的石料。其堆石料粒径不宜小于 30cm，最大粒径以运输、入仓方便为限，且不宜超过 1.0m；但不宜使用片、板状岩块。当采用 150～300mm 粒径的堆石料时应进行论证；堆石料最大粒径不应超过结构断面最小边长的 1/4、厚度的 1/2。

堆石料的含泥量、泥块含量应符合表 1-24 的指标要求。

表 1-24　　含泥量、泥块含量表

项　目	含泥量	泥块含量
指标	≤0.5%	不允许

1.3.3.3　骨料

(1) 充填自密实混凝土的细骨料宜优选级配良好的中粗河砂，如果采用人工砂时，人工砂品质应满足以下要求：

1) 人工砂中的石粉含量及其稳定性应符合表 1-25 的要求。

2) 人工砂应采用亚甲蓝法判定含泥量，亚甲蓝 MB 值指标应符合表 1-25 的要求。

3) 其余性能指标应符合《水工混凝土施工规范》(DL/T 5144—2015) 中的相关规定。

表 1-25　　细骨料含泥量表

项　目	指　标	
	天然砂	人工砂
石粉 (1) 含量/%	—	≤18 (2)
石粉含量稳定性标准/%	—	±2
MB 值	—	<1.4
含水率/%	≤6	≤6

注　石粉 (1) 是指人工砂中粒径小于 75μm 的颗粒。

(2) 粗骨料的品质应满足以下要求：

1) 粗骨料宜采用连续级配或 2 个单粒径级配的卵石、碎石或碎卵石，最大粒径不应大于 20mm。

2) 粗骨料针、片状颗粒含量宜不大于 8%。

人工砂石粉含量较低时，可掺加石灰石粉，石灰石粉的性能指标应满足现行行业标准《石灰石粉在混凝土中应用技术规程》(JGJ/T 318) 的有关规定。

3) 其余性能指标应符合《水工混凝土施工规范》(DL/T 5144—2015) 中的相关规定。

1.3.3.4 水泥

水泥强度等级不低于42.5级的新鲜普通硅酸盐水泥，水泥质量应符合《通用硅酸盐水泥》(GB 175—2007) 的规定。

(1) 在灌浆施工过程中，应对水泥的强度、细度、凝结时间等进行抽样检查。

(2) 每批水泥均应附有出厂合格证，到货水泥贮放在专用的仓库或储罐中，防止因贮存不当引起水泥变质。袋装水泥的储运时间不应超过3个月，散装水泥不应超过6个月，散装水泥运至工地的入罐温度不宜高于60℃。

(3) 灌浆水泥应使用同一品种的水泥，同一灌浆孔段不得使用不同厂家、不同品种、不同强度等级的水泥。

(4) 水泥出库使用前应对质量作出鉴定，合格后方可使用。

1.3.3.5 掺合料

自密实性能混凝土可掺入粉煤灰、粒化高炉矿渣粉、沸石粉、复合矿物掺合料等活性矿物掺合料。

用于自密实性能混凝土的粉煤灰不宜低于现行国家标准《用于水泥和混凝土中的粉煤灰》(GB/T 1596) 中Ⅱ级粉煤灰的技术性能指标要求，具体指标见表1-26。C类粉煤灰的体积安定性必须检验合格后方可使用。

表1-26 粉煤灰指标表

项目		级别及技术性能指标
		Ⅱ级
细度 (45μm方孔筛筛余)/%		≤25.0
需水量比/%		≤105
烧失量/%		≤8.0
含水量/%		≤1.0
三氧化硫/%		≤3.0
游离氧化钙/%	F类粉煤灰	≤1.0
	C类粉煤灰	≤4.0

1.3.3.6 外加剂

自密实性能混凝土宜使用以聚羧酸盐高分子为主要原料的高性能减水剂。自密实性能混凝土一般不宜选用速凝剂或促凝剂，也不宜选用早强剂或早强外加剂。当自密实性能稳定性要求大于1h时，如仓面较大、运输距离较远等，宜选用缓凝型外加剂。堆石混凝土专用外加剂，其性能指标应符合《混凝土外加剂》(GB/T 8076—2008) 和《水工混凝土外加剂技术规程》(DL/T 5100—1999) 中的相关规定。其性能指标应符合表1-27要求。

表1-27 外加剂指标表

项目	初始	静置1h	静置2h
扩展度	250～300mm	≥95%初始值	≥90%初始值
V形漏斗通过时间/s		5～15	
泌水率/%		≤1	

1.3.4 堆石混凝土配合比

1.3.4.1 混凝土设计指标

混凝土技术指标根据《金桥水电站首部枢纽建筑物土建工程施工招标文件（技术部分终稿）》及《金桥水电站工程堆石混凝土重力坝施工技术要求》（A版）关于混凝土配合比设计指标要求制定。

金桥水电站首部枢纽高流态自密实堆石混凝土（简称堆石混凝土）技术要求见表1-28。

表1-28 金桥水电站首部枢纽堆石混凝土设计要求

设计指标	坝体部位堆石混凝土			
	3418.50m以下外部堆石混凝土	3418.50m以上外部堆石混凝土	坝体内部堆石混凝土	坝体下部堆石混凝土
设计强度标准值	C20	C20	C15	C20
抗渗等级	W6	W6	W4	W6
抗冻等级	F300	F350	F200	F300
设计龄期极限拉伸值 ε_p	0.80×10^{-4}	0.80×10^{-4}	0.80×10^{-4}	0.80×10^{-4}

注 堆石混凝土设计坍落度为180～220mm，骨料最大粒径为20mm。

1.3.4.2 配合比试验成果

根据混凝土配合比室内试验结果，施工混凝土配合比原材料选用青海盐湖新域格尔木分公司P·O42.5普通硅酸盐水泥；粉煤灰选用大唐甘肃发电有限公司景泰发电厂F类Ⅱ级粉煤灰；粗细骨料采用天然砂石骨料；减水剂采用石家庄长安育才建材有限公司的GK-3000复合型缓凝高效减水剂。最终配合比见表1-29。

表1-29 金桥水电站高流态自密实堆石混凝土施工配合比

序号	配合比设计指标	混凝土种类	级配	水胶比	粉煤灰/%	砂率/%	减水剂/%	坍落度/mm	扩展度/mm	单位混凝土材料用量/(kg/m³)					
										理论用水	水泥	粉煤灰	理论用砂	小石	减水剂
1	C15F200W4	堆石混凝土	Ⅰ	0.44	50	48	1.6	260～280	650～750	207	235	235	799	866	7.53
2	C20F300W6	堆石混凝土	Ⅰ	0.42	40	48	1.6	260～280	650～750	198	283	188	803	870	7.54
3	C20F350W6	堆石混凝土	Ⅰ	0.42	40	48	1.6	260～280	650～750	198	283	188	803	870	7.54

注 1. 配合比计算采用容重法，密度为2350kg/m³。
2. 骨料均为饱和面干状态。混凝土生产过程中，实际用水量和实际用砂根据砂石骨料含水率进行调整。
3. 混凝土骨料为小石（粒径为5～20mm）。
4. 扩展度每增减50mm，混凝土单位用水量相应增减5kg/m³。
5. 天然砂细度模数控制在2.6～2.8，实际施工中当砂的细度模数2.7为基础相应增减0.2时，砂率也相应增减1%。
6. 含气量按照4.0%～6.0%控制，引气剂掺量可根据实测含气量进行微调。

1.3.5　施工方法

1.3.5.1　施工工艺

施工工艺：仓面准备→模板支立→堆石开采与筛洗→堆石运输与入仓→自密实性能混凝土生产、运输与浇筑→堆石混凝土养护→进入下一循环。

1.3.5.2　仓面准备

（1）块石储备。主要采用料场开挖料（天然鹅卵石）及饱满坚实的洞挖料，在筛洗平台进行筛选冲洗，储备布置在储料仓内，在进入仓号前再次对其冲洗，保证堆石质量，为保左岸坝段混凝土施工进度，必须储存足够的块石料备用。

（2）基岩面。清除松动块石，杂物、泥土等，冲洗干净且无积水。对于从建基面开始浇筑的堆石混凝土，宜采用抛石型堆石混凝土。

（3）仓面控制标准。自密实混凝土浇筑宜以大量块石高出浇筑面50～150mm为限，加强层面结合。无防渗要求部位：清洗干净无杂物，可简单拉毛处理，有防渗要求部位：需凿毛处理；无杂物，无乳皮成毛面，表面清洗干净无积水。凿毛可采用风镐、钢钎、钢钉耙拉毛及高压水枪进行冲毛。

（4）施工方法。堆石入仓前的基础仓面的处理，可按常规混凝土的处理方法进行。基础仓面上的混凝土乳皮、表层裂缝、由于泌水造成的低强混凝土（砂浆）以及嵌入表面的松动堆石必须予以清除，并进行凿毛处理。基础仓面必须保证清洁，不应有积水。堆石入仓完成后浇筑高度控制在1.5～2m，具体根据设计分层分块为准。

1.3.5.3　模板支立

模板采用组合模板（钢模、木模）（外撑式、内拉式）或悬臂大模板替代模板，浆砌石挡墙代替模板主要用在坝段于坝段之间的分缝处。模板要求如下：

（1）堆石混凝土模板可采用钢模、木模等常态混凝土模板，其技术要求需参照招标文件技术条款“混凝土工程”和相关国家规范执行。

（2）混凝土强度达到2.5MPa以上方可拆模。

（3）模板应刷脱模剂。

（4）模板吊运采用25t吊车进行。

1.3.5.4　堆石开采与筛洗

堆石混凝土所用的堆石材料应是新鲜、完整、质地坚硬、不得有剥落层和裂纹。

（1）堆石的爆破开采应通过爆破试验确定合理的爆破参数。

（2）开采的石料宜进行筛选，不宜从爆堆上直接取料上坝。

（3）含泥量不符合要求的堆石入仓前应冲洗干净，严禁混入泥块、软弱岩块。

（4）在进行筛选后进行骨料冲洗。

（5）浇筑骨料入仓前将自卸车车厢微顶起一个角度，在车厢内将骨料在此冲洗，并对自卸车车轮进行冲洗。

1.3.5.5　堆石运输与入仓

堆石运输结合本工程特点，试验仓堆石入仓手段选为：自卸车直接入仓，为保证施工质量在仓号内放置一台反铲。

自卸车通过上坝公路入仓。施工条件要求：地形开阔。优点：堆石速度快，综合造价低。

(1) 堆石的运输与入仓应满足下列要求:

1) 堆石混凝土抗压强度达到 2.5MPa 以前,不得进行下一仓面的准备工作。

2) 堆石成品宜采用自卸车直接运输入仓,应尽量避免中转。

3) 为避免车轮带入泥土,可在入仓道路上设置冲洗台,对车轮进行冲洗。为保证施工质量,在进行左岸挡水坝段混凝土施工时,新建洗料平台,利用前期使用的卸料平台,将其搭设在单个仓号的入口部位,当自卸车通过卸料平台后利用水管进行冲洗自卸车轮胎及车斗内的堆石。

(2) 堆石铺填应满足下列要求:

1) 在堆石过程中,堆石体外露面所含有的粒径大于 200mm 小于 300mm 的石块数量不得超过 10 块/m^2,小于 200mm 的严禁入仓。对于粒径超过 800mm 的大块石,宜放置在仓面中部,以免影响堆石混凝土表层质量,按照招标文件要求堆石混凝土含水率为 55%。

2) 对于石料表面附着的泥土,必须清洗干净,含泥量不大于 0.5%。

3) 堆石入仓时不得将泥土带入堆石仓面,对于已带入仓内的泥土必须在浇筑自密实混凝土前予以清除,否则不得浇筑自密实混凝土。

4) 堆石入仓过程应控制不对基础仓混凝土产生较大的冲击,以免下层低龄期混凝土内部产生微裂缝,对建筑物造成早期损伤。

5) 宜将粒径较大的堆石置于仓面的中下部,粒径较小的堆石置于仓面的中上部。

6) 与基础仓混凝土接触的堆石应严格避免大面积接触,以免影响冷缝的黏结。

7) 堆石完成后应做好防雨(水)措施,在浇筑自密实混凝土前必须防止雨(水)冲刷堆石导致泥浆在接触面上堆积。

8) 分层厚度根据设计分层高度确定,每层堆石厚度可按 1.5~2m 控制,一般不超过 2m。

9) 堆石采用挖掘机平仓,靠近模板部位的堆石宜采用小型机械或人工堆放。

10) 堆石仓面应避免二次污染,严禁在仓面冲洗石块。

11) 在堆石的过程中,应妥善保护坝内预埋件(管)。

12) 在堆石过程中,模板拉条周边宜采用人工平仓,堆石后应对模板进行校正。

1.3.5.6 自密实性能混凝土生产、运输与浇筑

堆石混凝土几种常用浇注方式:

(1) 泵送。

1) 混凝土拖泵:理论泵送混凝土量不小于 80m^3/h,综合造价低,是应用最多的一种浇筑方式。

2) 汽车泵:理论泵送量不小于 80m^3/h,灵活方便,移动范围大,容易控制,但单价较高,多用于高程较高或者市内工程类型。

(2) 溜槽。浇筑方便快捷,造价低,但受地理条件限制,适合高程较低的基础仓面,溜槽搭接不宜过长。

(3) 罐车自卸。

（4）吊罐。

（5）反铲。

结合现场实际情况，本工程混凝土入仓采用汽车泵、混凝土拖泵、溜槽等方式进行浇筑。

1.3.6 质量检查

1.3.6.1 混凝土强度检测

经现场取样，块石与混凝土胶结良好，见图 1－14 和图 1－15。

图 1－14 堆石混凝土芯样图

图 1－15 堆石混凝土芯样图

堆石混凝土质量检测采用钻孔取芯进行密实度与强度检测，钻孔取芯芯样直径不小于200mm，芯样检测频次控制在每 3000m^3 堆石混凝土取芯芯样不小于 1.5m，每个坝段至少取样 1 组。芯样中块石体积比应在 35%～75%范围内。

经现场钻孔取样进行抗压强度试验，其抗压强度平均值达 25.27MPa，满足设计要求。

1.3.6.2 堆石混凝土现场抗渗检测

采用按照《水电水利工程钻孔压水试验规程》（DL/T 5331—2005）中的相关规定执行，对堆石混凝土的抗渗性进行钻孔压水试验检测，压水试验布置两个孔，1 号孔透水率为 0.43Lu，2 号透水率为 0.86Lu，抗渗性能满足相关规定。

1.4 左岸堆石坝调整

金桥水电站首部枢纽左岸挡水坝段原方案为土工膜防渗堆石坝，经过研究分析，从大坝安全运行方面考虑，调整为堆石混凝土重力坝。

1.4.1 土工膜防渗堆石坝方案

原设计土工膜防渗堆石坝布置方案，坝体填筑与上游围堰结合。坝顶高程 3427.00m，防浪墙顶高程 3428.20m，紧邻泄洪闸左边墙起，沿坝轴线方向长 121m，坝基为砂砾石基础，基础采用 1m 厚的混凝土防渗墙，深入基岩 1m。最大坝高 26m。上游坝坡在高程 3419.0m 以上坡比为 1：2.8，高程 3419.0～3411.0m 之间坡比为 1：1.8，高程 3411.0m 以下坡度为 1：2.5。下游坝面高程 3411.0m 以上坝坡比为 1：1.8，在高程 3411.0m 设一条宽 2m 的马道，高程 3411.0m 以下坝坡比为 1：2。坝体下游采用贴坡排水。坝内设置有 L 形排水体，水平排水体与下游贴坡排水相接，竖向排水体上游设反滤保护层，水平排水体底部基础表面也设有反滤保护层，以防止坝体和坝基砂砾料中细料的流失。堆石坝布置及典型剖面见图 1－16 和图 1－17。

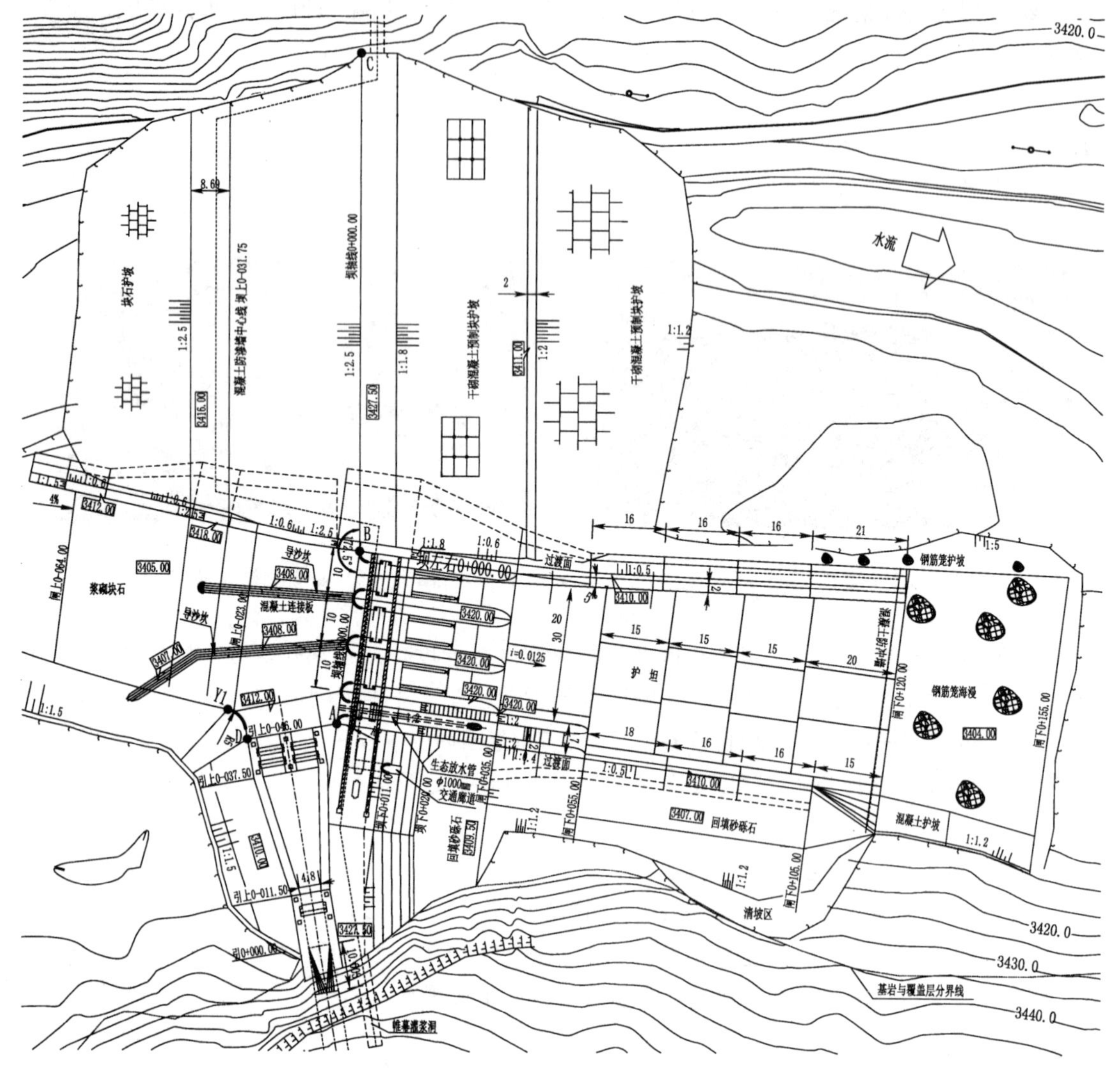

图 1－16　堆石坝平面布置图

1.4.2　调整原因

1.4.2.1　施工用电

可研阶段设计时，工程的施工用电全部采用柴油机发电供电，堆石坝造价较堆石混凝土重力坝低。为解决现场施工用电，先进行嘉黎—金桥 110kV 输电线路工程建设，通过 110kV 出线从嘉黎县嘉黎变电站向工地供电，金桥水电站投产发电后，再利用 110kV 线路送出。

施工用电由当地电网供电替代原柴油机发电，使施工用电费用有较大幅度的降低，工程造价也随之降低。

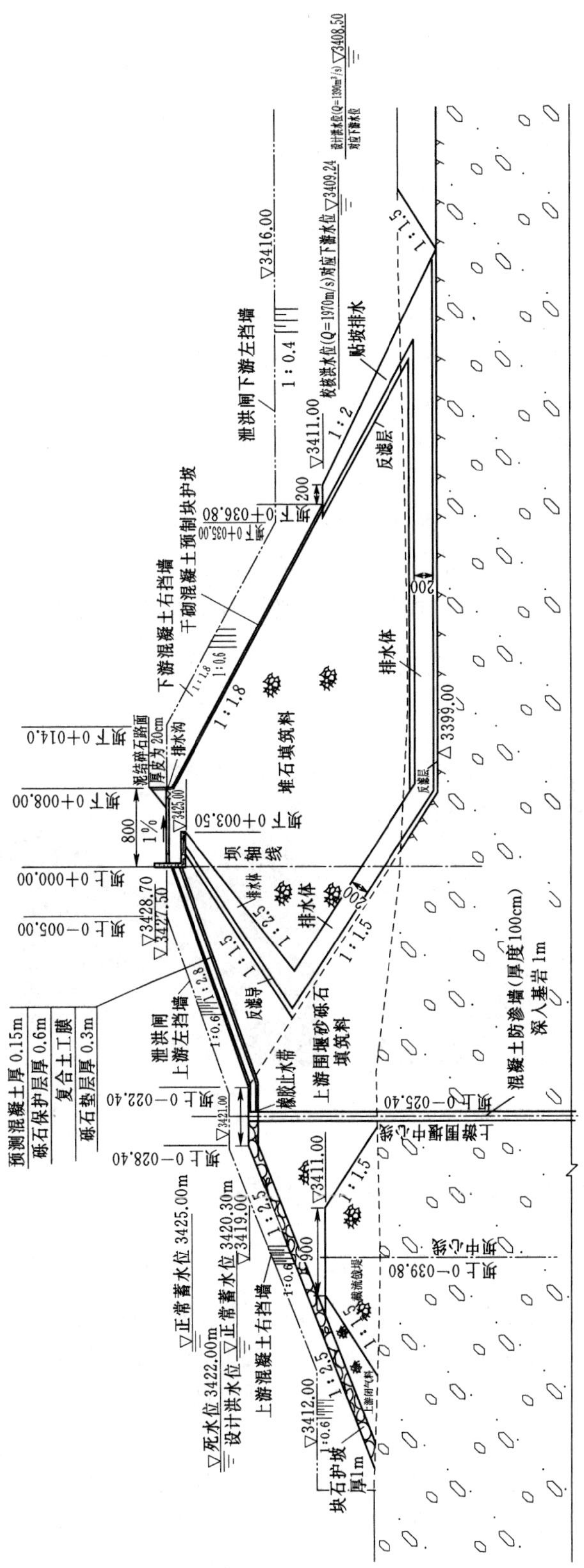

图 1－17 堆石坝典型剖面图

1.4.2.2 大坝运行安全

库区上游冲沟较多，夏季极易发生泥石流、山体坍塌，冬季时雪崩冰雪碎石滑入河道，可能形成小型堰塞湖，对大坝安全带来不利影响。

另外，本地区还有一种特殊洪水，即冰湖溃决洪水。本流域许多支流源头都分布着一些规模不等的冰川湖，其上游分布着大面积的冰川。在合适的气候条件下，冰雪崩塌入湖，造成冰湖突然溃决，产生溃决洪水，并可能引发泥石流。这种洪水突发性强，在源地峰高量大，其影响不容忽视。如 2000 年 4 月 9 日 20 时，流域内扎木弄沟发生了巨型高速滑坡，并引发泥石流，滑坡堆积体在易贡湖出口处形成天然坝，堵塞河流，形成易贡滑坡堰塞湖。6 月 10 日 19 时，被特大山体崩塌滑坡堆积体堵塞了 62d 的易贡湖水，冲毁了人工导流明渠，流速达 9.5m/s，流量达 2940m^3/s。6 月 11 日 2 时 50 分，易贡湖下游约 20km 的通麦大桥处，水位升至 52.07m，高出桥面 32m，最大流量达 120000m^3/s。

金桥水电站主体工程自 2016 年 7 月开工建设以来，至 2019 年年底，库区上游发生山体坍塌、泥石流共计 12 次，发生雪崩 3 次。虽然规模较小，未对工程建设造成影响。但是电站运行期非常长，不可排除发生规模较大的山体坍塌、泥石流或雪崩，对首部枢纽挡水建筑安全造成影响。坝址上游 2.0km 处泥石流见图 1-18，坝址上游 36km 处边坡坍塌见图 1-19。

图 1-18 库区上游塌方图

图 1-19 库区上游塌方图

因此，从工程的安全角度考虑，混凝土重力坝较为有利。

1.4.3 堆石混凝土重力坝方案

近几年堆石混凝土越来越多的应用到工程中，堆石混凝土首先将满足一定粒径要求的大块石/卵石直接入仓，形成有空隙的堆石体，然后在堆石体表面浇注满足特定要求的自密实混凝土（Self-Compacting Concrete，SCC），依靠自重，填充堆石空隙，形成完整、密实、低水化热、满足强度要求的混凝土。由于坝址处河滩表层有大量的大粒径卵石，为充分利用并降低工程造价。

根据坝体混凝土对强度、抗渗、抗冻、低热、抗裂等性能方面的不同要求，对坝体混凝土按不同部位采用不同的强度等级。坝体断面各部位的混凝土标分区为：坝体基础混凝土（2m）、坝体顶部混凝土（2.5m）范围内采用 C20W6F350（三），上游坝坡（1.0m）、下游坝坡（0.5m）范围内采用 C20F350SCC 自密实混凝土；坝体内部 C15SCC 自密实堆石混凝土；坝顶防浪墙采用 C25W6F300（二）混凝土。具体分区见分区混凝土典型剖面图 1-20。

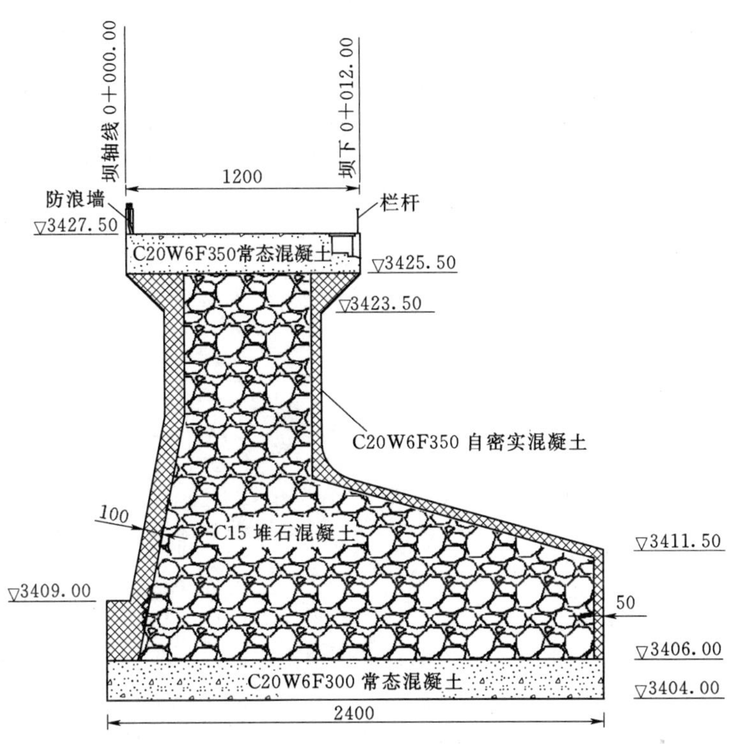

图 1-20　堆石坝分区混凝土典型剖面图（单位：高程为 m，其余为 mm）

1.5　取消左岸灌浆廊道

1.5.1　左岸坝肩地质资料

左岸坝肩自然边坡高陡，山顶与河床相对高差在 500m 以上，坡度为 50°～80°，局部缓坡部位有薄层崩坡积覆盖外，大多数地段基岩裸露，岩性为白垩系花岗岩，呈岩株产出，偶夹辉绿玢岩岩脉，宽度为 1.0～6.0m；坝肩附近断层构造不发育，在地勘洞中发现几条小的平移断层，规模小，挤压紧密，裂隙较发育，主要发育以下几组裂隙：①NW300°～330°NE∠77°～81°；②NW285°～310°SW∠64°～80°；③NE50°～80°SE∠67°～83°，仅见一条缓倾角裂隙，其产状 NE70°SE∠20°。根据地勘洞编录资料，左岸局部存在强卸荷带，深度 1～3m，弱卸荷深度 3～22m，22m 以后为微风化较新鲜岩体，由于左岸卸荷岩体的强卸荷、弱卸荷岩体具有中—强透水，且顺河向结构面发育，因此，左岸坝肩存在绕坝渗漏问题。根据卸荷岩体透水性特征，左岸卸荷岩体进行防渗处理，处理深度以深入弱卸荷下限 5～10m 控制。

1.5.2　左岸坝肩基础处理布置

为解决首部枢纽左岸坝肩绕坝渗漏问题，需对左岸坝肩进行帷幕灌浆处理。为实现帷幕灌浆，在左岸坝肩高程 3427.5m 布置了一条灌浆廊道，灌浆廊道尺寸为 3.0m×3.5m（宽×高），长 50.0m。灌浆廊道布置见图 1-21。

1.5.3 方案调整原因分析

左岸帷幕灌浆洞底板高程为 3427.00m，距离地面 17.0m。左岸坝肩边坡陡峭，近乎垂直，边坡岩石光滑，施工人员无法站立。如果修建施工道路，在近乎垂直的坡面修建道路难度非常大，工程投资也较大。

另外，左岸坝肩边坡紧邻嘉忠公路，嘉忠公路是当地居民通往外界的唯一通道，也是金桥水电站建设的唯一进场道路。左岸帷幕灌浆洞开挖出渣，严重影响嘉忠公路的通行。

1.5.4 左岸帷幕灌浆调整方案

为方便施工，减少工程建设对嘉忠公路通行影响，对左岸帷幕灌浆方案进行了调整。取消左岸帷幕灌浆廊道，从坝顶布置扇形帷幕孔，进行左岸帷幕灌浆，具体布置见图 1-22。

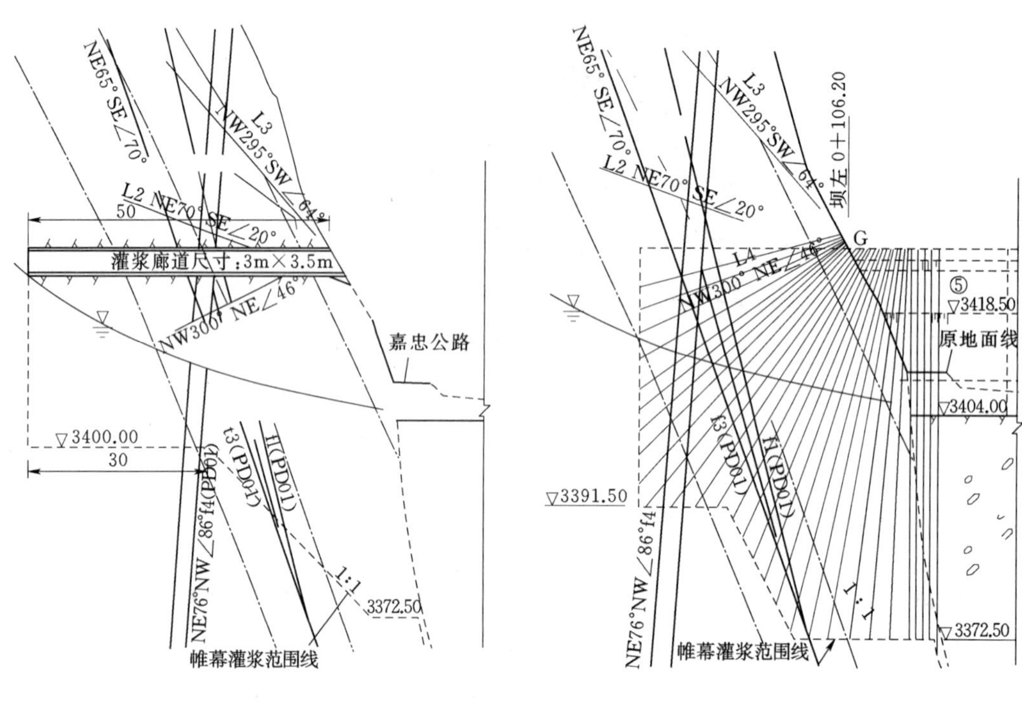

图 1-21 左岸帷幕灌浆廊道布置

图 1-22 扇形帷幕布置

1.6 泄洪闸下游护坦防冲墙优化

金桥水电站工程等别为三等中型工程。泄水排沙建筑物为 3 级建筑物设计。非常运用洪水重现期采用 1000 年一遇洪水校核，相应洪峰流量 1330m³/s。正常运用洪水重现期挡水建筑物、泄洪排沙建筑物均按 100 年一遇洪水设计，相应洪峰流量 953m³/s，消能防冲建筑物设计均按 30 年一遇洪水标准，相应洪峰流量 863m³/s。

1.6.1 模型试验

为了解各种工况下，泄洪闸护坦及护坦下游冲刷情况，进行了模型试验。各种工况下的冲刷情况如下：

（1）在校核洪水 1330.0m^3/s 流量下，三孔泄洪闸全开，库区主流、泄洪闸以及下游河道卡口在一条直线上，闸前水位平稳，三孔闸进流均匀，护坦左右侧流速分布均匀，平均变幅 13～15m/s，水深 3.0～4.0m，海漫流速 9.90～12.16m/s，下游河道流速减小到 8.0m/s。水流离开海漫后正对下游河道卡口，左右岸未出现回流。模型放水 2h，相当于原型泄洪 14h，认为下游冲刷坑达到稳定，可见虽然铅丝笼末端部分水毁。下游河道冲坑呈椭圆状，最大冲坑高程 3392.3m，冲深了 11.7m，右岸边河床未出现淘刷。

（2）在设计洪水 901m^3/s 流量下，共进行了两组试验：一组为三孔闸门全开，库水位 3416.0m，停止发电；另一组为右孔全开，左边孔和中孔局开，库水位 3422.0m，正常发电。三孔全开时，闸前水位波动幅度近 2.0m，主流左右摇摆不定，一会儿指向副坝，一会儿指向闸孔。但护坦内左右侧流速分布均匀，流速达到 12.0～13.0m/s，水深变幅 2.0～2.5m，海漫流速 7.21～8.93m/s，左右岸为未出现回流现象，最大冲深点高程 3394.00m，冲深了 10.0m，右岸边无淘刷。

设计洪水 901m^3/s 流量，3422.0m 水位正常发电时，库区水深增大，坝前水面平稳，主流正对泄洪闸而不再左右摇摆。护坦流速提升到 15.34m，左右分布较均匀，海漫流速达到了 6.07～13.62m/s，下游河道主流速为 8.83m/s，两侧回流流速－1.39～3.48m/s，可见铅丝笼下端出现破坏，最大冲刷高程降低至 3392.2m，冲深了 11.8m。

（3）消能防冲洪水 831m^3/s 流量时，正常发电，库水位 3422.0m，护坦流速约 13.0m/s，海漫最大流速 8.2m/s，河道流速 7.7m/s。由于右孔全开，左边孔和中孔局开，泄流不对称，使得主流离开护坦后向左偏离，右岸出现回流，其回流流速－2.49m/s，冲坑仍称椭圆状，但方向朝左，最大冲刷高程 3393.0，冲深了 11.0m。护坦末端，右岸边均未淘刷。

（4）在常遇洪水 652m^3/s 流量下，正常发电，库水位 3422.0m，护坦流速约 13.0m/s，海漫流速 8.03m/s，河道流速减小到 7.10m/s。因三孔闸门开度不对称，河道主流方向左转，右岸边出现弱回流，最大冲刷点高程 3394.0m，冲深了 10.0m。

1.6.2　防冲墙布置

通过模型试验，在各种工况下均会对泄洪闸护坦下游海漫和河道造成不同程度的冲刷。为保证泄洪闸下游护坦安全运行，在泄洪闸下游护坦末端、护坦左挡墙以及护坦下游右岸边坡堆积体部位设置防冲墙。

防冲墙厚 80cm，墙体为 C20W8F200 钢筋混凝土，墙体底高程为 3389.50m，墙体顶部镶入护坦底板、左挡墙混凝土 50cm，墙体与护坦混凝土接触面设置沥青填料柔性层。具体布置见图 1－23，典型断面见图 1－24。

1.6.3　防冲墙优化

现场实施阶段，经植被清理，发现海漫部位右岸边坡高程 3410.00m 以下堆积体厚度只有 1.0～5.0m。决定清除高程 3410.00m 以下边坡堆积体，取消图 1－20 中 F4～F6 段防冲墙和护坡混凝土，将防冲墙 F4 点延伸至右岸岩石边坡。根据模型试验，各工况下，

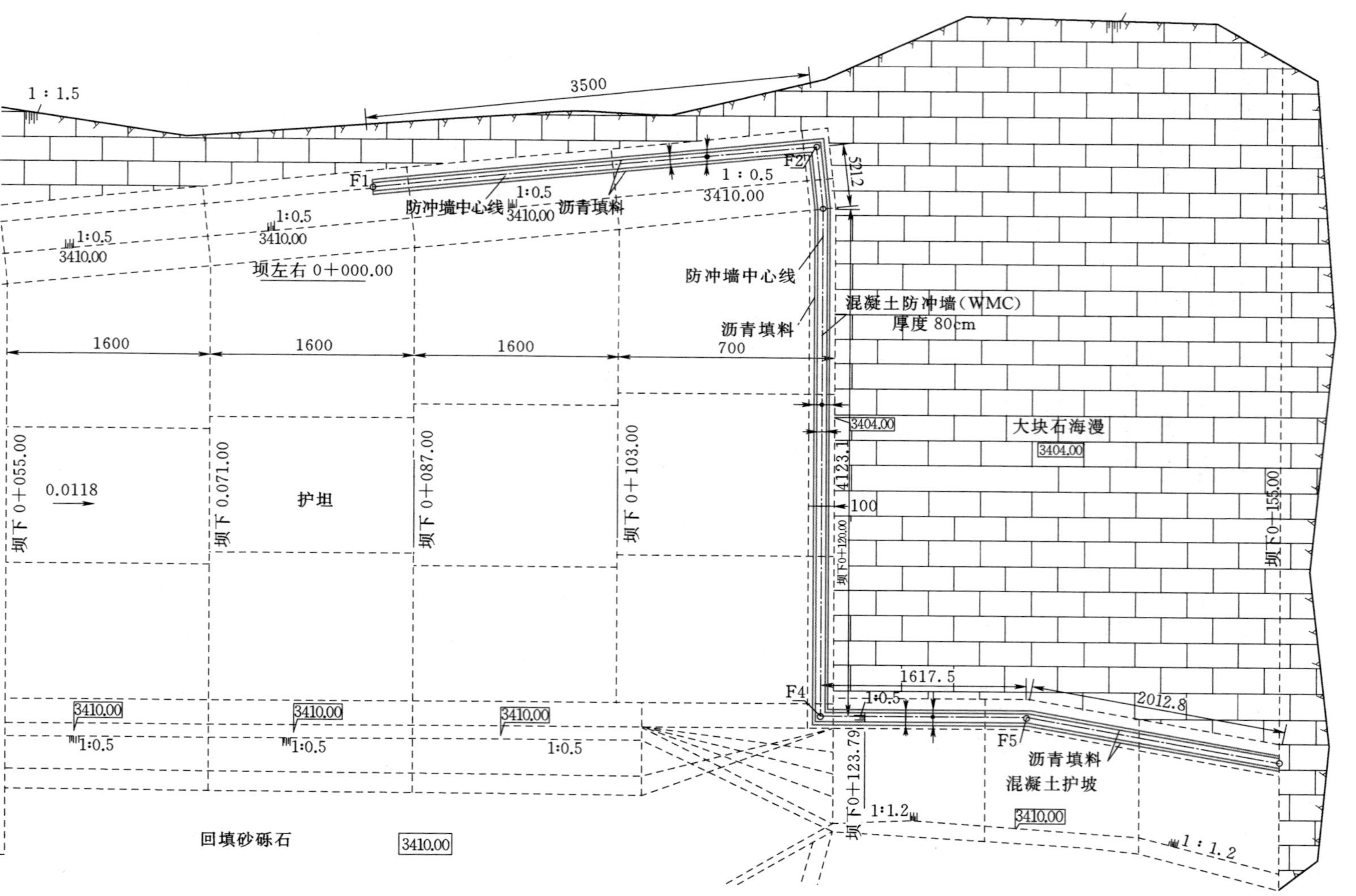

图 1－23　防冲墙平面布置

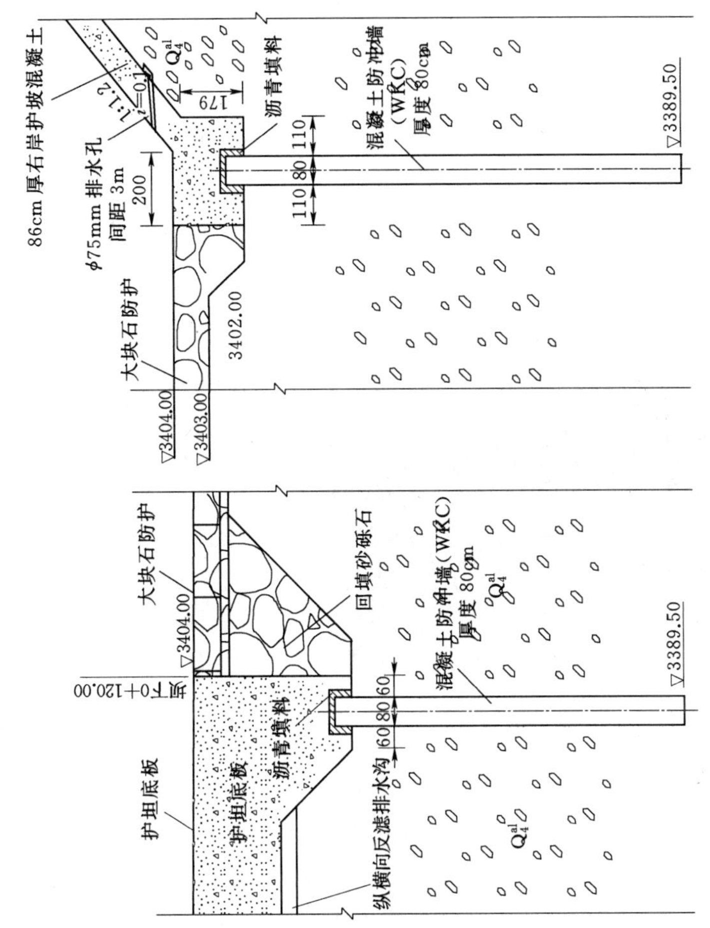
86cm 厚右岸护坡混凝土
φ75mm 排水孔
间距 3m
大块石防护
沥青填料
混凝土防冲墙（WKC）
厚度 80cm
▽3389.50
▽3404.00
▽3403.00
3402.00
1:1.2
179
200
110
80
护坦底板
回填砂砾石
纵横向反滤排水沟
坝下0+120.00
60
▽3410.00
护坦左挡墙
横向排水反滤层
▽3401.95
▽3404.45
1:0.5
1:1.5
150
100

图 1-24 防冲墙剖面图

对右岸边坡未冲刷，清理后的岩石边坡满足抗冲刷要求。通过优化节省投资约 100 万元。海漫右边坡堆积体见图 1-25。

1.7 上坝公路优化

为满足首部枢纽上坝交通，在大坝下游靠左岸边坡布置了一条上坝公路。

1.7.1 原设计结构

上坝公路原设计结构为重力式浆砌石挡墙，挡墙与山体之间回填土石方。典型断面见图 1-26。

图 1-25 边坡堆积体图

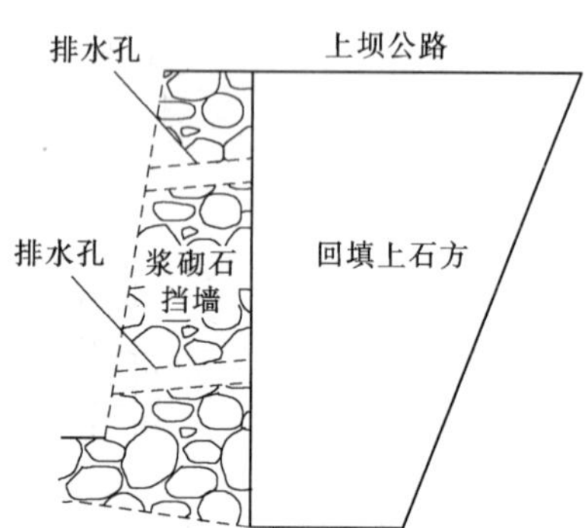

图 1-26 上坝公路结构图

1.7.2 结构优化

上坝公路全长 272m，浆砌石挡墙最大高度达 16.5m，浆砌石工程量大，造价高。另外，根据工期安排，左岸挡水坝段于 2018 年 11 月浇筑完成，部分浆砌石在低温季节施工，工程质量无法确保。由于无法及时形成上坝公路，影响坝顶门机、电站进水口启闭机以及金属结构安装等项目的实施。

鉴于以上原因，取消浆砌石挡墙，上坝公路全部采用土石方填筑。填筑边坡为 1∶1.5，边坡防护采用拱形骨架，骨架内覆土植草。上坝公路结构调整后典型断面见图 1-27，施工完成后形象见图 1-28。

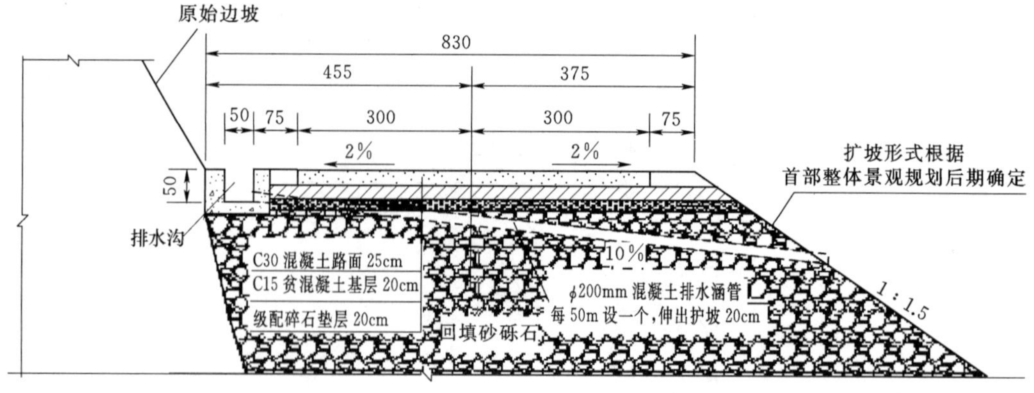

图 1-27 上坝公路结构修改图（单位：mm）

图 1-28 上坝公路整体形象图

1.7.3 工期与投资

原方案计划左岸挡水坝段浇筑至坝顶后，需 20d 时间上坝公路具备通车条件；经结构调整，左岸挡水坝段浇筑至坝顶后，仅 3d 上坝公路具备通车条件。为后续坝顶施工项目提前施工创造了条件。

上坝公路经结构优化，虽然增加了 30100m³ 土石方回填，边坡拱形骨架，但减少 23655m³ 浆砌石。节省投资 537.5 万元。

1.8 2 号贝雷桥经验总结

2017 年 7 月 4 日易贡藏布河水明显上涨，2017 年 7 月 5 日达到洪峰，洪水对首部枢纽上下游道路坝上 0+050～坝上 0+110 段冲刷严重，1 号贝雷桥右侧桥台冲刷严重，2 号贝雷桥冲毁。

1.8.1 洪水过程

2017 年 7 月 4 日开始，嘉黎县全县范围内降雨增加，嘉黎县降雨量为 18.2mm（中雨），易贡藏布流量开始增加，嘉黎县水电站开始泄洪，首部枢纽坝轴线部位水位为 3406.2m。2017 年 7 月 5 日嘉黎县全县境内降雨继续，易贡藏布流量持续增加。金桥公司立即启动应急预案，对 2 号贝雷桥左岸桥台进行防护。12：30 时进行 2 号贝雷桥头垮塌部位自卸车块石回填，由于河水流速快、流量大、水流冲击力强，回填大块石落入水中即被冲走。到 13：20 时洪水达到最高峰，首部枢纽坝轴线部位水位达到 3407.35m，2 号贝雷桥部位水位达到 3403.18m。14：40 时左右 2 号贝雷桥左岸桥头上游垮塌范围增大，上游临河侧沿线道路局部垮塌严重，局部路面出现较大裂缝及坍塌。15：20 进行测量，发现 2 号贝雷桥左岸桥台发生位移，至 16：50，2 号贝雷桥左岸桥台明显倾斜，钢质桥体整体已发生倾斜位移。为保证人员、设备安全，监理开始组织施工单位有序疏散首部枢纽和引水隧洞施工人员，同时在左岸桥头及临河侧道路沿线拉起警戒线，严禁无关人员靠近，以确保人员安全。金桥公司立即组织水电一局、水电四局人员，部署 2 号贝雷桥拆除事宜，安排水电四局在右岸布置锚杆，水电一局在左岸进行钢丝绳固定。

2017 年 7 月 6 日 2 号贝雷桥左岸桥台持续向上游倾斜，桥体变形程度加重，同时左岸上游临河侧施工道路均出现大幅度垮塌，现场施工人员再次对右岸拖拽桥体的3道钢丝绳进行加强。同时为拆除桥体进行准备工作，搭设2条空中索道。2017年7月7日凌晨5时左右，桥台向上游方向发生严重倾斜后倾倒在河道中，致使自重55t贝雷桥钢质桥体落入河道拉断右岸钢丝绳被洪水全部损毁冲走。

1.8.2 贝雷桥损失

此次洪灾冲毁2号贝雷桥的费用损失为122.79万元，其中钢质桥体桥面材料运输安装费用为99.96万元，桥台土建恢复费用22.83万元。

1.8.3 原因分析

1.8.3.1 超标洪水

2号贝雷桥度汛标准为10年一遇洪水重现期标准，相应的洪峰流量为774m³/s。经监测，最大洪峰流量达829m³/s，达到近20年一遇洪水（$P_{5\%}=831m^3/s$）。由于超标洪水，导致水流对桥台防护的冲刷超过设计工况，对贝雷桥桥台的防护冲毁，进而对桥台基础进行冲刷，造成桥台倾倒。

1.8.3.2 河道疏浚

根据设计《2017年度汛设计报告》，对施工区域内贝雷桥上、下游河道进行疏浚。汛前对2号贝雷桥上、下游河道进行了疏浚施工，对河道中影响水流的大孤石进行了解爆和清理。

易贡藏布河床经长期的水流冲刷和沉积，使河床卵石与卵石之间相互咬合，处于稳定状态。由于疏浚，对河床表面的卵石进行解爆、挖除，使原有的平衡状态遭到破坏，降低了原河床抗冲刷能力，并增加了该部位水流流速。先是对原河床造成冲刷，再对桥台基础进行冲刷。2号贝雷桥疏浚见图1-29。

图1-29　2号贝雷桥疏浚图

1.8.3.3 桥台基础

2号贝雷桥位于坝址下游约0.4km处，为首部枢纽右岸一期工程和引水隧洞1号施工支洞桥施工唯一通道，设计荷载45t。桥梁上部结构形式为三跨简支钢桁架桥，桥梁净跨36.00m，桥面行车道宽4.0m，下部桥台为U型重力式桥台、扩大基础。桥面设计高程为3406.00m，横坡及纵坡均为平坡，桥台采用C20混凝土。左岸桥台坐落在洪积碎石土覆盖层上，右岸桥台坐落在右岸山体岩石上。2号贝雷桥布置详见图1-30。

从图1-30中可以看出，原河床表面较左岸桥台基础底。另外，左岸桥台基础为洪积碎石土覆盖层，不具备抗冲刷能力。由于河道疏浚，降低了原河床抗冲刷能力，洪水先对原河床造成冲刷，进而对左岸桥台基础造成冲刷，导致桥台向上游倾斜。

1.8.4 新建2号贝雷桥

1.8.4.1 新建贝雷桥选址

为恢复首部枢纽右岸一期工程、引水隧洞施工，需修建左岸至右岸的跨河交通桥。由

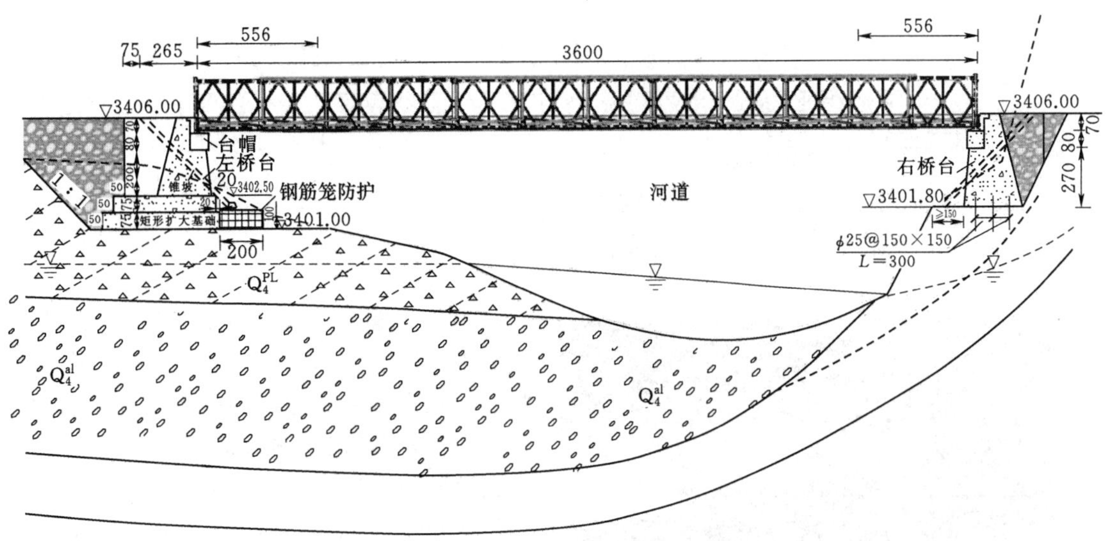

图 1-30　2号贝雷桥布置图（单位：高程为 m，其余为 cm）

于贝雷桥施工简单，工期短，仍选用架设贝雷桥。

原 2 号贝雷桥只冲毁左岸桥台，右岸桥台坐落在右岸山体岩石上，没遭到破坏，还可以利用。由于正处于汛期，河道水位较高，修建左岸桥台基础无法下挖，水面以下无法进行有效防护，桥台基础可能再次被冲刷。因此，新建贝雷桥重新选址。

新建贝雷桥位置选择在坝轴线上游约 220m 处，该处左、右岸两侧各有一块大孤石，右岸孤石约 600m³，左岸孤石约 350m³，由于体型非常大，具有一定的抗冲刷能力。新建贝雷桥位置见图 1-31。

图 1-31　新建 2 号贝雷桥桥址图

1.8.4.2　新建贝雷桥

左、右岸孤石在水流冲击下可能会发生位移，因此桥台不能修建在孤石上。桥台修建在左、右岸孤石后，孤石作为贝雷桥的临时支点，可有效减少贝雷桥的净跨，新建贝雷桥全长 51.0m，但最大净跨为 33.0m，大大提高了贝雷桥承载能力。即便受水流冲刷，孤石发生位移，也不会对贝雷桥造成破坏，并且可在短时间内进行临时支点处理，满足通行要求。孤石上、下游采用钢筋石笼进行防护，防止对桥台基础造成冲刷。新建贝雷桥具体布置见图 1-32，建设完成后贝雷桥见图 1-33。

2　地下厂房工程

金桥水电站地下厂房发电系统主要建筑物由上游阻抗式调压井、压力管道、地下厂房、主变室（尾闸室）、尾水管延伸段、尾水无压洞等部分组成。主厂房、主变室（尾闸

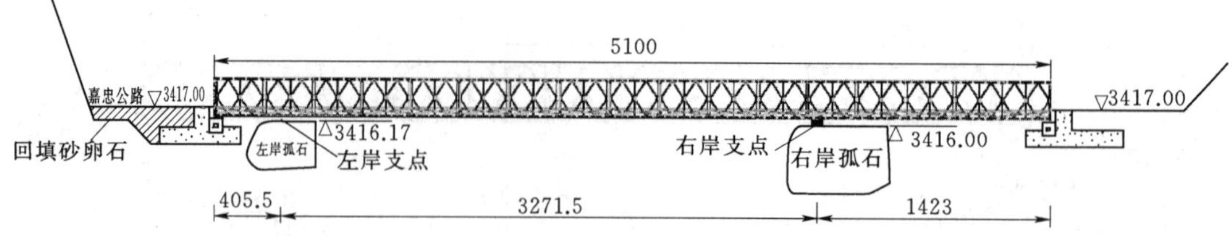

图 1-32 新建 2 号贝雷桥布置图（单位：高程为 m，其余为 cm）

图 1-33 建成后的贝雷桥

室）平行布置，其洞室间距为 30m。主厂房、副厂房和安装间呈“一”字形布置，机组间距由蜗壳、母线洞平面尺寸及机电设备布置要求确定，机组段长度为 12.5m，端机组段长度为 14.5m。安装间长 16.5m，主厂房长度为 39.50m，副厂房长 27.8m，厂房总长度为 83.8m。厂房纵轴线方向为 NE13°，与主要断层裂隙面走向夹角为 50°～70°。主厂房内安装 3 台［HL（138）-LJ-195］额定容量为 22MW 的立轴混流式水轮发电机组，机组安装高程为 3267.00m，尾水管底板高程为 3261.15m，水轮机层高程为 3269.90m，发电机层高程为 3275.10m，桥机轨顶高程为 3285.20m，厂房拱顶高程为 3295.40m，主厂房岩锚梁以上开挖跨度为 18.40m，其以下开挖跨度为 17.20m，主厂房最大高度为 35.40m。厂内布置有 1 台型号为 QD100t-15m 的桥式起重机。

主变室（尾闸室）长为 71.65m，宽为 16.55m，高为 17.70m，地面高程为 3276.20m，其上游侧布置 3 台主变压器，下游侧为尾水检修闸门平台，地面高程为 3279.20m，布置 3 孔尾水检修闸门门槽及尾水门库，尾水检修闸门门槽孔口采用水封盖板封闭。

尾水管延伸段断面型式为城门洞形，其断面尺寸为 3.2m×3.8m（$B\times H$），衬砌厚度 0.6m，尾水无压隧洞采用“三机一洞”的布置型式，其断面采用圆拱直墙城门洞形，钢筋混凝土衬砌，主洞断面尺寸为 7.5m×9.8m（$B\times H$），长度为 63.90m，衬砌厚度为 0.8m，尾水隧洞出口设闸室，安设检修闸门，闸室基本剖面（垂直水流向）为重力式挡墙结构。

尾水出口闸室与下游河道间由尾水渠连接。尾水渠的底宽采用渐扩型式，过水断面为梯形断面，尾水渠边坡采用重力式挡墙结构，其下游侧有嘉（黎）—忠（玉）公路从厂区通过。

GIS 开关站布置于厂址岸边滩地上游，其平面尺寸为 28.6m×12.5m，电站出线由主变室通过出线洞至尾水出口 3281.00m 平台地面 GIS 开关站楼顶出线站引出。具体见图 2-1和图 2-2。

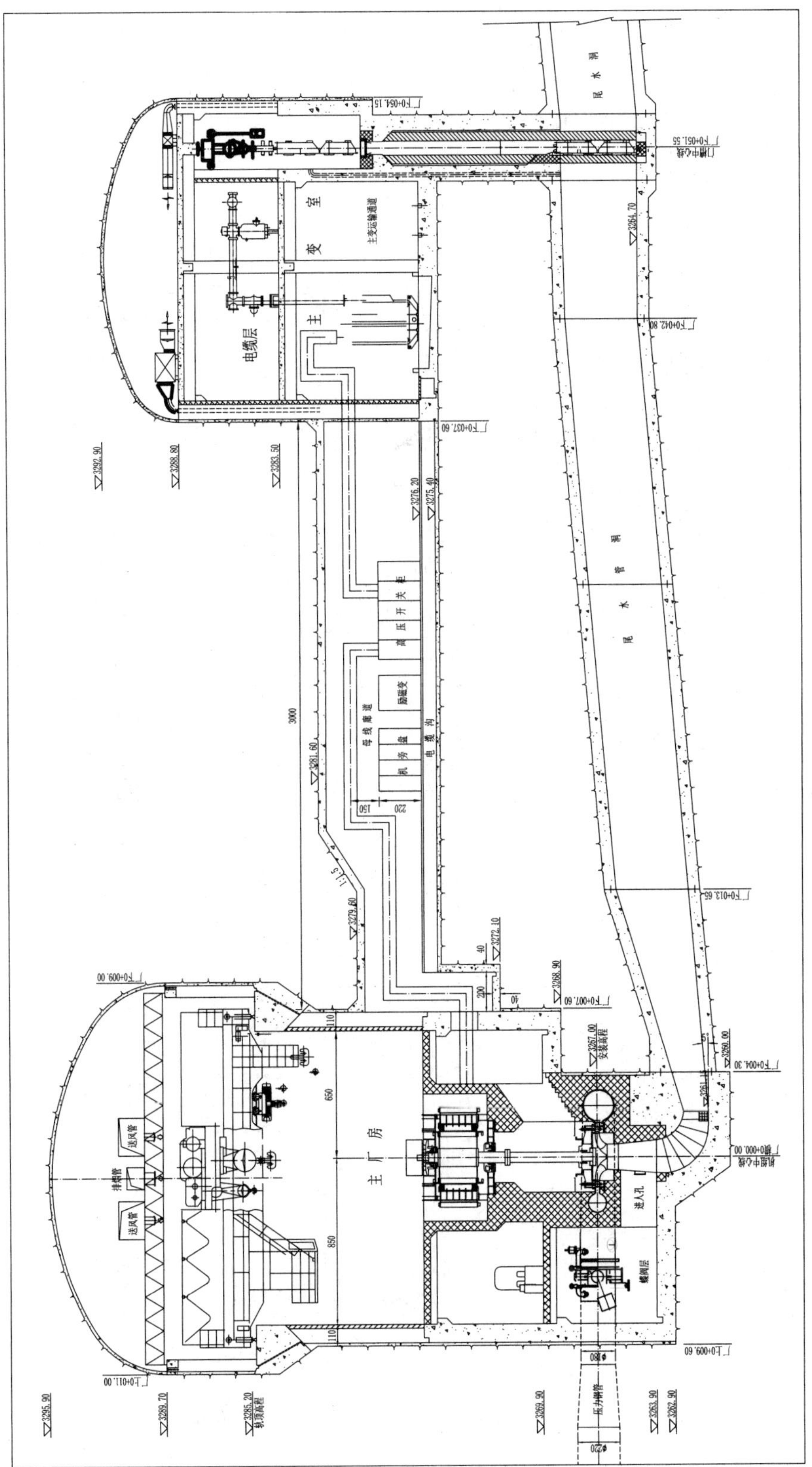

图2-1 地下厂房横断面图

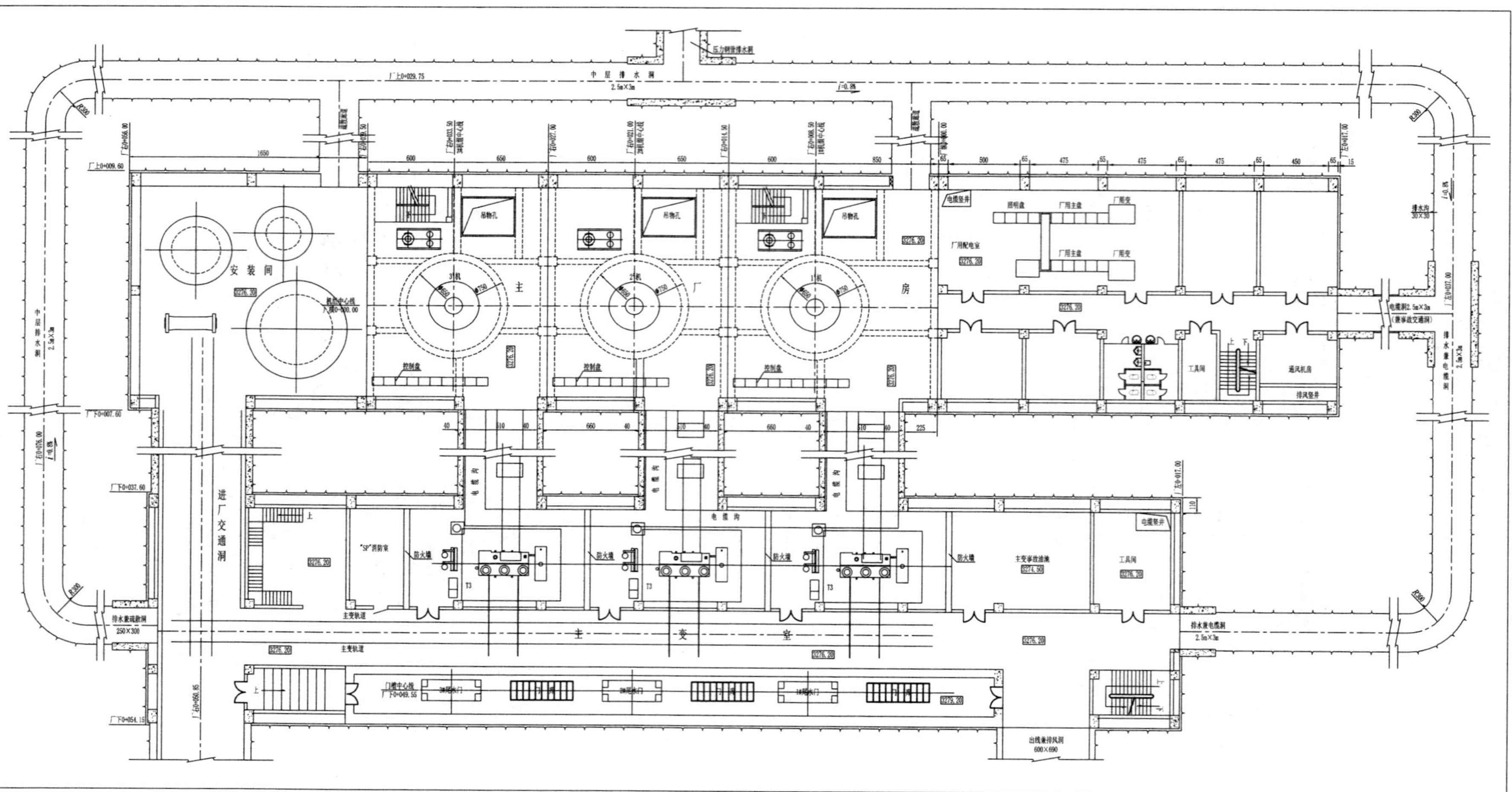

图 2-2　地下厂房发电机层平面布置图

2.1 地下厂房采用"立体"开挖

2.1.1 工期影响因素

2.1.1.1 增加预应力锚索

招标阶段地下厂房安装间、主厂房、副厂房顶拱布置 $\phi25/\phi28$，$L=4.5\text{m}/6\text{m}$，间距 1.5m×1.5m 砂浆锚杆间隔布置。

地下厂房第一层开挖完成后，在地下厂房内存在 5 条断层，结构面相对发育，层面裂隙较发育，岩层产状为 NE10°NW∠78°，结构面以Ⅳ、Ⅴ级结构面为主。为保证围岩稳定，在主厂房内部 f1 断层两侧 50cm 处各布置 1 排 $3\phi28$、$L=9\text{m}$，间距 3m 的锚筋桩；主厂房主要发育有 f2、f3 断层。在主厂房内部沿 f2、f3 断层及塌方范围为厂右 0+017.00～厂右 0+032.00 之间的顶拱区域布置 4 排 1000kN 无黏结预应力锚索，$L=20\text{m}$，间排距 5m×5m，并在塌方范围内局部增加 $3\phi28$、$L=9\text{m}$ 的锚筋桩。在副厂房内部 f4、f5 断层两侧 50cm 处各布置 1 排 $3\phi28$、$L=9\text{m}$，间距 3m 的锚筋桩，锚筋桩沿 f4、f5 断层走向布设。共增加锚索 14 根，锚筋桩 63 根。

2.1.1.2 增加预应力锚杆

在招标阶段地下厂房安装间、主厂房、副厂房高程 3278.7m 至高程 3291.8m 布置 $\phi28/\phi32$，$L=6\text{m}/9\text{m}$，间距 1.5m×1.5m 砂浆锚杆间隔布置。

现场实施阶段，下发的施工蓝图，将安装间、主厂房、副厂房高程 3278.7m 至高程 3291.8m 布置的砂浆锚杆全部修改为 $\phi32$、$L=9\text{m}$ 的预应力锚杆。

2.1.1.3 设计技术要求

根据设计下发的《引水及地下洞室开挖支护施工技术要求》，已开挖完成部分支护不完成，不允许下挖。由于增加预应力锚索和预应力锚杆，支护施工时段较长，严重影响地下厂房施工进度。

为加快地下厂房施工进度，尽量减少预应力锚索和预应力锚杆施工对地下厂房施工进度的影响，地下厂房开挖采取立体开挖的措施。

2.1.2 地下厂房立体开挖方案

2.1.2.1 立体开挖措施

根据金桥水电站地下厂房布置，与地表相通的洞室有进场交通洞、尾水洞、通风兼安全洞、3 号施工支洞以及辅助通风洞。其中通风兼安全洞与厂房开挖第Ⅰ层相连；辅助通风洞与厂房开挖第Ⅱ层相连，但由于洞径较小，无法满足施工机械通行，无法作为厂房开挖通道；进场交通洞与厂房开挖第Ⅳ层相连；3 号施工支洞与压力管道岔管相连，通过压力管道岔管进入地下厂房开挖第Ⅵ层；尾水洞与地下厂房第Ⅶ层相连。地下厂房开挖分层见图 2-3。

2.1.2.2 厂房第Ⅰ层、第Ⅱ层开挖

厂房第Ⅰ层开挖通过通风兼安全洞进行开挖，第Ⅰ层开挖结束后，进行顶拱支护及预应力锚索施工。由于第Ⅰ层开挖高度为 6.2m，厂房断层部位布置的 9.0m 锚筋桩无法安装。为满足锚筋桩安装，对第Ⅱ层进行中间掏槽开挖，中间掏槽宽度为 10m，两侧各预留 5.0m 宽岩台。既满足了顶拱锚筋桩施工，也为第Ⅰ层两侧边墙支护预留了施工平台，还防止厂房边墙发生较大塑性变形。

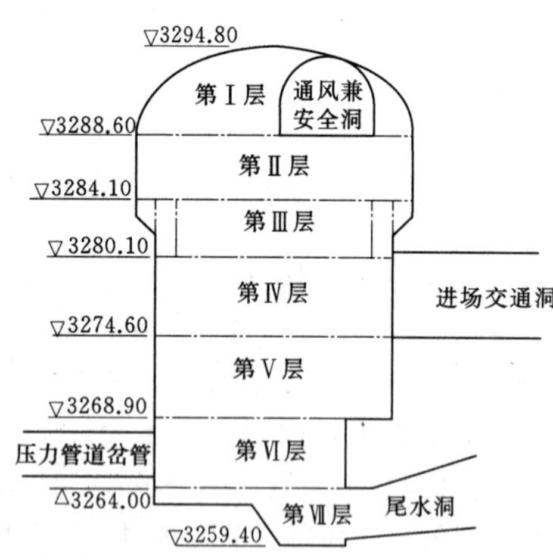

图 2-3 地下厂房开挖分层图（单位：m）

厂房第Ⅰ层所有支护完成后，进行第Ⅱ层上下游边墙预留的 5.0m 岩台开挖，然后进行支护施工。

2.1.2.3 厂房第Ⅲ层开挖

厂房第Ⅲ层为岩锚梁开挖，先进行厂房第Ⅲ层中槽预裂。首先对第Ⅲ层底板碎渣清除及整平，由测量人员放样出中槽预裂孔（孔径 90mm、孔距 70cm、孔距离边墙 3.4m），并用红色油漆做上标记，布孔完成后，使用液压履带式潜孔造孔，从高程 3284.1m 一直钻到岩锚台下拐点以下 2m，高程 3280.10m，孔深 4m。由于现场炸药为直径 42mm 的乳化炸药，为满足预裂孔不耦合系数，对炸药药卷进行了加工，加工后的药卷直径为 60mm，装药时应将药卷和导爆索分散绑扎竹片上，分散距离不大于 50cm。

中槽预裂爆破完成后，进行中槽深孔梯段爆破（槽宽 13.2m，两侧预留保护层 3.4m/2m），使用潜孔钻机造孔，钻孔一次性钻至高程 3280.1m，梯段爆破前采用楔形掏槽挖出临空面，再钻深孔梯段爆破孔（炮孔间距 $a=100$cm、排距 $b=80$cm），然后采取分梯段装药的方式，将乳化炸药装入深孔梯段爆破孔，爆破时，先边排起爆，再后排依次起爆，将中槽岩石炸出（爆破时应进行爆破振动速度测试，控制传到岩锚梁质点振动速度不大于 7cm/s），洞渣采用龙工 40 装载机配合 15t 自卸汽车出渣，由进厂交通洞为通道，运至 106.2km 毛料堆堆放（运距 800m）。

随着中槽深孔梯段爆破，立即对保护层进行开挖，保护层开挖使用 YT28-A 手风钻钻孔直墙光面爆破法（边墙炮孔间距 30～35cm），严格控制钻孔精度，确保直墙成型质量。保护层厚 2m，分两次爆破（1m/次），在Ⅰ区和Ⅱ区保护层开挖前，预先在Ⅲ区保护层上钻直墙光爆孔并预埋 PV 管且堵住孔口防止孔被堵塞，再将Ⅰ区和Ⅱ区保护层爆除，然后在高程 3280.1m 处，搭设钢管样架，采用几何法控制钻杆孔向上倾 40°（角度偏差不大于 1°），再向岩锚台钻斜面光爆孔，钻孔完成后，将Ⅲ区 PV 管拔出，给直墙光爆孔和斜面光爆孔装药连线，组成“双向光爆网”将岩锚台三角体爆除，控制超挖值不大于 15cm。

2.1.2.4 厂房第Ⅳ层开挖

厂房第Ⅰ层开挖完成后，增加了预应力锚索，并将 9.0m 砂浆锚杆修改为 9.0m 预应力锚杆，支护施工时段较长，对整个厂房施工进度影响较大。在厂房第Ⅱ层预留岩台开始时，进场交通洞已开挖完成，通过进场交通洞进行了厂房第Ⅳ层开挖，做到了第Ⅱ层与第Ⅳ层同时开挖的条件。第Ⅳ层开挖与支护同步进行，第Ⅱ层开挖、支护施工结束时，第Ⅳ层开挖已结束，支护除高程 3278.7m 处 9.0m 预应力锚杆外，其余砂浆锚杆和挂网支护已完成。

厂房第Ⅳ层开挖完成后，岩锚梁施工高度较高，为满足第Ⅲ层支护及岩锚梁混凝土浇筑。对第Ⅲ层开挖先不出渣，作为第Ⅲ层支护和岩锚梁施工平台，等岩锚梁浇筑完成，并完成厂内桥机安装后，再将第Ⅲ层开挖石渣通过进场交通洞出渣。

2.1.2.5　厂房第Ⅳ层开挖

引水隧洞下平段布置有 3 号施工支洞与地表相连，引水隧洞下平段及岔管开挖完成后，可通过 3 号施工支洞、引水下平段、岔管到达厂房第Ⅵ层。由于引水岔管断面为 3.4m×3.5m（宽×高），反铲、装载机等施工设备通行困难，将 3 号岔管进行了扩挖，以满足施工设备通行要求，保证了第Ⅵ层开挖出渣和支护施工。

厂房第Ⅵ层开挖、支护完成后，对第Ⅶ层下挖 2.0m，开挖至蝶阀层基础面，使第Ⅶ层仅剩余肘管基础开挖，减少厂房开挖对尾水洞施工的影响。

2.1.2.6　厂房第Ⅶ层开挖

尾水洞开挖完成后，通过尾水洞进行厂房第Ⅶ层和集水井开挖，在厂房第Ⅴ层开挖前，已完成厂房第Ⅵ层、第Ⅶ层以及集水井开挖。由于尾水洞及尾水渠施工是厂房 2018 年度汛重点项目，汛前需完成尾水闸门安装，为保证厂房安全度汛，厂房第Ⅶ层和集水井开挖完成后，立即进行尾水渠和尾水洞混凝土施工，厂房第Ⅴ层开挖石渣通过 3 号岔管进行出渣。

2.1.3　经验总结

金桥水电站地下厂房开挖立体多层同时开挖施工技术的实施，将预应力锚索和预应力锚杆影响的工期抢回，并提前开始尾水渠、尾水洞混凝土施工，保证了地下厂房 2018 年安全度汛，为按期发电打下了坚实的基础。

由于立体开挖施工技术的全面实施，使得进场交通洞、引水岔管、尾水洞等地下洞室提前与主副厂房贯通，各洞室与厂房交叉口部位柔性支护提前完成，确保了地下厂房施工安全和工程永久安全，为类似工程积累了丰富的经验。

2.2　调压装置调整

本电站为长引水电站，$T_w>4s$，必须设置调压装置。可采用的方案有常规阻抗式调压室、双室式调压室、气垫式调压室、调压阀方案。可研阶段选择了气垫室调压室。

2.2.1　可研阶段调压装置布置

气垫式调压室由气室、连接洞、调压室交通洞组成，金桥水电站按较为简单的长廊式设计，开挖尺寸为 102.4m×13.4m×17.2m（长×宽×高），气垫调压室衬砌完成后，结构尺寸为 100m×11m×15.5m（长×宽×高）。

气室与引水隧洞连通，气室高于引水隧洞，两者间通过连接洞连接，连接井兼做施工和检修通道。连接井与气室的连接形式采用顺接，以利于水流出入通畅。气室底板做成倾向连接洞的斜坡，以利于调压室向水道补水通畅，在引水系统放空检修时也有利于气室内水体的放空。选择阻抗式调压室，阻抗孔直径 $D=2.5$m。

交通洞兼做调压室上部施工洞，调压室交通洞后期封堵，设置进人孔，用于气室检修。利用交通洞布置调压室配电、空压机等设备。交通洞采用城门洞形布置，结合施工要求，尺寸为 6.0m×5.0m（长×宽）。

本工程气垫调压室采用钢板防渗方案。气室内采用钢筋混凝土＋钢板的设计。气室顶拱进行回填灌浆，为避免漏气，钢板上尽量不设置灌浆孔，采用在混凝土衬砌中预埋回填灌浆管的方式。钢板与混凝土之间接触面进行接触灌浆。气垫室调压室布置见图 2－4。

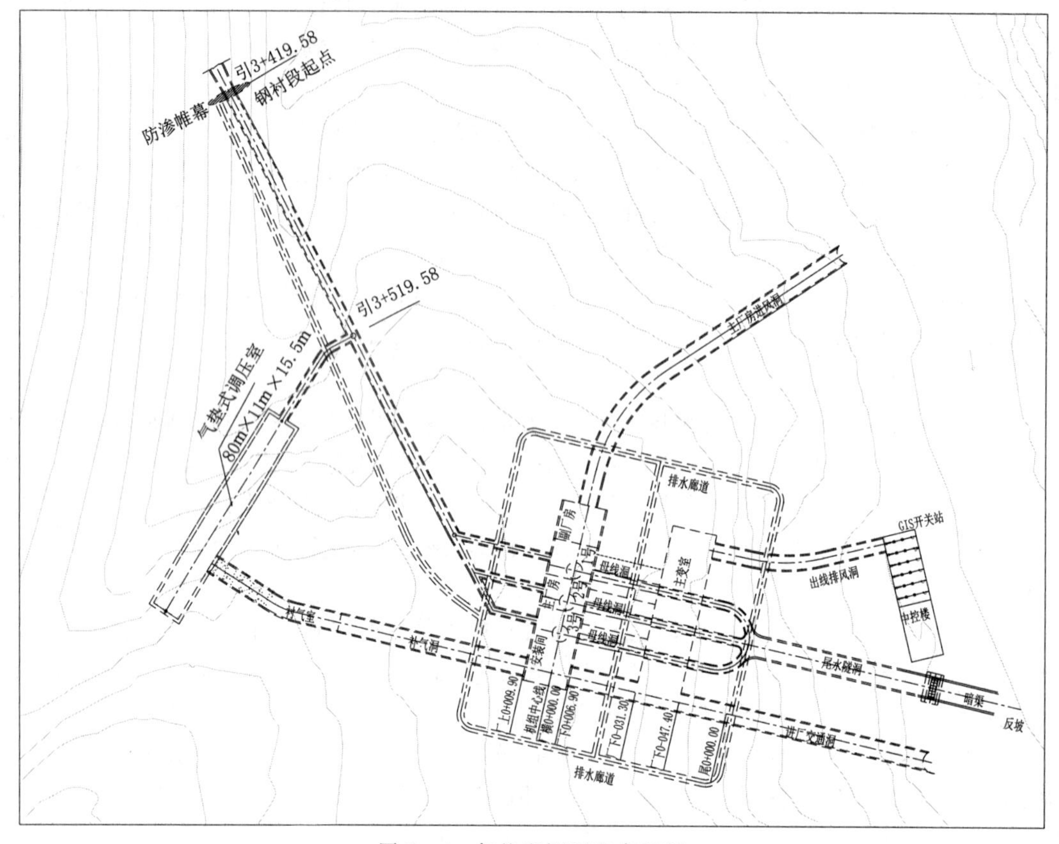

图 2-4　气垫室调压室布置图

2.2.2　调压装置调整原因分析

金桥水电站开工建设前，根据现场实际地形、施工条件等因素，对调压装置进行了调整，将气垫室调压室调整为阻抗式调压井。

2.2.2.1　工期分析

根据气垫室调压室布置，调压室施工道路为进场交通洞→安装间→安装间至调压室交通洞→调压室→调压室与引水隧洞连接段。因此，调压室具备施工的条件为：①进场交通洞开挖完成；②主、副厂房及安装间开挖至高程 3274.00m（安装间开挖高程）。

当安装间开挖至高程 3274.00m 后，随着主机段开挖下卧，安装间随之开始混凝土浇筑、桥机安装等项目施工。由于调压室施工要以安装间为通道，相互干扰非常大。

另外，高程 3274.00m 以下仅为主厂房开挖，开挖断面小，施工进度快。当主厂房开挖完成，具备混凝土浇筑以及金属结构埋件安装时，调压室还无法完成施工。随着主机段施工，在安装间进行蜗壳的拼装、转子挂磁极、定子组圆及下线等工作，由于工位限制，将阻断通往调压室通道。

如果将上述工作调整至机坑作业，使非关键线路施工项目调整至关键线路，大大增加了关键线路施工工期。

通过分析，如果采用气垫室调压室，将增加发电工期。

2.2.2.2　投资分析

通过阻抗式调压井和气垫室调压室方案比较，气垫式调压室体积约为阻抗式调压室的3倍，气垫式调压室开挖工程量、衬砌混凝土工程量都较阻抗式调压井大，另外，气垫室调压室还需安装钢衬。通过比较，，阻抗式调压室较气垫室调压室土建投资节省1845万元。

经比较分析，采用阻抗式调压井较气垫室调压室经济更优。

2.2.2.3　后期运行分析

气垫式调压室后期运行及检修等工作烦琐，设备费用及运行管理维护成本高。阻抗式调压井后期运行管理简单、费用低。

2.2.3　阻抗式调压井布置

通过综合分析，金桥水电站将气垫室调压室调整为阻抗式调压井。阻抗式调压井布置于厂房上游约141m处，调压井轴线与压力管道竖井轴线为同一轴线。调压井自上而下分为三部分：上部穹顶和大井，高47.4m，大井开挖直径14m；小井高68.23m，开挖直径4.9m；阻抗孔高17.6m，开挖直径3.65m。阻抗孔下接压力管道竖井，压力管道竖井高66.47m，开挖直径5.2m。阻抗式调压井布置详见图2-5。

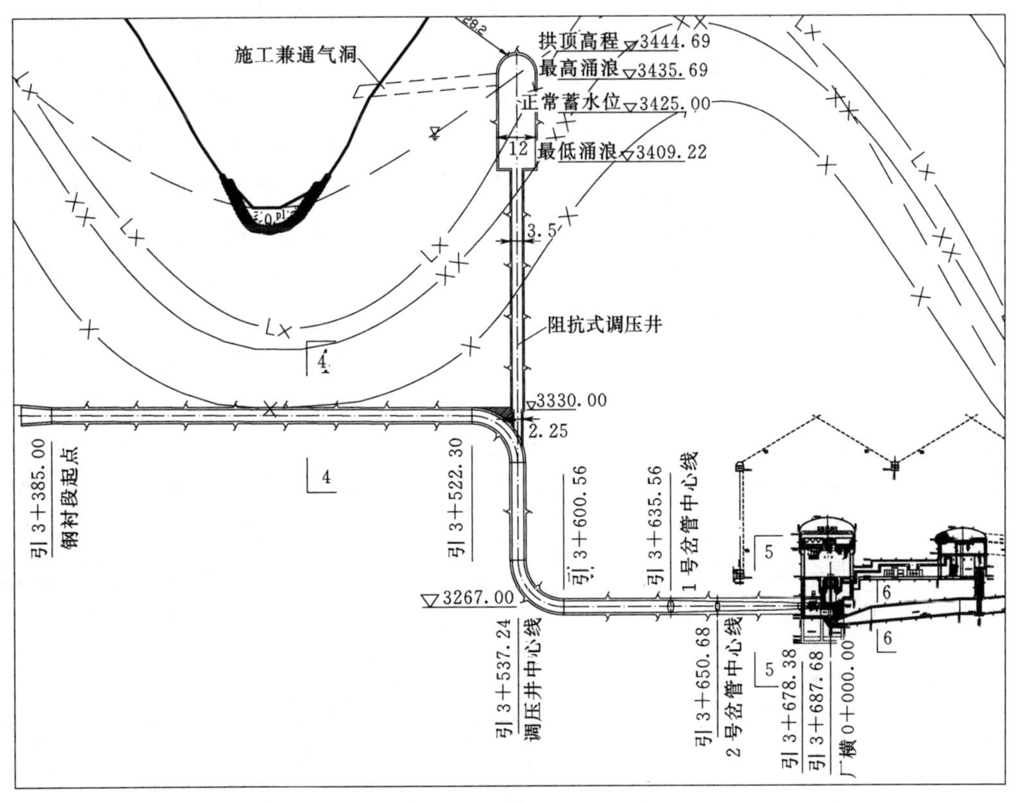

图2-5　阻抗式调压井布置图

2.2.4　施工方案优化

2.2.4.1　原开挖施工方案

阻抗式调压井和压力管道竖井位于同一轴线，原开挖施工方案为：调压井施工道路修建

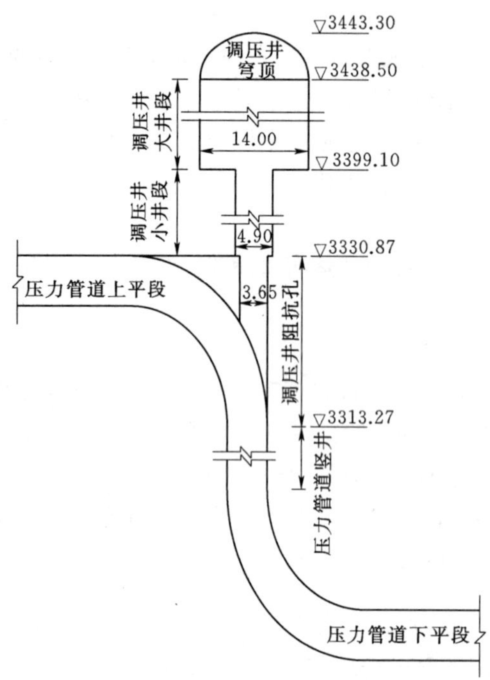

图 2-6 调压井及压力管道竖井剖面示意图

→调压井通气洞施工→调压井穹顶开挖支护→在调压井穹顶开挖支护完成后形成的高程 3428.5m 平台布置反井钻机→先导孔施工（调压井高程 3428.5m 平台至压力管道下平段）→反井钻 ϕ1.4m 导井施工（压力管道下平段至调压井高程 3428.5m 平台）→从调压井上部平台高程 3428.5m 平台自上而下扩挖至压力管道下平段（竖井底部）。调压井及压力管道竖井剖面示意图见图 2-6。

2.2.4.2 开挖施工方案优化

在调压井施工过程中，反井钻机钻杆断裂三次，在导井施工完成时，调压井整体工期滞后较为严重。为加快调压井施工进度、保证发电目标工期，需对施工方案进行调整优化。经过参建各方多次讨论，确定以压力管道上平段为分界高程，将调压井和压力管道竖井分为两个作业面同时进行施工：①其上部的调压井大井、调压井小井扩挖，由调压井高程 3428.5m 平台自上而下进行施工；②其下部的压力管道竖井，由压力管道上平段底板自上而下逐步进行扩挖施工；③上部、下部作业面均用反导井作为溜渣通道，上部作业面从压力管道上平段出渣，下部作业面从压力管道下平段出渣。具体做法如下：

（1）在压力管道上平段底板（高程 3325.0m）与导井相交部位布置防护盖，防护盖结构采用 20b 工字钢将导井井口覆盖，然后在工字钢上方浇筑 35cm 厚 C20 混凝土。考虑到防护盖对下方岩塞的压力较大，为保证防护盖稳固，防护盖直径放大为 3.45m。

（2）在压力管道上平段左侧布置一条弧形施工支洞，支洞大小为 1.5m×1.8m（宽×高），导洞长 16.77m，其平面半径为 14.33m。为保证防护盖岩塞厚度、确保防护盖有足够的支撑力，支洞采取 26.57°向下坡度，其末端与导井相交于高程 3320m，顶部与防护盖之间岩塞厚度为 5m。施工支洞布置见图 2-7 和图 2-8。

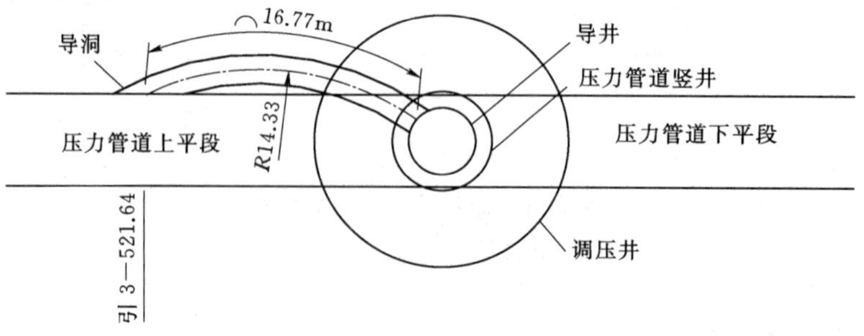

图 2-7 施工支洞平面布置图

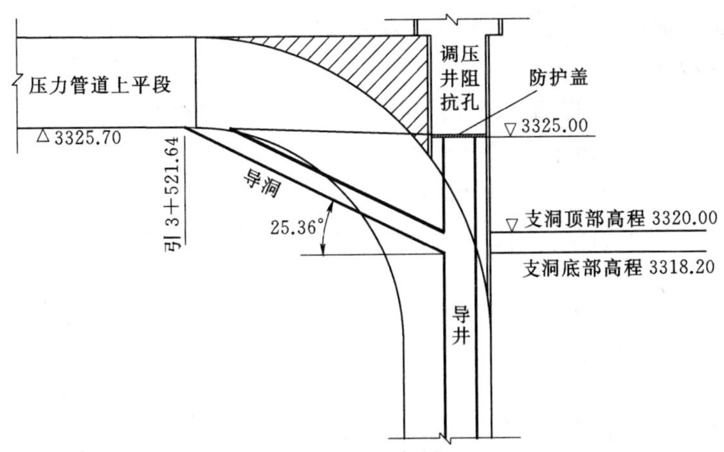

图 2-8 施工支洞剖面图

(3) 调压井按照设计体型进行扩挖、支护，材料主要通过调压井顶部的卷扬机提升系统进行运输。开挖至调压井阻抗孔底部时，材料可以从压力管道上平段运输。

支洞下方按照设计体型进行竖井扩挖、支护。材料主要从导洞运输，开挖至引水竖井底部时，材料可以从底部运输。

2.2.5 竖井段压力钢管安装

调压井及压力管道竖井开挖同时进行，压力管道竖井较调压井提前开挖完成，为加快施工进度，在调压井开挖的同时，进行压力钢管下弯段和竖直段安装。

引水竖井段压力钢管管节为 18 节（含上弯 3 节），下弯段中上部管节为 9 节，共计 27 节，管内径 3800mm，加劲环外径 4248mm，钢板材质为 Q345C，板厚为 24mm。

2.2.5.1 压力钢管运输

为保证压力钢管竖井段及下弯段运输、安装，同时保证调压井开挖出渣，结合现场实际情况，利用压力管道竖井开挖布置的施工导洞运输。

2.2.5.2 压力钢管安装防护及防水防潮措施

在进行下弯段及竖井段压力钢管安装时，调压井及上弯还未开挖完毕，为防止开挖落石及石渣或顶部未喷锚部位风化岩落入压力钢管下弯及竖井安装工作面，造成人员及设备受到伤害，在钢管安装作业人员施工平台上方设置钢防护棚及钢格栅，材料采用施工现场现有材料进行制作。

2.3 排水廊道布置调整

金桥水电站地下厂房排水系统采用外围排水与内排水相结合的排水防潮方案。外围排水即在厂房上游边墙外 20m 处设置高程为 3310.40m 和高程为 3276.00m 的两层排水廊道，断面尺寸 2.5m×3.0m，两层之间及上层排水廊道顶部布置一排排水孔，形成排水幕。顶层排水廊道汇水利用通风洞排至洞外江内，下层排水廊道汇水排至厂内渗漏集水井。内排水即在主厂房、主变室边顶拱布置排水孔排水，内排水均引至厂内渗漏集水井，并抽排至尾水洞。

2.3.1 排水廊道布置调整

为方便施工，加快主厂房施工进度，对排水廊道布置进行了调整。

2.3.1.1 顶层排水廊道

顶层排水廊道洞口高程为3308.17m，而厂区地面高程为3281.50m，顶层排水廊道洞口距地面26.67m。由于厂区边坡陡峭，坡度50°～75°，局部直立，无法修建道路至顶层排水廊道。为方便施工，布置一条施工支洞至顶层排水廊道，顶层排水廊道渗水可通过施工支洞排至洞外江内。顶层排水廊道原设计布置见图2-9，调整后布置见图2-10。

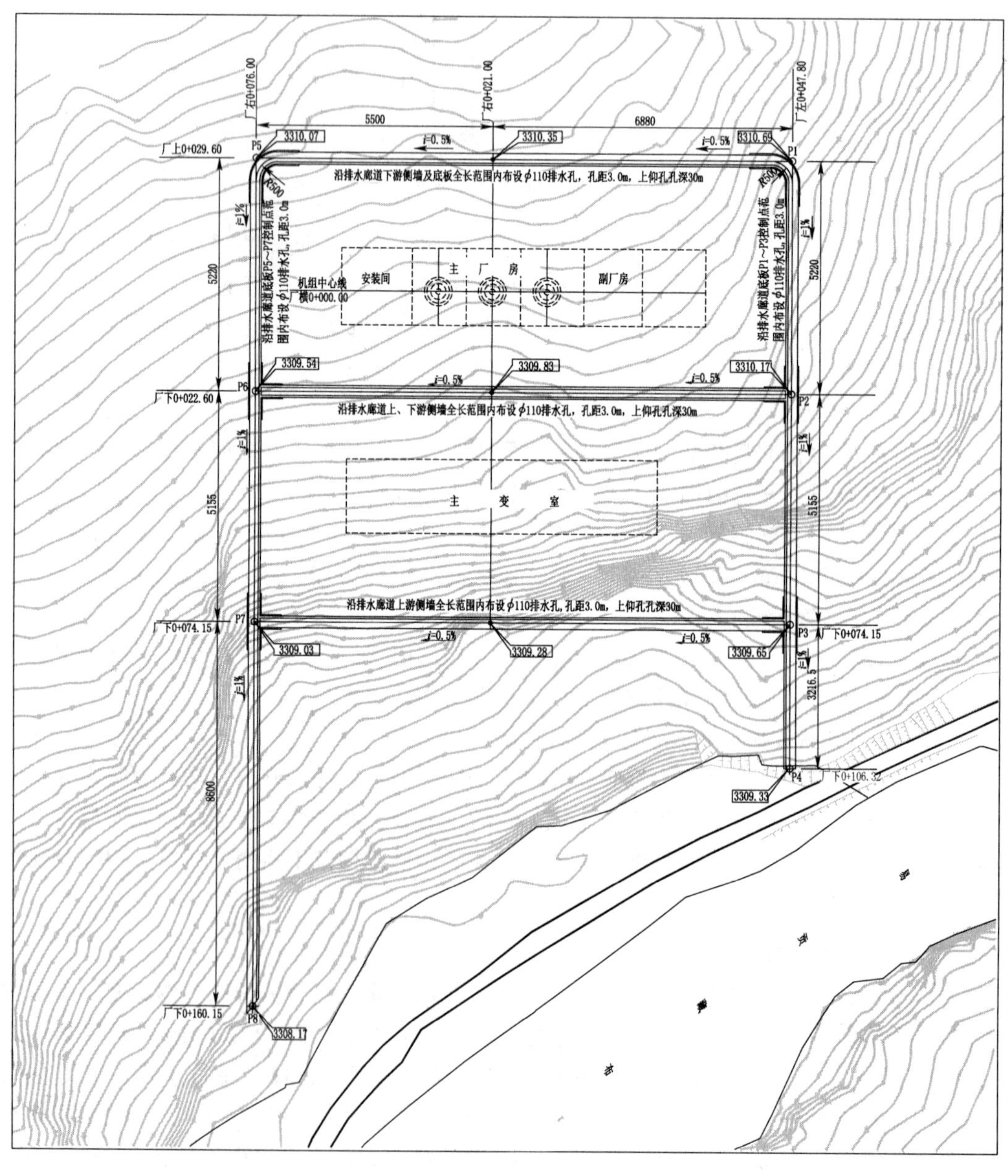

图2-9 顶层排水廊道布置平面图

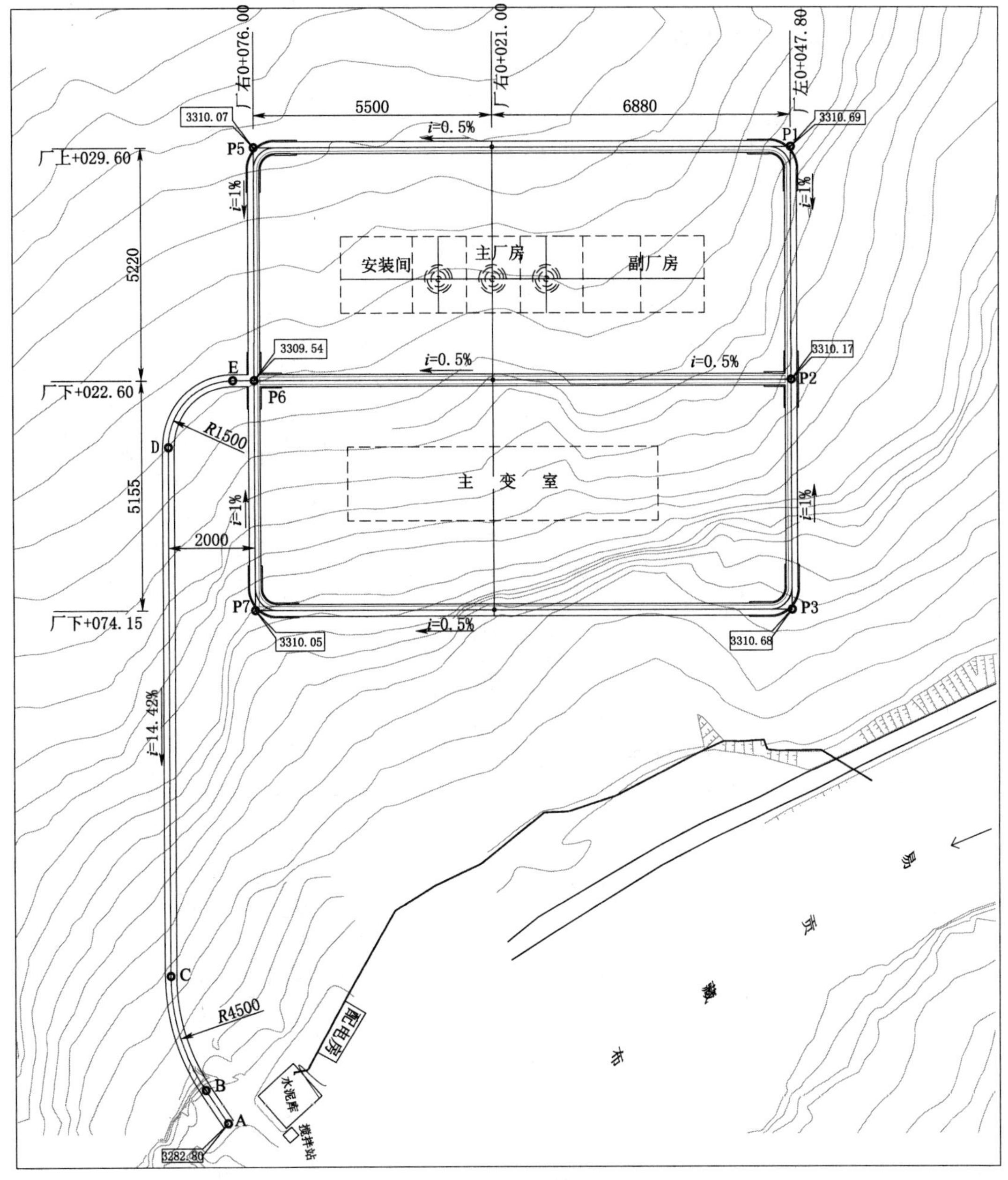

图 2-10 顶层排水廊道调整平面布置图

2.3.1.2 下层排水廊道

由于厂房增加预应力锚索和预应力锚杆，对地下厂房施工进度的影响。为加快施工进度，确保发电目标的顺利实现，取消了下层排水廊道。

下层排水廊道的作用是，将顶层排水廊道和中层排水廊道之间排水幕的渗水汇集排至厂内渗漏集水井。

在厂左 0+001.90 疏散廊道布置 2 根 $\phi200$ 钢管，将顶层排水廊道和中层排水廊道之间排水幕的渗水排至渗漏集水井，具体见图 2-11。

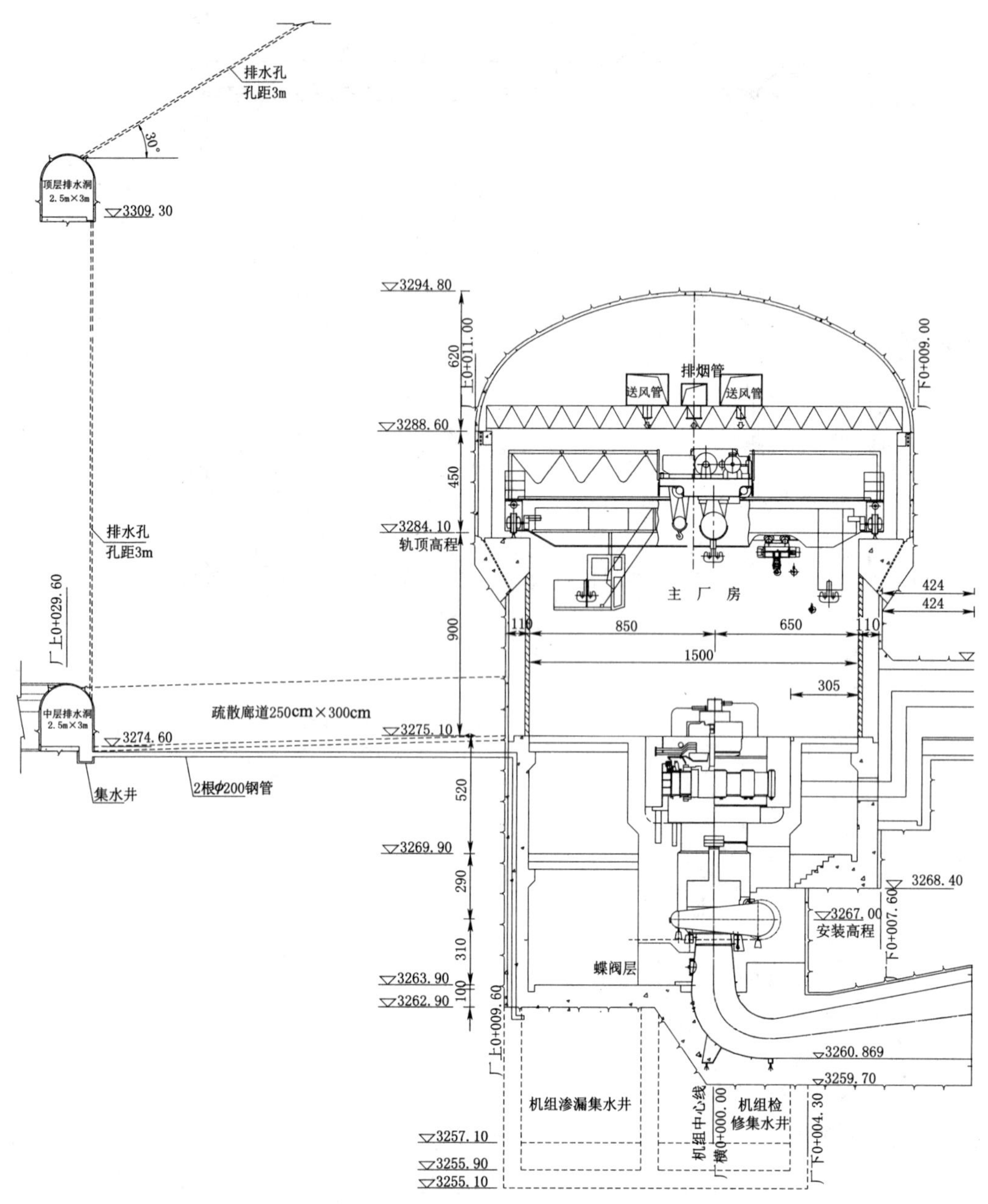

图 2-11 排水廊道排水调整布置图

2.3.2 经验总结

通过研究、分析，充分了解设计意图，对设计进行调整。达到方便施工，节省工期。排水廊道经过布置调整，节省了关键线路工期 30d。消除了因设计增加施工项目而对工期的影响，为按期发电奠定了基础。

2.4　尾水出口灌注桩设计优化

2.4.1　工程地质

尾水出口位于嘉黎—忠玉公路里程碑105.6km的右岸Ⅰ级阶地上，该处Ⅰ级阶地长约150m，宽35m，地形平坦，地面高程3278～3279m，厂房近南北向顺台地布置；Ⅰ级阶地表面有薄层含砾砂土，厚度约0.5m，下部为冲积砂卵砾石层，厚度26～50m，结构中密—密实，为强透水层，地基允许承载力400～500kPa，变形模量40～45MPa，其中夹有两层砂层透镜体，第一层顶面分布在地面以下6～8m处，厚度3～6m，呈透镜状分布；第二层顶面分布在地面下21～26m，厚度2～5m，呈透镜状分布，不连续，该层岩性为含砾细砂，含砾量约10%，均匀、纯净，较密实，其允许承载力250～280kPa，变形模量20～25MPa，渗透系数3.07×10^{-5}cm/s，为弱透水层，承载力及变形模量相对较低，而且厚度分布不均，工程地质性状较差，存在地基不均匀沉陷及地震液化等问题；基底为奥陶系变质石英砂岩，完整性较好，工程地质性能良好。

2.4.2　尾水出口灌注桩布置

由于尾水出口存在砂层透镜体，地基承载较低，存在地基不均匀沉陷的问题，为解决该问题，尾水出口箱涵基础布置了直径为1.0m的钢筋混凝土灌注桩，以提高地基承载力，保证尾水出口建筑物运行安全，具体布置见图2-12。

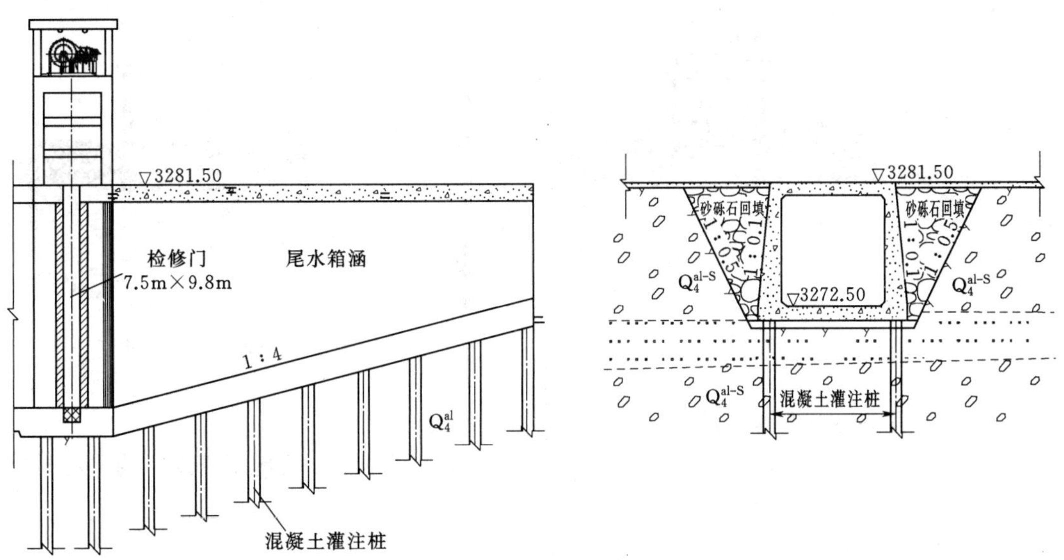

图2-12　尾水箱涵灌注桩布置图

2.4.3　灌注桩优化调整

尾水出口是尾水洞、尾水叉管以及主厂房第Ⅶ层开挖施工的主要通道，并且2018年汛前必须完成尾水出口箱涵施工，满足度汛要求。

由于尾水出口作业场地小，设备布置困难，混凝土灌注桩施工时段较长，严重影响尾水洞、尾水叉管以及主厂房第Ⅶ层开挖施工，且无法保证2018年度汛目标。为减少施工干扰、提前开始尾水出口箱涵混凝土施工，经与设计协商，将混凝土灌注桩调整为振冲碎石桩，振冲碎石桩等边三角形布置，间距为2m。

2.4.4 工期及投资

经过调整，尾水出口箱涵基础振冲碎石桩一周内全部完成，共计施工振冲碎石桩 470m。为后续项目提前施工创造了条件，确保了 2018 年安全度汛，还节省投资 100 万元。

2.5 开关站 110kV 出线架设计优化

金桥水电站 1 回 110kV 出线，预留 1 回 110kV 出线和 1 回 35kV 出线。为满足本地负荷就近供电需要，保证就近供电的可靠性，金桥水电站预留 2 回 110kV 出线间隔，其中 1 回 110kV 出线通过设置 1 台 110/35kV 降压变压器降压至 35kV 后作为近区供电电源。

110kV 出线在开关站屋顶布置钢桁架出线架，根据现场实际地形和施工条件，取消了开关站屋顶钢桁架出线架，在开关站后面边坡布置 3ϕ28 锚筋桩作为 110kV 出线挂点。110kV 出线挂点可与边坡支护同时施工，不增加任何辅助工程。不但方便了施工，还节省投资 109 万元。具体布置见图 2-13 和图 2-14。

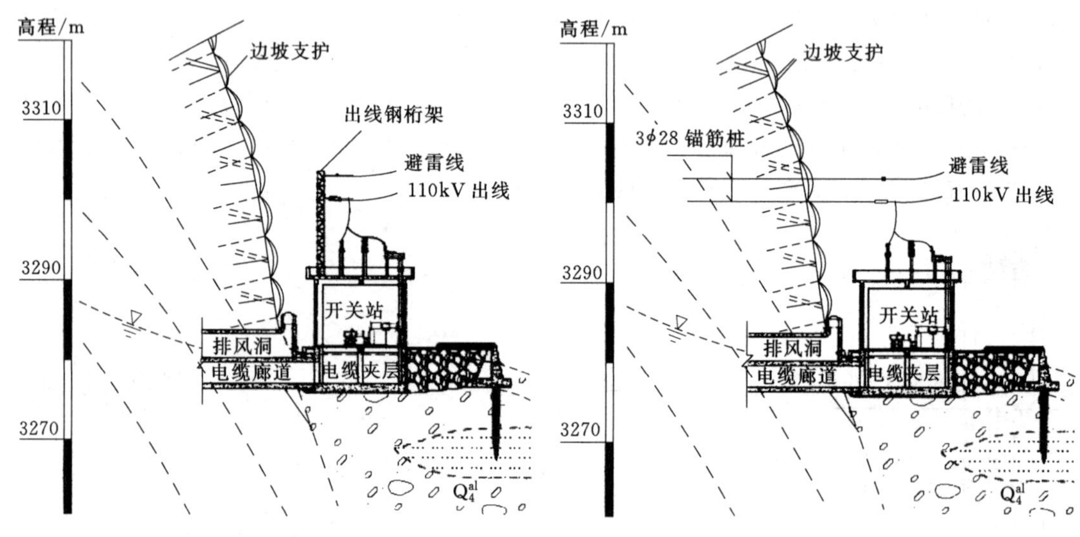

图 2-13 出线架布置图

图 2-14 出线挂点布置图

2.6 地下厂房金属结构施工措施

由于地下厂房增加预应力锚索、预应力锚杆，增加了地下厂房施工工期，为确保最终发电目标，采取了以下措施。

2.6.1 混凝土支墩改为钢支墩

机组尾水肘管、座环安装支墩为现浇混凝土，由于混凝土等强时间较长，一般情况下，支墩强度需要达到设计强度，才能安装相关金属结构。为节省工期，现场实施的时候，将混凝土支墩改为钢支墩。基础混凝土浇筑完成后，等强 5～7d 即可满足金属结构安装，节省关键线路工期约 1 个月。

2.6.2 取消主机段二期混凝土

为满足机组金属结构埋件安装，机组段混凝土分为一期混凝土和二期混凝土。先进行一期混凝土施工，在一期混凝土中埋设埋件，用于金属结构安装时进行加固。机组金属结构安装完成后，进行二期混凝土浇筑。一期、二期混凝土分布结构见图 2-15。

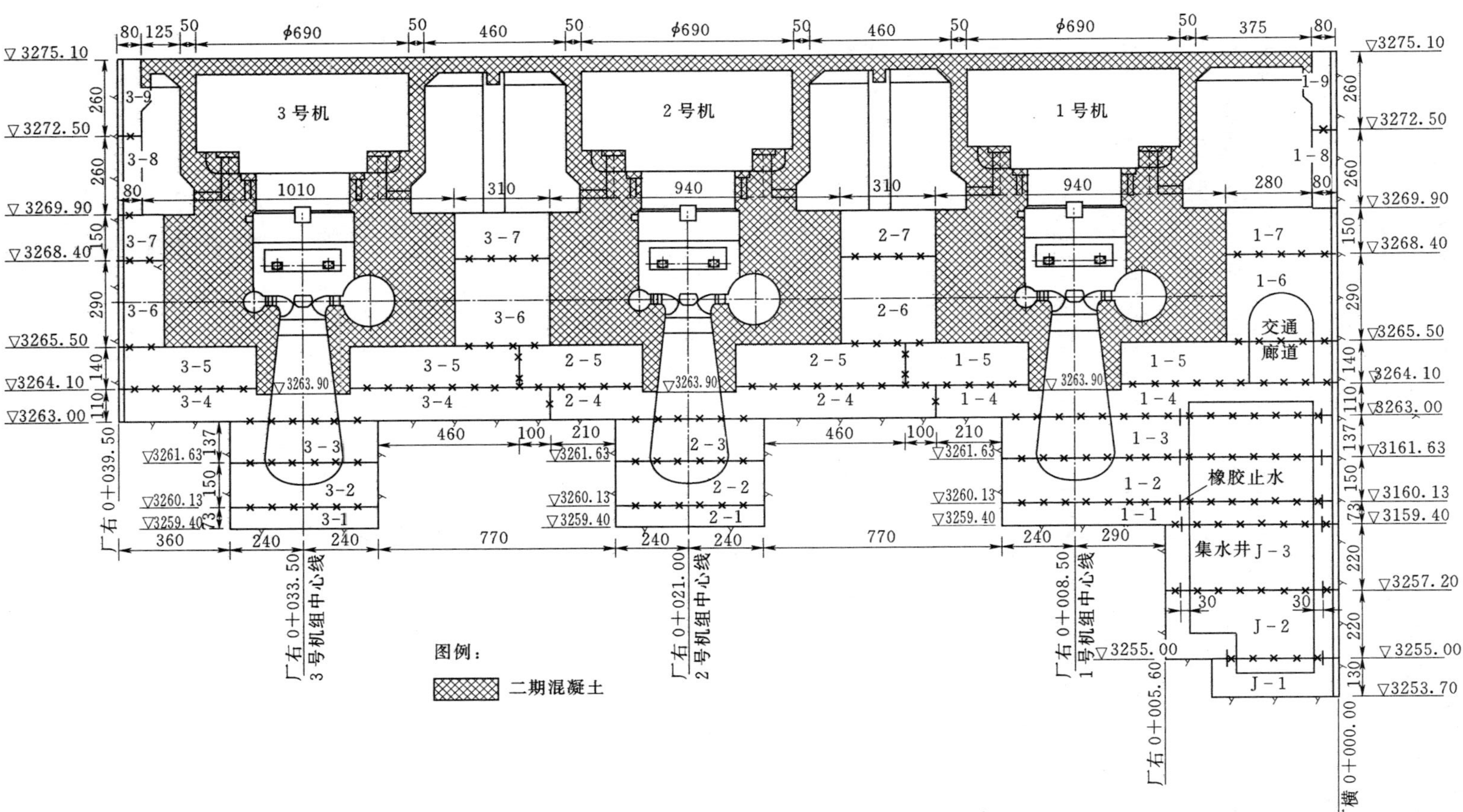

图 2-15 主机段纵剖面图

为加快施工进度，确保发电目标，取消二期混凝土，全部改为一期混凝土。锥管、蜗壳、机坑里衬加固采用型钢，大大加快了施工进度。

参考文献

[1] 郑守仁，王世华，夏仲平，等. 导流截流及围堰工程［M］. 北京：中国水利水电出版社，2005.

[2] 武汉水利电力学院水力学教研室. 水力计算手册［M］. 北京：中国水利水电出版社，2006.

[3] 李辉，盛登强. 金桥水电站地下厂房立体开挖施工技术探讨［J］. 水力发电，2018，44（8）：50-52.

[4] 蔡瞳，王长生，郑爱军. 金桥水电站调压井及压力管道竖井优化探讨［J］. 电力发电，2018，44（8）：53-56.

[5] 盛登强，贺元鑫. 堆石混凝土在金桥水电站中的引用［J］. 水力发电，2018，44（8）：68-69.

金桥水电站发变组保护配置特点

王　欢　祝九利　郑永山　赵　森

（西藏开投金桥水电开发有限公司，拉萨　852400）

摘　要：本文主要介绍了金桥水电站的发变组保护配置及原理，对发变组保护的配置方案及特点等做了介绍。

关键词：发变组；保护；配置

1　概况

金桥水电站是易贡藏布干流上规划的第 5 个梯级电站，位于西藏自治区嘉黎县境内，共安装 3 台单机容量 22MW 的立轴混流式水轮发电机组，总装机容量 66MW，发电机-变压器组合方式采用单元接线，110kV 侧接线采用双母线接线。发电机电压为 10.5kV，每台发电机出口均装设发电机断路器。金桥水电站 3 台机组于 2019 年 8 月 1 日全部投产。

2　发变组保护配置

2.1　发变组保护出口定义

停机：跳发电机出口断路器，跳灭磁开关、关闭导水叶至机组停机状态。

解列灭磁：跳发电机出口开关，跳灭磁开关、关闭导水叶至空载。

解列：跳发电机出口开关、关闭导水叶至空载。

2.2　发电机保护配置

发电机保护采用主后分开的保护装置，主保护与后备保护均配置一套，设置于一面发电机保护屏内，分别为主保护装置（PCS－985RS－H2）、后备保护装置（PCS－985RS－H2）。

发电机保护采用单套保护配置，共配置有纵差保护、带电流记忆的低电压过电流保护、发电机定子绕组单相接地保护、发电机过负荷保护、发电机转子一点接地保护、发电机失磁保护、定子绕组过电压、发电机负序过负荷保护、发电机轴电流保护等。

发电机差动保护：采用发电机纵差保护作为发电机的主保护。保护出口无延时动作于停机，同时发信号。具有 CT 断线检测功能，CT 断线允许差动保护动作。

差动速断保护：保护出口瞬时动作于跳发电机出口断路器，并发信号。

发电机定子绕组单相接地保护：定子接地保护应满足发电机并网前、后动作准确的要

第一作者简介：王欢（1989—　），男，四川成都人，助理工程师，主要从事水电站电气工作。Email：15663815@qq.com

求。保护出口动作于停机，同时发信号。

电流记忆低电压过流保护：因机组为自并励发电机，故保护应有带电流记忆的低压过流保护功能。保护装置带两段时限，以较短时限 t_1 动作于跳发电机出口断路器，以较长时限 t_2 动作于停机。

发电机过电压保护：保护出口动作于停机，同时发信号。

转子负序过负荷保护：采用定时限负序过负荷保护反映发电机转子表层过负荷情况。定时限延时动作于发信号。

转子接地保护：反映转子对地的绝缘电阻值，保护出口带时限动作于发信号，并可启动机组停机流程。

失磁保护：由发电机机端测量阻抗判据、转子低电压判据、系统低电压判据构成。阻抗整定边界为静稳边界圆，并具备 PT 断线闭锁功能。保护出口无延时动作于发信号，带时限动作于解列，同时发信号。

轴电流保护：保护装置接受轴电流检测控制装置输出的无源信号接点经保护出口动作于发信或延时跳发电机出口断路器、停机、跳灭磁开关。

2.3 励磁变保护配置

励磁变保护配置有励磁变压器时限电流速断保护、励磁变压器过电流保护。

励磁变时限速断保护：作为励磁变主保护，保护延时动作于停机，同时发信号。

励磁变压器过流保护：作为励磁变压器后备保护，保护出口延时动作于停机，同时发信号。

2.4 变压器保护配置

2.4.1 变压器主保护

变压器保护采用单套保护配置，共配置有纵联差动保护。

主变差动保护：采用二次谐波制动的比率差动原理构成变压器主保护。保护出口瞬时动作于跳主变各侧断路器。保护配置 CT 断线检测功能，在 CT 断线时瞬时闭锁差动保护，并延时发 CT 断线信号。

差动速断保护：保护出口瞬时动作于跳主变各侧断路器，并发信号。

2.4.2 变压器后备保护

变压器后备保护配置有零序过电流保护、间隙零序电流电压保护、高压侧的复压过流保护、变压器过负荷保护。

主变零序电流保护：由两段零序电流保护构成，每段两个时限。零序电流保护以较短动作于跳 110kV 母线母联断路器，较长时间动作于跳主变各侧断路器。

主变间隙零序电流电压保护：由零序电流和零序电压保护构成。保护延时动作于跳主变各侧断路器。

高压侧复合电压过电流保护，保护可带两段时限，一段带方向指向高压侧，跳高压侧断路器，二段时限不带方向跳各侧断路器。

PT 断线闭锁用于监视电压互感器工作情况，当电压互感器断线时自动闭锁相应的保护装置，并动作于发信号。

主变高压侧过负荷保护：根据变压器可能出现过负荷情况装设了过负荷保护，保护经延时动作于信号。

主变低压侧单相接地保护：由于发电机机端设置有发电机断路器，当发电机与主变压器之间断路器未合，发电机与励磁变停运，主变继续运行时，设置的基波零序电压式保护作为此时主变低压侧单相接地故障的保护，该保护动作于信号。在发电机与主变压器之间断路器合上之后，此保护自动退出运行。

2.4.3 变压器本体保护

变压器的本体保护包括：瓦斯保护、主变压器温度过高保护、主变压器油位异常保护、主变压器压力释放保护、主变压器冷却系统故障。

瓦斯保护：由重瓦斯保护和轻瓦斯保护构成，重瓦斯保护出口无延时动作于跳主变各侧断路器，轻瓦斯保护瞬时动作于发信号。

主变压器温度过高保护：由主变压器本体引入温度接点，保护出口动作于发信号或跳主变各侧断路器。

主变压器油位异常保护：由主变压器本体引入油位接点，保护出口动作于发信号。

主变压器压力释放保护：由主变压器本体引入压力释放结点，保护出口动作于无时限跳主变各侧断路器。

主变压器冷却系统故障：主变压器冷却系统失去全部电源或冷却器全停时无延时发信号。当冷却器全停时，若主变压器上层油温达到规定值，则保护出口跳开主变压器各侧断路器；若未达到规定值，则保护出口延时跳开主变压器各侧断路器。

变压器非电量保护设置独立的工作电源回路，同时作用于相应断路器的两个跳闸线圈，当变压器主、后备微机保护退出后，非电量保护仍能跳闸、停机、报警。

3 结论

金桥水电站发变组保护所有电气设备继电保护装置均采用微机型保护装置。主设备的保护均单套配置，其中主变压器、发电机等主设备的电气量保护采用主后分开的保护装置。保护装置内部应有完整的自检功能。装置安全可靠、运行灵活稳定、检修维护方便，设备布置合理、简洁、美观，可保证机组长期安全稳定运行。

金桥水电站建设测量技术浅析

郑爱军　张海泉

（西藏开投金桥水电开发有限公司，西藏那曲　852400）

摘　要：本文主要从金桥水电站建设期首级控制网设计、建立，施工控制网加密，土建及机电、金结安装施工主要测量技术的实施，竣工阶段竣工测量、资料整理等方面，对狭长河谷区域水电站建设的部分测量技术进行了探讨，以期为类似工程做参考。

关键词：狭长河谷区域；首级控制网；优化；加密；竣工测量

1　概述

根据第三次西藏自治区水力资源普（复）查结果显示：西藏水力资源技术可开发量逾1.7亿kW·h，占全国25%，超过四川，居全国第一。独特的自然地理环境，造就了西藏丰富的水能资源，但这些区域河谷狭窄，落差很大，而中小型的水电站，普遍以隧洞引水式电站进行开发。由于工程建设范围为狭长区域，建设过程测量技术方案需要兼顾整个施工区，测量工作量多厂、面广，类似控制网在施测时存在边长投影长度变形过大、网点布设困难、误差传递路线较长、最弱点精度较差、点位精度难以控制，工程各工作面在时间和空间上存在着较为复杂的衔接关系等问题。现以西藏易贡藏布金桥水电站建设为例，探讨狭长区域相关控制网建立、施工、竣工阶段等测量技术的使用。

2　金桥水电站工程概况

金桥水电站位于西藏自治区那曲地区嘉黎县境内易贡藏布干流上，是易贡藏布干流上规划的第5个梯级电站，该电站为引水式电站，为三等中型工程。金桥水电站由西北勘测设计研究院有限公司设计，中国水电四局-中国水电基础局联营体承建首部枢纽工程、中国水电六局承建引水隧洞工程、中国水电一局承建地下厂房工程。

金桥水电站所处的易贡藏布流向为西北、东南走向，河谷呈U形，测区两侧山顶与河床高差为500～3200m，构成典型的高山峡谷地貌，加之易贡藏布地处西藏东南部，属温带湿润高原季风气候区，造成流域两侧表层植被极其发育，多为灌木及竹林，测区通视及交通条件极差。

3　首级控制网技术

金桥水电站首级控制网起始引测点采用规划设计阶段建立的四等控制网成果，保证规

第一作者简介：郑爱军（1988—　），男，山东济宁人，工程师，主要从事水电站工程建设管理工作。Email：zhengaj@xzkt.net

划设计阶段的平面、高程系统与施工期相统一；平面控制网等级为三等，高程控制网等级亦为三等。

根据金桥水电站所处位置地形，首级控制网的平面部分采用 GPS 即全球定位系统静态方式为主框架并结合常规边角网测量方式辅助完成，高程部分采用二等水准和三等三角高程相结合的方式进行施测。

3.1　控制网点的布设

根据金桥水电站的地形地貌及施工总平面布置图、网点布设的位置及密度要求，网点布设首先应满足施工过程中各种测量工作的需要，针对性强，并兼顾 GPS 测量最基本要求，满足 15°以上仰角、对卫星的连续观测及质量、对空、避免和远离强干扰源（电台、高压线等）且附近无大面积水域强烈反射电磁波之处；而且考虑网形有足够的几何图形强度方便联测、扩展。既考虑到网点地基的牢固可靠、便于埋石和观测，且能长期保存使用，以及加密低等级点的需要，同时也兼顾各方向视线离开障碍物的距离不宜小于 1.5m。

经前期在地形图上规划设计，至实地勘选后确定：在坝址区布设 6 点（SJ01～SJ06），施工支洞口布设 3 点（SJ07～SJ09），厂房枢纽区布设 4 点（SJ10～SJ13），生活区布设 3 点（SJ14～SJ16），选出了一个由 16 个点组成的、可对坝址区、施工支洞以及厂区和生活区进行有效控制的施工测量控制网，在测量过程中，联测了 JQ01、JQ06 及 PL24 和 PL26 作为检查点和起算点（图 1）。

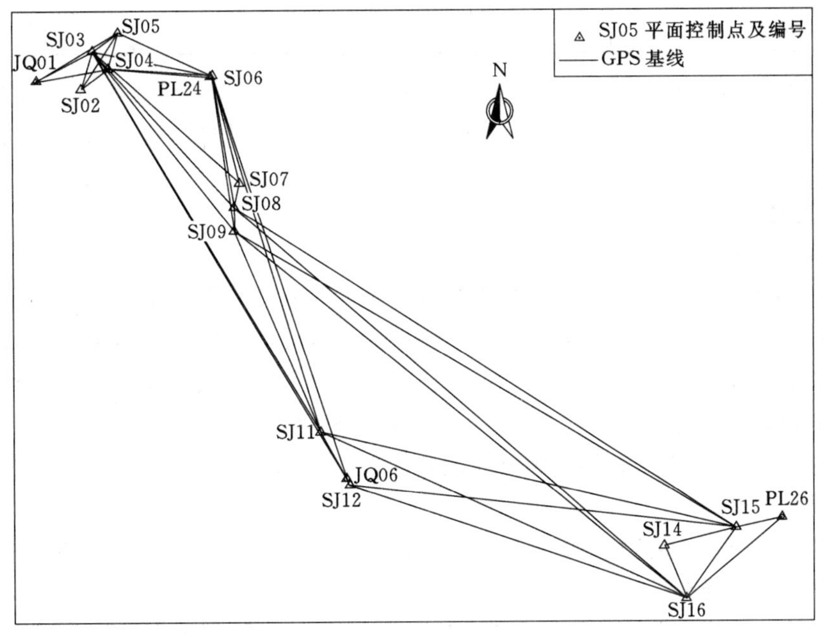

图 1　首级控制点布网方式

结合平面控制点的分布，为方便各项工程的高程联测及检验为主要目的，并顾及高程控制点的稳定地基。主要沿易贡藏布岸边嘉忠公路布置，选定了 10 个水准基点。

3.2 控制网的优化

金桥首级控制网由于其特殊的自然地貌构造——狭长多弯的U形峡谷，及其发电方式——引水式发电，为克服通视、长距离测距障碍，要求必须布置足够充足的控制点，保证隧道贯通的精确性。本次布网采用了GPS网为主体框架，常规边角网作为辅助补充测量的方式，互相检查验证，进而增强整网的可靠性。

3.3 控制网的施测

3.3.1 GPS网的施测

（1）GPS网中有2个（或2个以上）已知平面控制点。本次金桥水电站GPS网联测，将前期勘测控制点的4个纳入施工控制网中，以作为起算点和检查点。

（2）GPS测量在一个观测段内从每个测站同时观测到的卫星数目中，剔除观测期内姿态不正常的卫星，选择最佳的观测时段，保证PDOP值应不小于6。

（3）GPS测量中天线架设适中，距地面1m以上，在圆盘天线间隔120°的三个方向分别量取天线高度，三次测量之差不超过3mm，天线高记录取值0.001m，在测前、侧后分别量取，取平均值作为本观测时段的天线高。

（4）GPS静态测量的技术要求见表1。

表1　　GPS静态测量的技术要求

序号	等级	卫星高度角/(°)	有效卫星数/颗	观测时段数/个	时段长度/s	数据采集间隔/s	几何强度因子PDOP
1	三等	≥15	≥5	≥2	≥90	15	<6

（5）GPS测量作业所获取的成果记录包括以下三类：①观测数据；②测量手簿；③其他记录，包括偏心观测资料，三等GPS网测量可不观测气象因素，而只记录天气状况。

3.3.2 平面控制网边角网的施测

（1）角度观测。

1）水平角的观测。水平方向观测在目标清晰稳定的条件下进行；起始方向选择通视良好、目标清晰稳定、距离适中的方向，当方向数超过7个时应分组及进行水平方向观测。打开仪器箱后，使仪器温度与外界温度充分一致后方可开始观测；观测过程中，仪器水准气泡中心偏移不超过一格，接近极限时，在测回之间重新整平仪器。

2）数据记录。水平角采用全圆方向观测，自动计算和检核观测数据，并于作业当日打印输出观测结果。

（2）光电测距。距离测量观测时间尽量选择在日出后0.5～1.5h，下午日落前3.5h，在山地沟谷地区选择在下午日落前的时间。

作业开始前，使仪器和外界温度充分适应，并在整个观测过程中避免阳光直射仪器，温度计悬挂在距地面1.5m左右的地方，并通风良好。

3.3.3 高程控制网的施测

水准测量应采用高精度水准仪及附属设备，并在作业前后对仪器的有关项目进行检验及校正，以保证仪器工作性能稳定、状态良好。

对于部分高程控制点受山高、坡陡及观测道路不畅等因素限制，采用三角高程代替二等水准进行高程联测。

光电测距三角高程测量的观测要求：部分控制点采用光电测距三角高程测量，按三等水准测量的精度进行高程传递，光电测距三角高程测量采用对向观测，其技术要求见表2。

表2　　光电测距三角高程测量技术要求

序号	项　目	等级	仪器型号	最大边长/m	中丝法测回数	指标差互差	测回差	仪器高丈量精度/mm
1	三角高程测量	三等	0.5″级	750	3	8″	5″	±1.0

注　特殊情况下变长可适当放长，但必须满足边长改化精度要求。

注意事项：仪器、棱镜和照准标志中心等至观测墩面的高度，应采用钢尺量取。每次分别量取墩面四周至仪器设备水平轴线的竖直距离，取其中数作为一次量取，观测前后各量一次，取中数使用：读至1.0mm，两次读数较差应不大于3.0mm。

3.4　测量数据的处理

3.4.1　平面控制网测量数据处理

(1) 常规边角网数据的处理。

1) 方向观测值的验算：方向观测数据的检测，包括测站平差、三角形闭合差统计，计算角、边际条件自由项，检验方向观测值中是否存在明显的粗差。

2) 边长观测值的改化。边化改化参数见表3。

表3　　边长的改化参数

序号	改化项目	公式及常数
1	气象改正	$\Delta_q=S\left[286.34-\frac{0.29525p}{1+(T/273.15)}\right]$
2	加、乘常数改正	$\Delta s=C+K\times S$
3	平距化算（利用垂直角）	$D_{平}=S_{斜}\cos\alpha-\sin2\alpha(1-k)S_{斜}^2/4R$
4	投影改正（投影到3400m高程面）	$\Delta_{D2}=-\frac{\frac{H_{测}+H_{镜}}{2}-3400}{R}\times D_{平}$
5	三角高差	$h=S_{斜}\sin\alpha+I-L+(1-k)(S_{斜}\cos\alpha)^2/2R$

注　表中 p 为气压，mb（1mb=100Pa）；C、K 为全站仪加、乘常数，mm/km；T 为温度，℃；$S_{斜}$ 为经气象、加乘常数改化后的倾斜距离，m；R 为地球平均曲率半径取6371000m；$H_{测}$、$H_{镜}$ 为测站、镜站高程；α 为垂直角，(°)。

经检查，边长往返测不符值均在限差允许范围内，符合精度要求，可以用于平差处理。

(2) GPS基线向量解算。

1) 对原始数据进行编辑、加工整理，分流并产生各种专用数据信息文件，将各类型的数据记录格式转化为统一的标准Rinex格式。

2) 以同步观测时段为单位，进行基线向量的解算，通过解算探测基线向量的周跳，经过修复确定整周模糊度。

3）在以上处理的基础上，将所有基线向量在 WGS－84 坐标系下进行整体无约束平差。

（3）平差计算。

平面控制网的平差：外业观测数据经过必要的检查和验算，并做了预处理后，方可进行平差计算。

金桥水电站 GPS 网的平差计算使用南方测绘 GNSS 数据处理与平差软件，经南方 GNSS 软件进行约束平差后即可得到 GPS 网中各点的点位中误差，从 GPS 网平差结果可以看出，各项技术指标均符合规范要求，其中最弱点为 SJ02，点位中误差为±3.5mm，小于允许值±10.0mm，满足精度要求。

而常规边角网的平差计算拟使用“清华山维”平差软件，平差后输出的结果需包括以下内容：平差后的单位权中误差，点位中误差，点位相对中误差，各方向值、边长值的改正数及中误差，平差后的方向值、边长值、控制网点坐标成果。

金桥水电站控制测量中，在坝址区和厂房区分别对 SJ01、SJ10 及 SJ13 进行常规边角网测量及平差处理，其中起算成果采用 GPS 平差处理结果。从以上常规边角网平差结果可以看出，各项技术指标均符合规范要求，其中最弱点为 SJ10，点位中误差为 1.9mm，小于允许值±5.0mm，满足精度要求。

3.4.2 高程控制网测量数据处理

水准测量的成果检验过程包括往、返观测高差不符值的计算检验，水准环线闭合差的计算检验，对向观测高差较差应小于$\pm 35\sqrt{S}$，附合或环线闭合差应小于$\pm 12\sqrt{L}$。

高程网的平差计算：光电测距三角高程网平差以 SJ03、SJ06、SJ08、SJ11、SJ13、SJ14、SJ15 的墩面高程（水准高程）作为已知点，进行整体严密平差。结果显示二等水准测量往返观测不符值统计表等成果满足各项精度指标，成果可靠。

4 施工过程测量技术

4.1 施工控制网的加密

根据金桥水电站整体布置图（图 2），首部枢纽工程施工测量可直接使用首级控制网的 SJ03、SJ05 点；引水隧洞跨度较大，布置有 4 条施工支洞、7 个工作面，为保证隧洞开挖贯通的准确度，决定采用自首部枢纽至地下厂房沿线的首级控制网点 SJ03－SJ05、SJ08－SJ09、SJ10－SJ11－1 为起算数据，采用支导线的形式计算新布置的隧洞内施工控制点，一直延伸至洞内工作面；地下厂房同样采用首级控制网 SJ10－SJ11－1 两点为起算点，采用支导线形式计算布置在 3 号施工支洞及进厂交通洞的施工控制点。

施工平面控制网的加密按三等平面导线测量精度要求进行施测，高程控制网按三等三角高程测量的精度要求进行施测；加密测量采用 1″级全站仪观测，平面导线观测 6 测回，三角高程测量采用中丝法 3 测回观测。

为保证施工加密控制点的长期使用，新加密控制点基本为地下岩石点（凿坑埋置基岩内），以减少设备作业、洞内爆破震动的影响。施工加密控制点较首级控制网增加了 18 个点，经对施工加密控制点平面和高程数据检核和平差处理，平面网最弱边边长相对中误差为 1∶7483，最弱点点位中误差为 0.0084，符合《水电水利工程施工测量规范》（DL/T 5173—2003）要求。

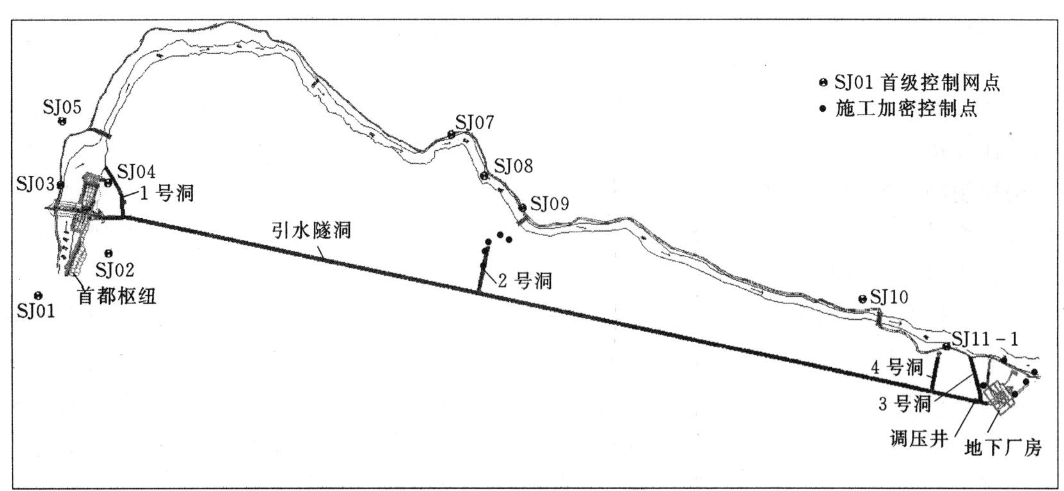

图 2　金桥水电站测量首级、加密控制点总布置图

4.2　土建及机电、金结工程施工测量技术

4.2.1　原始地形图的测绘

监理中心测量负责人根据电站施工进度，在各项工程开工之前进行原始地形图的测绘，作为工程量结算的依据；其次对于各分项工程，在该工程开工之前，针对该工程的设计总量进行审核，同时要求施工单位进行该部位的原始地形的测绘，同时绘制断面图，之后报监理中心审核。

在此项工作中若发现施工单位所测原始地形图不能与监理中心抽测数据相符或者不满足规范及合同的规定，要求施工单位进行重测或补测，直至其满足要求，同时对施工单位所报设计工程量进行审核是否属实。

在复核施工单位的原始地形图时，测图比例尺初建基面验收采用 1∶500 外，其他可根据工程的性质、设计及施工要求在 1∶500～1∶2000 范围内选择。

4.2.2　基础开挖及洞挖放样

对基建面开挖测量主要采用断面测量或地形测量进行，检查基建面是否达到设计的开挖要求，计算土建工程清基方量及超填混凝土方量。

表 4　　　　断面测量测点精度要求

断　面　类　别	测点相对于测站点限差/cm	
	平面	高程
原始、收方断面	±10	±10
混凝土工程竣工断面	±2	±2
土石料竣工断面	±5	±5

（1）基础开挖放样。开挖放样是根据设计、施工的开挖图纸及文件，使用全站仪，采用极坐标放样法实地放样出每个开挖分块线的边线桩号点，再用钢卷尺放样出设计开挖开

口线，使用水准仪或全站仪控制基坑开挖深度，达到设计开挖深度即进行建基面清理，清理完毕即组织四方进行建基面竣工测量，然后绘制开挖基础竣工图纸，计算实际开挖工程量；在基础面达到设计要求，完成竣工资料测量，监理认可验收后即进行下一步程序的施工。

（2）洞挖开挖放样。洞挖放样根据设计、施工的开挖图纸及文件，用全站仪和测量员软件计算每一个曲线段、渐变段进行编程，建立支导线实施放样，每进钻一次放样一次，严格控制洞室走向和开挖规格；达到设计要求即进行建基面清理，再进行单元工程的建基面竣工测量，然后绘制开挖基础竣工图纸，计算实际开挖工程量；在基础面达到设计要求，完成竣工资料测量，监理认可验收后即进行下一步程序的施工。

（3）隧洞贯通测量。隧洞贯通后，应及时进行贯通测量，测定实际的横向、纵向和竖向贯通误差，以评定贯通精度、检查测量工作的正确性。若贯通误差在容许范围之内，就可认为测量工作已达到预期目的。不过，由于存在着贯通误差，且它将影响隧洞断面扩大及衬砌工作的进行，因此，应该采用适当的方法将贯通误差加以调整，从而获得一个对通水没有不良影响的隧洞中线，并作为扩大断面、修筑衬砌的依据。

按《水电水利工程施工测量规范》（DL/T 5173—2003）要求，调整贯通误差，原则上应在隧洞未衬砌地段上进行，一般不再变动已衬砌地段的中线。所有未衬砌地段的工程，在中线调整之后，均应以调整后的中线指导施工。以下为金桥水电站贯通测量的调整方法：

1）纵横向贯通误差的调整。金桥水电站引水隧洞为双向贯通隧道，取贯通面前后各50m未衬砌段按中线法进行调整。以主洞进口 A 处中线与主洞 B 处中线拉一条直线进行调整，即可将此折线视为直线调整至贯通面处中心线。

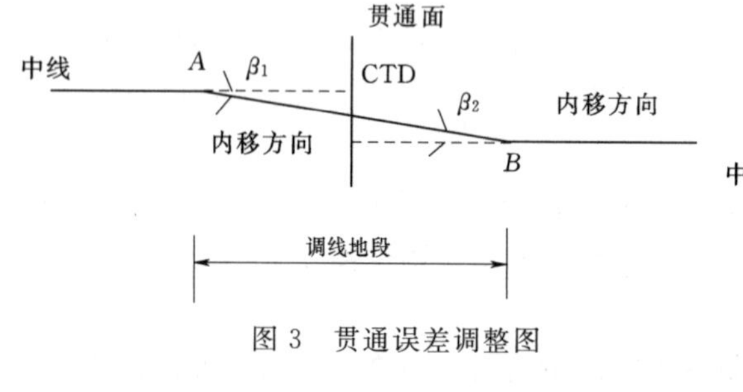

图3　贯通误差调整图

2）高程贯通误差的调整。如图3所示，分别从 A 处测得GTD点的高程3406.614m，从 B 处测得GTD点高程3406.608m，得出0.006m的贯通误差，取其值的一半，即可确定GTD点的调整后高程为3406.611m。将误差值分别在 A，B 点按距离比例予以调整。

（4）欠挖检查。开挖工程施工不可避免局部会有欠挖，原则上是在下一个循环施工放样时对上一循环开挖进行欠挖检查，检查欠挖使用电子全站仪无棱镜测距功能，直接测出岩石面上激光所指部位的三维坐标，通过蓝牙连接的手机测量员程序直接记录、计算、显示所测点超欠情况。根据洞挖超欠情况，如有欠挖，用红油漆在工作面上具体部位标出欠挖线，督促尽快处理。

4.2.3　混凝土工程

（1）一般放样。为了保证放样数据的准确无误，混凝土的施工放样采用内业与外业分离，立模放样与立模验收检查相结合的办法进行。内业人员根据设计图纸绘制样点图，样点图均经过认真校核，未经校核和批准的图纸和样点图不得拿出放样。外业则采用全站仪的坐标放样或极坐标法进行放样。

在立模放样的过程中，所有的放样过程均实行检核制度（模板安装精度要求见表5和表6）。立模验收阶段的检查，立模工人根据放样点把模板立好后，在浇筑混凝土之前，必须对模板的位置作检查验收，对不满足立模允许误差要求的进行调整，使之满足技术规范的要求。验模过程严格按照规范及设计、监理要求进行模板检查和在监理直接监理下的复检，检查精度同施工测量放样。

表5　　一般现浇混凝土结构模板安装允许偏差

<table>
<tr><th colspan="2">偏差项目</th><th>允许偏差/mm</th></tr>
<tr><td colspan="2">轴线位置、底模上表面标高</td><td>5、5、0</td></tr>
<tr><td>截面内部尺寸</td><td>基础、柱、梁、墙</td><td>10、4、−5</td></tr>
<tr><td>层高垂直</td><td>全高≤5m、全高≥5m</td><td>6、8</td></tr>
<tr><td colspan="2">相邻两面板错台、局部不平（用2m直尺检查）</td><td>2、5</td></tr>
</table>

表6　　一般大体积混凝土模板安装允许偏差

<table>
<tr><th colspan="2" rowspan="2">偏差项目</th><th colspan="2">混凝土结构部位/mm</th></tr>
<tr><th>外露面</th><th>隐蔽内面</th></tr>
<tr><td>模板平整度</td><td>相邻两面板错台、局部不平（用2m直尺检查）</td><td>2、5</td><td>5、10</td></tr>
<tr><td colspan="2">板面缝隙</td><td>2</td><td>2</td></tr>
<tr><td rowspan="2">结构物边线与设计边线</td><td>外模板</td><td>0、−10</td><td rowspan="2">15</td></tr>
<tr><td>内模板</td><td>10、0</td></tr>
<tr><td colspan="2">结构物水平截面内部尺寸</td><td colspan="2">±20</td></tr>
<tr><td colspan="2">承重模板标高</td><td colspan="2">10、0</td></tr>
<tr><td rowspan="2">预留孔洞</td><td>中心线位置</td><td colspan="2">5</td></tr>
<tr><td>截面内部尺寸</td><td colspan="2">10、0</td></tr>
<tr><td colspan="2">门槽一期混凝土轮廓线</td><td colspan="2">10</td></tr>
</table>

在放样过程中，有时还采用了后方交会法放样部分闸墩的样点，均严格按规范要求操作，保证满足规范所规定的精度需要。

（2）浇筑过程中仓位模板变形监测。浇筑过程中要经常监测仓位模板的变形情况，一般由施工技术员完成，特殊重要部位由测量人员完成。仓位模板验收合格，开仓前施工技术员在稳定部位标注参考点、参考线，浇筑过程中施工技术员使用吊垂线、拉水平线、小钢尺量距等方法对仓位模板进行监测，特殊重要部位由测量人员使用测量仪器对仓位模板进行监测。

（3）体形检测及数据存档。在下一个仓位施工放样时对上一个仓位的混凝土体形进行检查，使用电子全站仪直接检测混凝土体形三维坐标，根据坐标值计算体形偏差值，对检测数据进行统计分析并将成果传递给相关部门，作为归档保存及混凝土外观质量评定和进行施工指导的依据。

4.3 金属结构、机电设备安装测量技术

水电工程测量对金属结构安装测量的精度要求较高，在方法上与土建施工测量也有一些区别，需要加强控制。金属结构安装测量放样应选用满足精度要求的全站仪、水准仪，经过鉴定的钢尺、钢带尺及测针、精密水准尺等。

表 7 金属结构安装放样点测量限差

安装测量项目		测量限差/mm			
		平面	垂直度	高程	水平度
平面闸门	主轨与反轨定位	±2	±2		底坎±2
	侧轨定位	±3	±2		
弧形门	弧形门定位	±2		±2	底坎±2

4.3.1 安装专用控制网、安装轴线点及高程点的布设及要求

安装专用控制网、轴线点及高程点的测设由等级控制点进行测设，其相对于邻近等级控制点的平面和高程点位限差为±10mm。其网及轴线的布设随着安装部位的逐渐形成分层布设。安装专用控制网及安装轴线点间相对点位限差不超过±2mm，高程点间的高差测量限差不超过±2mm。专用控制网网点不允许破坏，前后要一致，才能保证安装的相对精度。对于重要的金属结构安装，其高程放样均采用高等级水准仪进行。

4.3.2 安装点的放样

安装点的放样必须以安装轴线和高程基点为准，组成相对严密的局部控制系统。方向线测设时后视距离必须大于前视距离，全站仪投点必须采用正倒镜两次定点取平均值。短距离测量宜采用钢尺量距，钢尺必须是经检定的钢尺，量距时读数估读至 0.1mm，量距时须进行尺长、温度改正；长距离测量时宜用全站仪进行测量，测量方法采用差值法进行测量，但仪器测距标称精度规范要求不能低于 3＋2ppm，在测量作业中，采用测距标称精度为 1＋2ppm 或 2＋2ppm 的全站仪进行距离测量。

采用垂球投点时，其顶底点传递限差应严格按传递高度来控制，投点高度小于 20m 时限差为 1mm，20～40m 之间限差为 1.5mm，大于 40m 时限差为 2mm。

安装点放样前应认真熟悉设计图纸，计算出需放样的点位坐标或放样参数。对于闸门安装先精确放样出闸门纵横中心线再进行正交性校正，再细化放样出安装样点，放样坐标或放样参数必须经第二人检查校核无误后方可用于放样。

4.3.3 安装点的检查校核

每次点位放样结束后，都必须对放样点之间的相互尺寸关系进行检查校核，并与上一次放样的点位进行比对，如有差值必须找出原因。

放样时可以采用不同的方法进行放样，这样可以进行比较、检核，但两次放样较差不应超过放样限差的$\sqrt{2}$倍。

放样完成后，应填写安装测量放样单并附点位分布示意图及必要的文字说明，报当班测量人员进行检查、校核，重要部位检查、校核合格后上报监理中心进行校核、验收，每

次安装测量验收后，必须填写安装测量验收单。

4.3.4 埋件安装测量

根据设计图纸放出各埋件的位置、高程或参照点，安装厂队根据放样点进行安装，安装时先不进行加固，测量人员进行检查，偏差值大的须进行调整，误差达到规范允许范围后再进行加固。

4.3.5 金属结构安装检查、校核及验收

金属结构安装检查、校核及验收工作按以下步骤进行：

(1) 施工班组测量人员放样点坐标或参数报复核。

(2) 施工班组测量人员放出安装点，项目部测量人员检查组进行检查复测。

(3) 重要工程部位自检合格后上报监理中心进行复测。

(4) 各工程部位安装验收时施工班组测量人员先进行自检，并填写相关的验收表格，项目部测量人员复检合格后配合质量管理部、监理中心进行复检验收。

5 竣工测量

竣工测量是一项贯穿施工测量全过程的基础性工作，它所形成的竣工测量数据文件和图纸资料，是评定和分析工程质量以及工程竣工验收的基本依据。

5.1 开挖竣工测量

开挖竣工测量主要包括建筑物基础建基面地形图和纵横断面图测绘。根据金桥水电站工程施工进度和验收要求，开挖竣工测量分部位进行，每个验收单元开挖完成后应及时测绘开挖面竣工地形图、断面图。开挖竣工测量时联合监理工程师进行现场作业监督、检查。现场测量完成后应及时绘制地形图、纵横断面图、计算超欠挖值（允许欠挖的情况）、计算开挖工程量并报送监理工程师审核认可，及时整编竣工测量成果和资料。

开挖竣工测量纵断面图的布设：大面积的明挖且没有混凝土浇筑的部位，按 10m 间距布设；大面积的明挖设计有混凝土浇筑的部位或小面积的明挖部位，按 5m 间距布设；齿槽开挖按 2.5m 或 5.0m 间距布设。特殊部位根据需要进行加密。主要目的是保证工程量计算的准确性和检查开挖质量。

5.2 混凝土工程竣工测量

混凝土工程竣工测量主要包括混凝土衬砌竣工断面图、混凝土竣工体形数据分析表。混凝土体形测量时所使用的控制点要尽量使用施工测量时的控制点，如原控制点满足不了要求时须重新布设控制点，但新布设控制点的精度不能低于施工测量控制点的精度。

混凝土体形测量方法采用全站仪三维坐标测量方法，布点的密度根据建筑物的体形特征来确定。

5.3 金结安装工程竣工测量

金属结构安装间应先检查安装用的基准点。金属结构埋件定位后，以安装基准点为依据，以不低于安装放样时的精度进行竣工验收测量，并整理出偏差数据表。

5.4 资料整理归档

竣工测量工作完成后，应对竣工测量资料及时进行整理和归档，主要有以下几方面的

工作：

（1）竣工测量技术方案、测量记录手簿、技术总结。

（2）主体建筑物的体形图和纵、横断面图。

（3）竣工体形测量数据资料。

（4）混凝土模板验收资料、金属结构安装偏差检查表。

6 结语

（1）狭长河谷区域分工区施工条件下，采用整个施工区域整体联测、各工区分别布网的分级布网技术方案，布设水电站施工测量控制网，既能保证整个水电站施工区域的整体一致性，又可以满足各工区高精度的内部符合性。

（2）首级控制网一般为独立网，应利用规划勘测设计阶段布设的测图控制点，控制点尽量减少跨河布设，对于起算数据，在条件方便时，可与邻近的国家三角点进行联测，联测精度不低于国家四等网的要求。

（3）在狭长区域布设施工控制网，采用 GPS 网为主体框架，常规边角网作为辅助补充测量的方式，既可保证控制网精度，又能达到经济、快速、高效的效果，但该法投入大，外业仪器多，高程精度欠佳，往往需重测三角高程而增加工作量。

（4）首级控制网建成一年后、土建与金结安装工序交接、网点受明显撞击或测区内发生明显震感时应进行复测。

（5）施工单位进场应及时测量原始地形图，经认可后检校设计图纸工程量的准确度；进场各参建单位应建立测量台账，记录所测图的起算线、计量线以及建设单位、监理单位抽测的数据，方便工程量的检校。

（6）中小型水电站测量涉及的内容多，关键要抓住核心部分，特别是隧洞贯通测量、大坝的高程测量等，以确保工程的整体性及准确性。

（7）使用微型棱镜、实时联机的测量程序等新型测量仪器、软件可大大提高测量工作效率。

（8）施工现场应建立仪器检修台账，定期进行检验校正、维护保养，确保仪器设备的良好状态，保证水电站建设的精确度。

参考文献

[1] 郑爱军. 狭长河谷区域水电站施工测量控制网技术研究 [J]. 水力发电，2018，44 (8)：70-73.

金桥水电站工程裂隙发育边坡预应力锚索施工技术探讨

杨作成　吕恩全

（西藏开投金桥水电开发有限公司，西藏那曲　852400）

摘　要： 预应力锚索是一种高效、实用的加固技术，应用预应力锚固技术在高边坡、地下洞室、水工建筑物中进行加固、补强，还能在一些新建工程中突显其特殊作用及功能。本文从工程实例中锚索裂隙发育边坡的预应力锚索施工问题进行探讨，对于同类地质条件施工对象具有广泛的借鉴意义。

关键词： 金桥水电站工程；裂隙发育；边坡；预应力锚索；施工技术

1　预应力锚索加固原理

预应力锚索加固是把破碎松散岩体锚固在地层深部稳固的岩体上，通过施加预应力，使锚固范围内的软弱岩体挤压紧密，提高岩层间的正压力和摩阻力，阻止开裂松散岩体位移，从而达到加固边坡的目的。通过锚索孔的高压注浆，浆液能充填坡体内裂隙和空隙，提高了坡体内破碎岩体的强度，由于水泥浆的凝固作用使破碎的岩体连成整体，增强了坡体的整体稳定性。其施工流程图如图1所示。

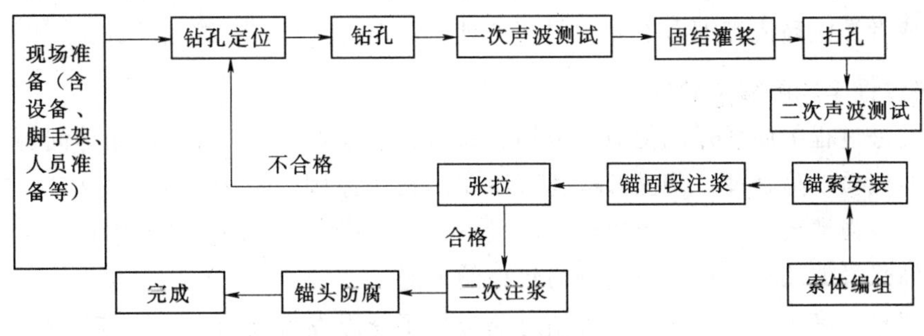

图1　预应力锚索施工流程图

2　金桥水电工程右坝肩预应力锚索施工背景介绍

金桥水电工程右岸坝肩自然边坡高陡，山顶与河床相对高差在500m以上，坡度50°～70°，坝肩部位前缘近于直立，局部缓坡部位有薄层崩坡积覆盖外，大多数地段基岩

第一作者简介： 杨作成（1991—　），男，黑龙江依安人，助理工程师，主要从事水利水电工程建设管理工作。Email：602208533@qq.com

裸露，岩性为白垩系花岗岩，呈岩株产出，偶夹辉绿玢岩岩脉，坝肩附近断层构造较为发育，岩体内部裂隙较发育。整个岩体开挖方量大，现场采用“强支护，代替大开挖的方式”，依据设计图纸中要求除采用主、被动防护网、系统、随机锚杆支护之外，采用1000kN全黏结式单束预应力锚索间排距4m，长度为35m、30m两种，最高处锚索施工相对高度53m。

3 金桥水电站裂隙发育边坡预应力锚索施工常见问题应对措施

3.1 钻孔

不同的岩石情况，采取的钻进手段不同，应根据实际情况，采取相应的钻进手段，一般规律总结如下：

(1) 堆积（坡积）体及全风化地层，优先采用“偏心钻+根管”工艺，但要注意根管长度不宜大于锚索张拉段长度的1/3；该工艺采用与锚索孔径配套孔径的专用地质无缝钢管，在索体入孔后及时拔管，并循环利用；为防止拔管失败影响后期回填注浆效果，钢管预先按一定要求加工成利用浆液扩散的花管。

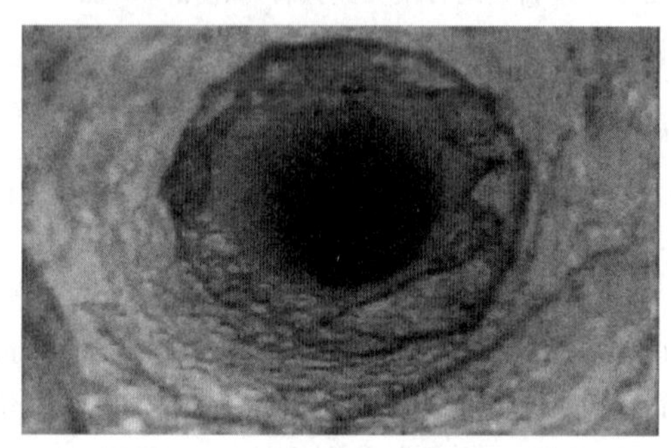

图2　锚索孔孔内成像图

(2) 强风化卸荷地层的钻进，在钻进过程中对照复勘地质资料，明显判断为断层、空腔、密集节理带、挤压破碎带等缺陷地层，应采用全景摄像设备进行孔内摄录（图2)，印证并确认较大空（腔）隙赋存的空间状态及张开度情况，然后采取大量推入水泥球或者灌注高流态细石混凝土封堵处理，待强后及时扫孔继续钻进。

3.2 钻进过程中地质缺陷处理

对于钻进过程中局部强风化地层卡钻、漏风、不返渣、孔口返渣较粗等问题，本着三个原则进行地质缺陷处理：①固壁成孔灌浆基本技术原则，采用无压（低压）、浓浆、限流、间歇、待强灌浆工艺；②应遵照“质量第一、兼顾功效”的管理原则；③预判张拉段成孔固壁灌浆量消耗较大时，采用价格较低的水泥。

(1) 裂隙封堵法。施工现场发现钻进部位处于裂隙发育部位，实际施工中如8号孔，根据现场记录，钻进13m时发现裂隙，裂隙长度10cm左右，采取了填砂、灌浆封堵方法，对于裂隙较大的地方，取大量推入水泥球或者灌注高流态细石混凝土封堵处理。对裂隙进行封堵处理，这也是常用的处理措施。

(2) 灌浆固壁法。施工现场10号、13号具有代表意义的钻进过程中出现了钻进过程中局部强风化地层卡钻、漏风、不返渣、上述无法钻进情况时，经多次提钻、反冲，增加风压、扭矩等仍无法钻进，经监理人员组织参建四方代表，现场查勘并见证。四方现场确认固壁成孔的灌浆参数及限量要求，施工现场可采取如下措施：

1) 采用P·C32.5水泥，浓度不小于1.85g/mL，流量不大于60L/miu，按

100mg/(m·次)，段长不大于5.0m控制，中间必须设置不小于4h的间歇，反复灌注三次，其间若孔口返浆，则灌注成功后待强48h进行扫孔继续钻进，其间孔口返浆4h后可高压风将孔内多于浆液吹出孔外，以减少后期扫孔工程量，加快施工效率。

2）按上述原则10号孔口已经返浆，但13号孔口仍然不见浆液反出。流量、浓度不变，按300kg/m的灌注量控制，同时加砂，按浆液重量10%～30%比例孔口人工掺入，注意在不堵塞孔道的情况下，尽量按上限比例掺加。按此灌注量反复灌注三次，同样中间应不小于4h的间歇时间，13号孔经处理基本能达到孔口返浆的效果。48h后即可扫孔钻进，其间适时高压风扫除孔内多余浆液。

3）灌注中，及时观察施工区表面裂隙、周围钻孔是否漏、串浆液，及时发现及时封闭（采用干塑性砂浆）或者串联灌注；尤其重视前期地勘平洞，这些部位经常造成大量漏浆，形成巨大浪费。灌注采用的灌浆记录仪应定期检查率定情况，各传感器探头安装部位应封条封闭，管路简洁不留任何旁支管路接口，各信号传输线缆应穿PVC套管，防止干扰器及模拟器的介入或者干扰。

3.3 内锚段的地质缺陷处理

内锚段的施工尤其重要，应本着以下原则：内锚段必须深入微新岩或者新岩内，该部位岩体完整好，岩体波速不小于3500m/s（设计要求），施工中出现钻进中卡钻严重，岩体风化破碎严重，不满足内锚段地质条件要求，及时协商设计，确定加深或者内锚段原位补强；加深钻进一个内锚段（一般为6～8m），若满足内锚段岩体完整性条件，锚索孔成孔完成。否则，按设计要求继续钻进，直至满足设计地质要求；如延长孔深发现锚固段仍旧处于破碎带上，不适宜再继续延长孔深，必须对锚固段进行加固处理，使其达到设计要求，当采用固结灌浆，则应按固结灌浆规范要求进行施工作业，强调一点，内锚段固结灌浆应采用普硅P·O42.5水泥，通过灌浆改善内锚段的条件为：固结后单孔测波速大于3000m/s，且波速提升大于10%以上，方可作为内锚段完成钻孔。利用声波探测仪成孔验收合格后（如图3与图4声波探测不合格与合格的波形图），进行下一道工序。

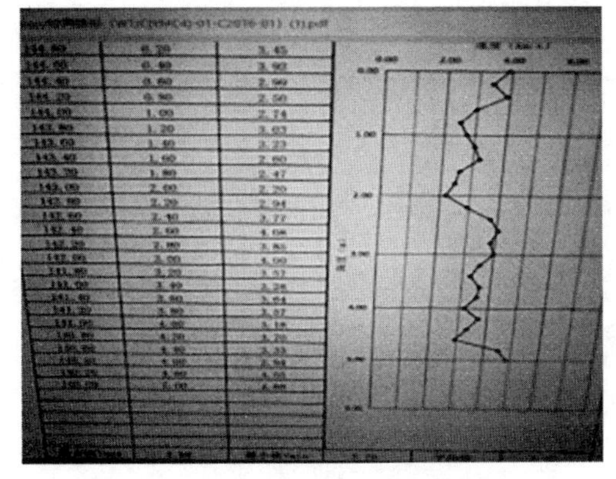

图3 不合格锚固段波形图

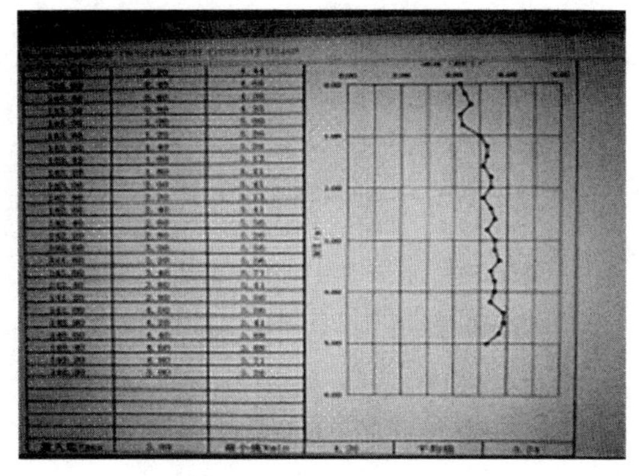

图4 内锚段合格的波形图

3.4 一次性全孔预灌注

下索前的一次性全孔预灌注，对于采取固壁灌浆工艺造孔的锚索应增加本项措施，其目的主要是为防止下索过程中孔道掉块导致下索失败，或者在孔道回填注浆中持续灌注不满的情况发生，孔道预灌注采用水泥净浆参数与设计孔道回填注浆的浆液参数完全一致。

3.5 张拉

在上述地质缺陷地层施工的预应力锚索，在安装锚索测力计张拉中，应该注意，采用单束张拉的，应结合测力计读数并关注钢绞线伸长值，由于缺陷地层塑性较大，容易发生单根钢绞线破断的事件发生，此问题在安装测力计过程多次发生，应特别注意。

4 结语

预应力岩土体锚固工程，一般被锚固岩土体特性较为复杂，在前期地质勘探中难以全面揭示，施工过程中一定要做好施工记录，利用孔内成像仪器、声波探测仪器等设备，对于裂隙发育边坡的施工过程中的问题予以分析和解决。随着新技术的进步，预应力锚索施工技术会更加成熟完善，经济与社会效益会更加显著。

西藏金桥水电站水文自动测报系统建设经验总结

杨作成

（西藏开投金桥水电开发有限公司，拉萨　852400）

摘　要： 本文介绍了金桥水电站水文测报系统的设计、功能和高海拔、高寒地区运行效果经验总结并针对性地提出了相关建议，对相似的地区的系统建设，具有借鉴意义。

关键词： 金桥水电站；自动；水文测报系统

1　简介

金桥水电站水文自动测报系统覆盖范围为金桥水电站厂址以上流域，控制集水面积 $4250km^2$，系统由 1 个中心站、1 个水文站、4 个水位站、8 个雨量站组成，通过 GSM 或北斗卫星将实时数据传输至中心站。系统建设在高原地区，特别是金桥水电站到嘉黎县一段，处于海拔 3500～4800m，两岸高山耸立，天气多变，经常是雨雪交加。系统于 2018 年 5 月开始建设，2018 年 6 月投入使用，为金桥水电站的工程建设和运行提供了强有力的科学技术支撑。

2　功能介绍

水情自动测报系统通过采集流域内的实时水雨情信息，并结合未来天气预测情况，开展水文预报作业，为工程防汛安全、运行调度提供决策支持的自动化系统，其主要功能包括信息采集、传输、处理和存储功能，报警功能，水文预报功能，与其他系统信息交互功能等。水情预报方案的配置根据水电站施工和运行管理的具体需求进行布局，从建设期防洪度汛、电站运行对水情预报的要求考虑，水情预报方案分为洪水期水情预报方案、枯期径流预报方案。

根据系统站网布设情况、洪水传播时间、流域水文特性，以雄曲水位站和松曲水位站作为来水控制站，采用河系预报与降雨径流模型预报相结合方法，结合上游遥测雨量站降雨情况，为金桥水电站坝址提供未来 3h、6h 预报成果，同时在运行过程中，不断积累相关资料，优化调整预报参数，提高金桥水电站洪水预报精度。

2.1　洪水预报方案

以雄曲水位站、松曲水位站作为上游来水控制站，通过河系预报得到坝址 3h、6h 预见期预报方案，表达式如下：

作者简介： 杨作成（1991—　），男，黑龙江依安人，助理工程师，主要从事水利水电工程建设管理工作。Email：602208533@qq.com

$$Q_{入库水文站,t+6}=f(H_{松曲,t},H_{雄曲,t}) \tag{1}$$

$$Q_{坝址,t+6}=Q_{入库水文站,t+6}+Q_{区间} \tag{2}$$

式中：$Q_{坝址,t+6}$为金桥坝址 6h 预见期流量；$Q_{入库水文站,t+6}$为入库水文站预见期 6h 流量；$H_{松曲,t}$为松曲水位站当前实时水位；$H_{雄曲,t}$为雄曲水位站当前实时水位；$Q_{区间}$为入库水文站至坝址区间流量。

3h 预报方案和 6h 预防方案一致，均采用河系预防方案。

2.2 枯水期预报方案

金桥水电站枯期径流预报主要采用退水曲线法，退水曲线法和前后期流量相关法编制枯季预见期分别为日、旬、月的流量预报方案。

退水曲线法方案表达式为

$$Q_T=Q_0\mathrm{e}^{-at} \tag{3}$$

式中：Q_0 为起始流量；a 为退水系数。

由式（3）可导出任意长时段 T 的平均流量与初始流量关系，然后根据初始流量分别预报各时段平均流量。

水情简讯采用手机短消息方式发送给指定人员，利用移动通信网，方便查询系统实时水情数据，其查询方式包括指定资料的定时自动查询和不定期短消息查询指令的实时回复。

3 系统总结评价

（1）系统设计充分考虑了高原高海拔、气候寒冷、泥石流、峡谷易塌方、交通通信不便等因素，测站布置尽可能减少或避免上述因素影响，且综合考虑了测站布置的代表性及运行维护的需要。经过 1 年半的运行，测站基本克服了上述因素影响，运行稳定可靠，尤其是 2019 年 7 月的超标准洪水，水文（位）仅有轻微的损失，为工程防洪度汛提供了可靠的支持。

（2）通过优化设计方案，综合考虑水文预报预见期及测站的安全需要，将松曲水位站和雄曲水位站建设位置布设在更上游处，兼顾了施工期及运行期对水文预报预见期的需要，河系预报延长至 3h，结合降雨径流预报，可提供 6h 预见期的水文预报，为工程的防洪度汛及运行调度提供了科学的决策依据。

（3）设备的选择。系统设备厂家及型号均选择了目前市场最先进的设备，具有运行速度快、兼容性强、容量大、测验精度高、耐寒耐高温、质量可靠、安全稳定等特点，保证了系统长期安全稳定的运行。

（4）入库水文站的设计及建设入库水文站需考虑测验、地质、建设条件、代表性等因素，给站址的选择造成了极大的困难。通过反复的现场踏勘，综合考虑以上因素，克服了站房基础、流量测验设施建设的难点，入库水文站经受了 2 个汛期的考验，特别是 2019 年 7 月超 50 年一遇标准的洪水，没有对水文站主要设施造成重大损失。

（5）水文预报结合了河系预报和降雨径流预报，不仅提高了预报精度，也延长了预见期。通过数据的积累，不断进行分析，总结流域洪水规律，进一步提高预报精度。

（6）可对地质灾害或异常水情提供预警，也可对堰塞湖、上游水库的异常泄放等造成异常水情起到一定的预警作用，为生命财产安全提供一定程度的保障。

4　系统使用过程中的问题

（1）由于流域大部分地区处于高海拔，部分降水是以固态水的形式出现，遥测站使用的翻斗式雨量计不能完全反映年降雨情况。

（2）中心站及大部分遥测站位于深峡谷地区，尤其阴雨天气，一定程度影响了北斗卫星的通信。

（3）松曲水位站站址冬天寒冷，水流平缓易结冰，气泡水位计气管打不通会造成RTU自动掉电。

5　建议

（1）流域本来大部分地区都有降雪，又要兼顾到降雨的代表性，雨量站几乎不能避免不被降雪影响。待具有称重式雨量计建设条件后，可将部分受降雪影响大的翻斗式雨量计改为称重式雨量计。

（2）目前厂房没有有线网络，待具备有线网络条件后，北斗卫星数据可通过网络通道发送至中心站，可完全解决北斗卫星掉数的问题。

（3）松曲水位站枯期易结冰的问题，由于金桥水电站已进入运行期，对支流水文预报预见期的要求降低，可考虑将松曲水位站往下游处搬迁。

西藏金桥水电站帷幕灌浆经验总结

杨作成　李　强

（西藏开投金桥水电开发有限公司，拉萨　852400）

摘　要：本文介绍了金桥水电站帷幕灌浆施工，并从地质，灌浆方法，过程监管等方面进行了经验总结。

关键词：金桥水电站；帷幕灌浆；经验总结

1　防渗及帷幕灌浆简介

首部枢纽坝轴线建筑物由左岸挡水坝段、泄洪排漂闸段、右岸挡水坝段组成，最大坝高 26m，闸基覆盖层深厚，主要是砂卵砾石和粉砂，综合勘测情况，基础防渗方案采取封闭式混凝土防渗墙设计，最大深度 84.51m，最小深度 5.8m，入岩深度 1m。两岸基岩防渗采用水泥帷幕灌浆，形成完整 U 形防渗体。

金桥水电站左岸帷幕灌浆、右岸帷幕灌浆、防渗墙下灌浆均采用孔口封闭灌浆法施工，右岸帷幕灌浆，灌浆段长度 1393m，灌浆水泥量 600t，平均每米 2.32t。左岸灌浆段长度 1131.4m，灌浆水泥 440t，平均每米 2.57t。灌浆水泥量大的原因受诸多条件影响，在地质、施工方法、灌浆管理上进行了分析和经验总结。

2　左右岸坝肩地质原因

左右岸地址情况库区两岸岩体大多数地段基岩裸露，岩性为白垩系花岗岩，呈岩株产出，偶夹辉绿玢岩岩脉。根据前期设计院地质勘探，左右岸均有薄层强卸荷带，弱卸荷深度为 3～20m，20m 以后为微风化较新鲜岩体，由于卸荷岩体的强卸荷、弱卸荷岩体具有中—强透水，顺河向结构面发育。

从灌浆资料数据分析来看，单位注入量分布区间为 50～100kg/m 的孔段占 7%，100～500kg/m 孔段占 70%，500～1000kg/m 的孔段占 19%，大于 1000kg/m 的占 4%。灌浆前 1 序孔平均透水率为 92.9lu，2 序孔平均透水率为 8.06lu。通过压水试验也说明了地质裂隙较为发育，有实施帷幕灌浆的必要性。

灌浆过程中 1 序孔进浆量较大，采用水灰比 3∶1 开灌，2 序采用 5∶1 开灌，灌浆过程中采取了“分级升压”和逐级或越级变浆的方法控制灌浆压力及流量，保证灌浆的质量和经济。灌浆后压水试验透水率均满足设计透水率 5lu，灌浆效果良好。通过灌浆过程及

第一作者简介：杨作成（1991—　），男，黑龙江依安人，助理工程师，主要从事水利水电工程建设管理工作。Email：602208533@qq.com

资料的整理，分析其地质裂隙发育是灌浆水泥量较大的主要原因。

3 灌浆施工方法

灌浆施工方法的选用对灌浆的质量和耗灰量有着很大的影响，灌浆方法选用的是孔口封闭灌浆法，以下是从灌浆方法方面的比较。

该方法的优点：采用孔口封闭灌浆法施工简便，显著提高工效，工效提升幅度可达30%以上。采用循环式灌浆，方便实施各级水灰比浆液的变化；重复灌浆提高了施工的可靠性，灌浆段多次重复灌浆，灌浆的质量有保证，灌浆效果好；但是使用这一方法的同时，也造成了浆液的损耗多，每段灌浆都需要浆液在全孔及外管路系统内循环，造成灌浆时管路和孔内占浆多，灌浆后废弃浆液较多。重复灌浆段造成过量灌浆和无效灌浆，造成水泥用量增加。表1为孔口封闭灌浆法与其他灌浆方法的比较。

表1　　孔口封闭灌浆法与其他灌浆方法的比较

项　目	孔口封闭灌浆法	自上而下循环式灌浆	自下而上纯压式灌浆
对灌浆塞要求	无	高	高
使用浆液	各种	各种	单一配比稳定浆液
适用地层	除缓倾角地层外	较稳定地层	稳定地层
施工工效	较高	低	很高
施工管理	较易	不易	易
绕塞返浆	无	不易	可能
浆液损耗	很大	较大	小
岩体抬动	可能性大	可能性小	可能性小
劳动强度	轻	大	轻
钻孔机械	适宜岩芯钻机	适宜岩芯钻机	适宜高效钻机
灌浆质量	好	好	好

4 监理管理

灌浆属于隐蔽工程，钻孔和灌浆交替进行，不便于质量检验，由于灌浆时无法直接观察灌浆孔内，造成监理工作十分繁重，会出现误差。

5 总结及建议

金桥水电站帷幕灌浆效果明显，截至目前防渗效果良好，满足设计及运行要求，通过帷幕灌浆有效地将存在的绕坝渗漏得以解决。特别是左岸扇形帷幕灌浆，采用14.5°～90.0°斜孔施工代替原有左岸帷幕灌浆洞竖直孔帷幕灌浆，既节约了投资，又保证了工期和质量，对提前完成下闸蓄水工作具有重要意义。

建议为：①完善地质勘探，做好地质勘探期间的资料收集；②招标前选在具有代表地段进行试灌，做好灌浆试验和材料收集，合理控制灌浆单价及超灌单价；③严格实施灌浆过程管理，可以对灌浆设备和仪器实现甲供。